高职高专计算机任务驱动模式教材

计算机应用基础（Windows 7+Office 2010）

金耘 刘利华 主编
谭永红 石元聆 刘莉 张帅 副主编

清华大学出版社
北京

内 容 简 介

本书根据计算机等级考试制定的考试大纲编写，从培养学生的实践能力出发，内容包括计算机基础知识、Windows 7 操作系统、Word 2010 的应用、Excel 2010 的应用、PowerPoint 2010 的应用、因特网的基础与简单应用。

本书既可以作为高等院校和高等职业学院的计算机公共基础课的教学教材，也可以作为全国计算机等级考试一级考试参考用书和计算机应用培训教材。

图书在版编目（CIP）数据

计算机应用基础：Windows 7＋Office 2010/金耘，刘利华主编. —北京：清华大学出版社，2018
（高职高专计算机任务驱动模式教材）
ISBN 978-7-302-50911-0

Ⅰ. ①计…　Ⅱ. ①金…　②刘…　Ⅲ. ①Windows 操作系统－高等职业教育－教材　②办公自动化－应用软件－高等职业教育－教材　Ⅳ. ①TP316.7　②TP317.1

中国版本图书馆 CIP 数据核字(2018)第 189272 号

责任编辑：刘翰鹏
封面设计：常雪影
责任校对：刘　静
责任印制：丛怀宇

出版发行：清华大学出版社
网　　址：http://www.tup.com.cn，http://www.wqbook.com
地　　址：北京清华大学学研大厦 A 座　　**邮　　编**：100084
社 总 机：010-62770175　　**邮　　购**：010-62786544
投稿与读者服务：010-62776969，c-service@tup.tsinghua.edu.cn
质量反馈：010-62772015，zhiliang@tup.tsinghua.edu.cn
课件下载：http://www.tup.com.cn，010-62770175-4278
印 刷 者：三河市少明印务有限公司
经　　销：全国新华书店
开　　本：185mm×260mm　　**印　　张**：15.5　　**字　　数**：373 千字
版　　次：2018 年 9 月第 1 版　　**印　　次**：2018 年 9 月第 1 次印刷
定　　价：45.00 元

产品编号：076539-01

前言

本书根据计算机等级考试制定的考试大纲进行编写。为了计算机基础教学改革的需要，本书在编写中采用了以下 3 个原则。

（1）在内容取舍上以实用为原则，不拘于陈规。对不常用或在中学就学习过的内容舍去。对日常工作和学习中需要且经常使用的知识和技能重点介绍、积极引入。故本书使用了 Office 2010 版，且书中涉及其他的软件，均常见且易于获取。

（2）在编写方式上以方便教学的组织实施为原则，既便于老师的教，也便于学生的学。为此，在每个章节的开始处都给出有代表性的任务实例，使学生一开始就能从“可视化”的任务实例中对学习目标有一个整体认识，明白学习这些知识能做什么，大概需要学习哪些知识。然后，以任务实例为主线介绍相关的知识。实践证明，这样的教学方式能够起到事半功倍的效果，也会受到广大师生的欢迎。

（3）在任务实例、习题和实训题方面以突出重点为原则，精心设计。本书的每章末都附有习题或实训题，习题用于巩固和加深对重点知识的理解和掌握，实训题则用于提高学生掌握重点技能的能力。这些任务实例、习题和实训题都是经过编者精心筛选和设计的，习题部分尽量避免操作性太强和偏离重点的问题，实训题则尽量将需要掌握的技能融入与实际应用相贴近的实训任务中。

全书共 6 个单元。

单元 1 主要介绍计算机的基础知识，包括计算机的发展、计算机中信息的表示形式、计算机的基本结构与工作原理、计算机系统的组成、计算机多媒体以及计算机病毒的防治等计算机基础知识。

单元 2 主要介绍 Windows 7 操作系统的基本操作方法。

单元 3 主要介绍 Word 2010 文字处理软件，包括 Word 2010 的基本操作方法、基本编辑功能、格式化文本的排版功能、表格制作功能、图文混排功能和打印预览功能，以及汉字的输入方法。

单元 4 主要介绍电子表格软件 Excel 2010，包括 Excel 2010 的基本操作方法、基本编辑功能、格式化工作表的设置方法、数学公式与常用函数的使用、图表的应用、数据管理，以及打印工作表等功能。

单元 5 主要介绍演示文稿软件 PowerPoint 2010，包括 PowerPoint 2010 的基本操作方法、幻灯片的创建和编辑、幻灯片图形的创建和处理、幻灯片图表和组织结构图的制作、演示文稿的放映控制和打印等。

单元 6 主要介绍计算机网络基础，包括浏览器的基本使用方法，Outlook Express 收发电子邮件的方法。

本书由金耘、刘利华主编，谭永红、石元聆、刘莉、张帅副主编。希望我们的努力能对高等职业技术学院计算机基础教学工作有所帮助，但由于编者水平有限，书中难免有不妥之处，恳请广大读者批评指正。

编　者

2018 年 5 月

目　录

单元1 计算机基础知识

电子计算机(Electronic Computer),一般简称为计算机(Computer),是一种能够自动、高速、精确地存储和处理信息的电子设备。由于计算机具有计算、模拟、分析问题、事务处理和实时控制等能力,因此被看作人脑的延伸,通常也称为“电脑”。计算机出现后,已经对现代社会的发展产生了巨大影响。而网络技术、多媒体技术等新技术的发展,更有力地推动了计算机技术在全球、全社会范围内的广泛应用。会使用计算机已经成为一个现代人必须具备的基本技能,成为衡量人们知识与能力必不可少的重要标准。

大纲要求:

- 计算机的起源和发展;计算机的特点;计算机的分类;计算机的应用领域及未来发展趋势;计算机系统的组成及主要性能指标。
- 数制的概念;二进制数、八进制数、十进制数及十六进制数之间的转换规则及方法;二进制数的加、减、乘、除的运算特点及规则。
- 数据的编码、字符的编码、汉字的编码的方法及形式。
- 多媒体技术概述。
- 病毒的概念、特点及预防方法。

1.1 计算机概述

1.1.1 计算机的起源和发展

1. 计算机的起源

在漫长的人类进化和文明发展过程中,人类的大脑逐渐有了一种特殊的本领,这就是把直观形象变成抽象的数字,从而进行抽象思维活动。正是由于能够在“象”和“数”之间相互转换,人类才真正具备认识世界的能力。随着人类文明的进步,在16世纪末,计算尺的出现开创了模拟计算的先河,直到20世纪中叶,计算尺才被袖珍计算器取代。

从17世纪到19世纪末长达200多年的时间里,一批批科学家相继进行机械式计算机的研制,其中代表人物有帕斯卡、莱布尼茨、巴贝奇等。这个时期出现了类似计算机的机械,虽然很简单,但是许多工作原理和思想已经接近现代计算机。

第二次世界大战的爆发从某种程度上推动了计算机的产生。1943年,贝尔实验室把U型继电器装入计算机设备中,制成了M-2型机,这是最早的编程计算机之一。此后的两年中,贝尔实验室相继研制成功了M-3型和M-4型计算机,但都与M-2型类似,只是存储器容量更大些。1944年8月7日,由IBM出资,美国人霍德华·艾肯(Howard Aiken)负责研制的马克1号计算机在哈佛大学正式运行,它装备了15万个元器件和长达800km的电线，每分钟能够进行 200 次以上运算。女数学家格雷斯·霍波（Grace Hopper）为它编制了计算程序，并声明该计算机可以进行微分方程的求解。

2. 第一台计算机的诞生

1946 年 2 月 14 日，美国宾夕法尼亚大学摩尔学院教授莫契利（J. Mauchiy）和埃克特（J. Eckert）共同研制成功了 ENIAC（Electronic Numerical Integrator And Computer）计算机。世界上第一台通用数字计算机就此诞生。ENIAC 作为能够模拟人类思维的电子计算机，它具有严谨的逻辑数学理论基础和精密的体系结构。ENIAC 的诞生，宣告人类从此进入电子计算机时代。

这台计算机总共安装了 17 468 只电子管，7 200 多个二极管，70 000 多个电阻器，10 000 多只电容器和 6 000 多只继电器，电路的焊接点多达 50 多万个，机器被安装在一排 2.75m 高的金属柜里，占地面积为 170m^2 左右，总重量达到 30t，其运算速度达到每秒 5 000 次加法，可以在 3/1 000s 时间内做完两个 10 位数乘法。

3. 计算机的发展

ENIAC 诞生后短短的几十年间，计算机的发展突飞猛进。随后半个多世纪，人们根据计算机所采用的电子元件不同，将计算机的发展分为四个阶段：电子管、晶体管、小规模集成电路、大规模及超大规模集成电路。每一次更新换代都使计算机的体积和耗电量大大减小，功能大大增强，应用领域进一步拓宽。特别是体积小、价格低、功能强的微型计算机的出现，使计算机迅速普及。微型计算机进入了办公室和家庭，在办公室自动化和多媒体应用方面发挥了很大的作用。目前，计算机的应用已扩展到社会的各个领域。

1）第一代计算机（1946—1957 年）

采用电子管作为逻辑元件是第一代计算机的标志。电子管的特点是体积大、功耗大、运算速度慢、价格昂贵、可靠性差。1950 年问世的第一台并行计算机 EDVAC，首次实现了冯·诺依曼体系的两个重要思想：存储程序和采用二进制。第一代计算机没有系统软件，使用机器语言或汇编语言来编制程序，主要用于科学计算和工程计算。

2）第二代计算机（1958—1964 年）

采用晶体管作为逻辑元件是第二代计算机的标志。与电子管相比较，晶体管的体积小、重量轻、寿命长、功耗低、价格较便宜、可靠性有所提高、运算速度每秒达几十万次至几百万次。在这一阶段出现了高级程序设计平台，高级语言 FORTRAN 和 COBOL 得到广泛应用，并提出操作系统概念。晶体管时代的计算机除了应用在科学计算机领域，还应用在数据处理和实时控制领域。

3）第三代计算机（1965—1970 年）

采用中小规模集成电路作为逻辑元件成为第三代计算机的重要特征。集成电路作为逻辑元件的计算机体积更小、功耗更低、运算速度更快，可达到每秒几百万次甚至几千万次，可靠性更加稳定。这个时代的计算机设计思想已经逐步走向标准化、模块化和系统化。

4）第四代计算机（1970 年以后）

随着集成电路的迅速发展，采用大规模和超大规模集成电路的第四代计算机的性能飞速提高，体积越来越小，价格越来越低，运算速度可达每秒上亿次。在系统结构方面，处理机系统、分布式系统及计算机网络研究快速发展。系统软件不仅实现了自动化，而且正在向智能化方向发展，各种应用软件层出不穷。

1.1.2 计算机的特点与分类

1. 计算机的特点

1）运算速度快

运算速度是计算机的一个重要性能指标。计算机的运算速度通常用每秒执行定点加法的次数或平均每秒执行指令的条数来衡量。运算速度快是计算机的一个突出特点。计算机的运算速度已由早期的每秒几千次（如ENIAC机每秒钟仅可完成5 000次定点加法）发展到现在的最高可达每秒几千亿次乃至万亿次。

计算机高速运算的能力极大地提高了工作效率，把人们从浩繁的脑力劳动中解放出来。过去用人持久工作才能完成的计算，计算机可以“瞬间”完成。曾有许多数学问题，由于计算量太大，数学家们终其毕生也无法完成，使用计算机则可轻易地解决。

2）计算精度高

在科学研究和工程设计中，对计算结果的精度有很高的要求。一般的计算工具只能达到几位有效数字（如过去常用的四位数学用表、八位数学用表等），而计算机对数据结果的精度可达到十几位、几十位有效数字，根据需要甚至可达到任意的精度。

3）存储容量大

计算机的存储器可以存储大量数据，使计算机具有了“记忆”功能。目前计算机的存储容量越来越大，已高达千兆数量级的容量。计算机具有“记忆”功能，这是与传统计算工具的一个重要区别。

4）具有逻辑判断功能

计算机的运算器除了能够完成基本的算术运算外，还具有比较、判断等逻辑运算的功能。这种能力是计算机处理逻辑推理问题的前提。思维能力本质上是一种逻辑判断能力，也可以说是因果关系分析能力。借助于逻辑运算，可以让计算机做出逻辑判断，分析命题是否成立，并可根据命题成立与否做出相应的对策。例如，数学中有个“四色问题”，不论多么复杂的地图，使相邻区域颜色不同，最多只需四种颜色就够了。100多年来不少数学家一直想去证明它或者推翻它，却一直没有结果，成了数学中著名的难题。1976年两位美国数学家终于使用计算机进行非常复杂的逻辑推理验证了这个著名的猜想。

5）自动化程度高，通用性强

由于计算机的工作方式是将程序和数据先存放在计算机内，工作时按程序规定进行操作，一步一步地自动完成，一般无须人工干预，因而自动化程度高。这一特点是一般工具所不具备的。

计算机通用性的特点表现在几乎能求解自然科学和社会科学中一切类型的问题，能广泛地应用于各个领域。

2. 计算机的分类

1）按照计算机处理数据类型的不同

按照计算机处理数据类型的不同，一般常将电子计算机分为数字计算机（Digital Computer）、模拟计算机（Analogue Computer）和混合计算机三大类。

（1）数字计算机。数字计算机是通过电信号的有无来表示数，并利用算术和逻辑运算法则进行计算的。它具有运算速度快、精度高、灵活性大及便于存储等优点，因此适合应用于科学计算、信息处理、实时控制和人工智能等领域。我们通常所用的计算机,一般都是数字计算机。

(2) 模拟计算机。模拟计算机是通过电压的大小来表示数,即通过电的物理变化过程来进行数值计算的。其优点是速度快,适合于解高阶的微分方程。在模拟计算和控制系统中应用较多,但通用性不强,信息不易存储,且计算机的精度受到了设备的限制。目前已经很少生产。没有数字计算机应用普遍。

(3) 混合计算机。混合计算机是把模拟计算机与数字计算机结合在一起应用于系统仿真的计算机系统。由于数字计算机是串行操作的,运算速度受到限制,但运算精度很高;而模拟计算机是并行操作的,运算速度很高,但精度较低。把两者结合起来可以互相取长补短,因此混合计算机主要应用于一些严格要求实时性的复杂系统的仿真。

2) 按照计算机不同用途分类

按照计算机的用途可将其划分为专用计算机(Special Purpose Computer)和通用计算机(General Purpose Computer)。

(1) 专用计算机。专用计算机具有使用面窄甚至专机专用的特点,它是为了解决一些专门问题而设计制造的。因此,它可以增强某些特定的功能,而忽略一些次要功能,使专用计算机能够高速度、高效率地解决某些特定的问题。一般来说,模拟计算机通常都是专用计算机。在军事控制系统中,广泛地使用了专用计算机。

(2) 通用计算机。通用计算机具有功能多、配置全、用途广、通用性强等特点,人们通常所说的以及本书所介绍的计算机就是指通用计算机。根据通用计算机的性能指标又可以将计算机分为以下 5 类。

① 巨型机。研制巨型机是现代科学技术,尤其是国防尖端技术发展的需要。核武器、反导弹武器、空间技术、大范围天气预报、石油勘探等都要求计算机有很高的运算速度和很大的存储容量,一般大型通用机远远不能满足要求。很多国家竞相投入巨资开发速度更快、性能更强的超级计算机。巨型机的研制水平、生产能力及其应用程度已成为衡量一个国家经济实力和科技水平的重要标志。目前,巨型机的运算速度可达每秒几百亿次。这种巨型机 1 秒内所做的计算量相当于一个人用袖珍计算器每秒做一次运算,一天 24 小时、一年 365 天连续不停地工作 31 709 年。这种计算机使研究人员可以研究以前无法研究解决的问题,例如研究更先进的国防尖端技术、估算 100 年以后的天气、更详尽地分析地震数据以及帮助科学家计算毒素对人体的影响等。

巨型机从技术上向两个方向发展:一方面是开发高性能器件,缩短时钟周期,提高单机性能,目前巨型机的时钟周期在 2～7ns。另一方面是采用多处理器结构,提高整机性能。

在实践中,有些科学技术题目需要并行计算。20 世纪 80 年代中期以来,超并行计算机的发展十分迅速,这种超并行巨型计算机通常是指由 100 台以上的处理器所组成的计算机网络系统,它是用成百上千甚至上万台处理器同时计算一个课题,以达到高速运算的目的。这类大规模并行处理的计算机将是巨型计算机的重要发展方向。

② 大型机。大型机具有极强的综合处理能力和强大的性能覆盖面。在一台大型机中可以使用几十台微型机或微型机芯片,可以完成复杂的指令操作。同时可以支持上万个用户,支持几十个大型数据库,主要用于政府部门、银行、大企业等。

③ 小型机。小型机规模小、结构简单、设计试制周期短,便于及时采用先进工艺。这类

机器由于可靠性高，对运行环境要求低，易于操作且便于维护，用户使用机器不必经过长期的专门训练。因此小型机对广大用户具有很强的吸引力，加速了计算机的推广普及。

小型机应用范围广泛，如用在工业自动控制、大型分析仪器、测量仪器、医疗设备中的数据采集、分析计算等，也用作大型、巨型计算机系统的辅助机，并广泛运用于企业管理以及大学和研究所的科学计算等。

④ 工作站。工作站是一种高档的微型机系统。它具有较高的运算速度，既具有大、中、小型机的多任务、多用户能力，又兼具微型机的操作便利和良好的人机界面。它可连接多种输入、输出设备，其最突出的特点是图形性能优越，具有很强的图形交互处理能力，因此在工程领域、特别是在计算机辅助设计(CAD)领域得到了广泛运用。人们通常认为工作站是专为工程师设计的机型。由于工作站出现得较晚，一般都带有网络接口，采用开放式系统结构，即将机器的软、硬件接口公开，并尽量遵守国际工业界流行标准，以鼓励其他厂商、用户围绕工作站开发软、硬件产品。目前，多媒体等各种新技术已普遍集成到工作站中，使其更具特色。它的应用领域也已从最初的计算机辅助设计扩展到商业、金融、办公领域，并频频充当网络服务器的角色。

⑤ 微型机。微型机又称为个人计算机。它具有体积小、价格低、功能较全、可靠性高、操作方便等突出优点，现已应用于社会生活的各个领域。

1.1.3　计算机的应用领域与发展趋势

1. 计算机的应用领域

计算机在工业、农业、科研等各业领域中的广泛应用，已经产生显著的经济效益和社会效益，引起了产业结构、产品结构、经营管理和服务方式等方面的重大变革。计算机还广泛应用于人们的日常生活中，是人们的学习工具和生活工具。越来越多的人在工作、学习和生活中与计算机发生直接的或间接的联系。

1）科学计算

科学计算又称数值计算，是计算机的传统应用领域。在科学研究和工程技术中，有大量的复杂计算问题，利用计算机高速运算和大容量存储能力，可以进行人工难以完成或者根本无法完成的复杂的数值计算，一般要求计算机运算速度快、精度高、存储容量大。科学计算一般应用在高能物理、工程设计、地震预测、气象预报、航天技术等方面。

2）数据处理

数据处理又被称为数据管理。数据处理包括对数据资料的收集、加工、分类、排序、检索、发布等一系列工作。信息数据管理是目前计算机应用最广泛的一个领域。据统计，80％以上的计算机主要用于数据处理，这类工作量大、工作面宽。数据处理是计算机应用的主导方向。信息处理包括办公自动化、企业管理、情报检索等。

3）计算机辅助系统

计算机辅助系统有计算机辅助教学(CAI)、计算机辅助设计(CAD)、计算机辅助制造(CAM)、计算机辅助测试(CAT)、计算机集成制造(CIMS)等系统。最常见的是CAD、CAM和CAI。

计算机辅助设计是指利用计算机来帮助设计人员进行工程或产品设计，以提高设计工作的自动化程度、节省人力和物力、实现最佳设计效果为目的的一种技术。目前，CAD技术已经在飞机、汽车、机械、电子、土木建筑、服装等设计中得到了广泛的应用。例如，在电子计算机的设计过程中，利用CAD技术进行体系结构模拟、逻辑模拟、插件划分、自动布线等，从而大大提高了设计工作的自动化程度。在建筑设计过程中，可以利用CAD技术进行力学计算、结构计算、绘制建筑图纸等，这样不但提高了设计速度，而且可以大大提高设计质量。

计算机辅助制造是利用计算机系统进行生产设备的管理、控制和操作的过程。例如，在产品的制造过程中，用计算机控制机器的运行，处理生产过程中所需的数据、控制和处理材料的流动以及对产品进行检测等。使用CAM技术可以提高产品质量、降低成本、缩短生产周期，提高生产率和改善劳动条件。

实际应用时，经常将CAD和CAM技术集成，实现设计生产自动化，这种技术被称为计算机集成制造系统CIMS。它的出现为无人化工厂或车间提供了基础。

计算机辅助教学是指利用计算机帮助教师讲授和帮助学生学习的自动化系统，使学生能够轻松自如地从中学到所需要的知识。课件可以用制作工具或高级语言来开发制作，它能引导学生循环渐进地学习，使学生轻松自如地从课件中学到所需要的知识。CAI的主要特色是交互教育、个别指导和因人施教。具体来说，CAI综合应用了多媒体、超文本、人工智能和知识库等计算机技术，克服了传统教学方式上单一、片面的缺点。CAI的使用能有效地缩短学习时间、提高教学质量和教学效率，实现最优化的教学目标。

4）过程控制

过程控制又被称为实时控制，是指及时地采集、检测数据，使用计算机快速地进行处理并自动地控制被控对象的动作，实现生产过程的自动化。此外，计算机在实时控制中还得具有故障检测、报警和诊断等功能，以保证生产出来产品质量符合设计要求。例如，在汽车工业方面，利用计算机控制机床、控制整个装配流水线，不仅可以实现精度要求高、形状复杂的零件加工自动化，而且可以使整个车间或工厂实现自动化。

5）人工智能

人工智能（AI）是计算机当前最重要的应用领域，也是今后计算机发展的主要方向。人工智能主要目标是赋予计算机人脑一样的功能。计算机通过语音识别、图像识别、读取知识库、人机交互、物理传感等方式，获得音视频的感知输入，然后从大数据中进行学习，得到一个有决策和创造能力的大脑。人工智能学科包括模式识别、语言处理、专家系统、神经计算、知识工程、机器学习等多方面研究。

目前，人工智能技术取得了一些进展，典型的例子就是模式识别，其中指纹识别技术已经得到了广泛应用，目前正在发展的人脸识别技术也将进入应用领域，如刷脸解锁。计算机辅助翻译极大地提高了翻译效率；手写输入技术已经在手机上得到了应用；语音输入在不断完善。

在2017年，出现了第一个击败人类职业围棋选手、第一个战胜围棋世界冠军的人工智能程序——阿尔法狗（AlphaGo），由谷歌（Google）旗下的团队开发，其主要工作原理是“深度学习”，也就是神经计算。围棋界公认阿尔法围棋的棋力已经超过人类职业围棋顶尖水平。它的出现标志着人工智能技术出现了重大突破。

人工智能的发展离不开物联网、大规模并行计算、大数据、深度学习算法的支持。有了物联网，计算机就有了感知世界的触角；大规模并行计算赋予了计算机模仿人脑的神经网络的物理结构；大数据是计算机进行学习的基础；深度学习算法让计算机能像人脑一样进行思考、分析、判断，是人工智能最核心的技术。

在不久的将来，我们能看到更多的人工智能的新应用。很多公司对自动驾驶技术的研发投入，自动驾驶的商业应用初见端倪；除了应用很早的工业机器人外，目前已经能够在市场上看到很多教育机器人、聊天机器人、儿童老人陪护机器人等产品，随着人工智能的进一步发展，相信会有智能化程度更高的机器人进入人们的生活。随着机器人的普及，很多旧的工作岗位会消失，但是很多与之相关的新工作将诞生，可以预见机器人修理工作将在未来一段时间成为热门职业。

6）云计算

云计算的构成包括硬件、软件和服务。用户不再需要购买复杂的硬件和软件，只需要支付相应的费用给“云计算”服务商，通过网络就可以方便地获取所需的计算、存储等资源。云计算的核心是对大量网络连接的计算资源进行统一的管理和调度，构成一个计算资源池向用户提供按需服务。利用云计算，数据在云端，软件在云端，在任何时间、任意地点、任何设备登录后就可以进行计算服务。

7）网络通信

网络通信是指通过电话交换网等方式将计算机连接起来，实现资源共享和信息交换。计算机通信主要应用于网络互联技术、路由技术、数据通信技术、信息浏览技术、网络技术等方面。

2. 计算机的发展趋势

1）巨型化

巨型计算机的运行速度可以达到每秒百亿次、万亿次，随着科学技术发展需要，更多部门要求计算机具有更高的运行速度，更大的存储容量，因此巨型机是计算机研究发展的一个必要方向。目前，巨型机广泛应用在天气预报、地震机理研究、航天研究、卫星图像研究等方面。

2）微型化

微型计算机体积更小、重量更轻、价格更低、速度更快，更便于应用于各种场合和环境。例如，笔记本电脑、平板电脑、掌上电脑等都是计算机微型化研究发展的成果。

3）智能化

计算机智能化是要求计算机能模拟人的感觉和思维能力，也是未来计算机要实现的目标。智能化的研究领域很多，其中最有代表性的领域是专家系统和机器人。目前已研制出的机器人可以代替人从事危险环境的劳动，就是计算机智能化的一个重要表现。

4）网络化

计算机网络是计算机通信技术和计算机应用技术相互渗透的产物。计算机网络化大大缩小了时空界限，人们可以通过 Internet 与世界各地的其他用户自由地进行通信，可以共享计算机硬件资源、软件资源和信息资源。“网络就是计算机”的概念被事实一再证明，被世人逐步接受。

互联网络之前，通信业务极大地与时间、距离相关联。互联网络经济的商业模式与传统商务操作过程相比，互联网络可以为企业节省约 40%的商务开销。这正是互联网络经济的真正驱动力。但是，Internet 欠缺高性能、高可靠、高安全保证等。为此，美国几年前就开展了下一代互联网络的研究工作，即 Internet 2 的研发项目。它要解决的问题是：下一代 IP、多协议标记交换、多播、网络管理、服务质量保证及网络安全等。

5) 多媒体化

计算机多媒体化是指以计算机为中心把处理多种媒体信息的技术集成在一起，它是用来扩展人与计算机交互方式的多种技术的综合。多媒体技术则为人机之间的信息交流提供了全新的手段，其包括高保真度的声音、高质量的图像、二维和三维动画，甚至是活动影像。

6) 未来新一代计算机

(1) 模糊计算机。模糊计算机建立在模糊数学基础上，除具有一般计算机功能外，还具有学习、思考、判断及对话能力，可以识别外界物体的形状和特征，甚至可以帮助人从事复杂的脑力劳动。模糊计算机可以用于地震灾情判断、疾病的诊治、发酵工程控制、海空导航巡视等多个领域。

(2) 生物计算机。微电子技术和生物工程这两项高科技的相互渗透为研制生物计算机提供了可能。利用 DNA 化学反应，通过酶的相互作用，可以使某基因代码通过生物化学反应转变为另外一种基因代码，转变前的基因代码可以作为输入数据，反应后的基因代码可以作为运算结果。未来的生物计算机在基因编程、疑难病症防治等领域应用有独特优势。例如，生物计算机的出现，使在人体内、在细胞内运行的计算机研制成为可能，它能够充当监控装置，发现潜在的致病变化，还可以在人体内合成所需的药物，治疗癌症、心脏病、动脉硬化等各种疑难病症。

(3) 光子计算机。光子计算机是一种利用光信号进行数字运算、信息存储和处理的新型计算机，运用集成电路把光开关、光存储器等集成在一片芯片上，再利用光导纤维连成计算机。目前处于研究阶段。

(4) 超导计算机。用超导材料来替代半导体制造计算机。超导计算机具有超导逻辑电路和超导存储器，运算速度是传统计算机无法比拟的。它的耗电仅为半导体器件计算机的几千分之一，它执行一条指令只需十亿分之一秒，比半导体元件快几十倍。以目前的技术制造出的超导计算机的集成电路芯片只有 $3\sim5mm^2$ 大小。但是超导计算机使用的超导材料必须在低温下运行，这是超导计算机走向商用和普及的障碍。目前科学家正在研究能在常温下使用的超导材料。

(5) 量子计算机。量子计算机中的数据使用量子位存储。由于量子具有叠加效应，一个量子位可以是 0 或 1，也可以既存储 0 又存储 1，因此量子位可以存储两个数据。同样数量的存储位量子计算机的存储量比传统计算机大很多。

当某个装置处理和计算的是量子信息，运行的是量子算法时，它就是量子计算机。如果将传统计算机比作自行车，量子计算机就好比飞机。举个例子，使用亿亿次的“天河二号”超级计算机求解一个亿亿亿变量的方程组，所需时间为 100 年，而使用一台万亿次的量子计算机求解同一个方程组，仅需 0.01s。迄今为止，世界各地的许多实验室正在以巨大的热情追寻着这个梦想。很多实验室也研制了自己的量子计算机。

1.2 计算机的系统组成

计算机系统由硬件系统和软件系统两大部分组成。硬件系统是计算机系统的物质基础，一般由运算器、存储器、键盘、显示器、打印机等组成。软件系统又分为系统软件和应用软件。

计算机是依靠硬件和软件协同工作来执行、完成某个具体任务或解决某个具体问题的。一般情况下,人们把不安装任何软件的计算机称为裸机。在裸机上,因为没有软件的支持,计算机硬件无法发挥功能。计算机硬件是计算机软件的基础,任何软件都是建立在硬件基础上的,任何软件运行和使用都离不开硬件的支持。硬件提供了使用工具,软件提供了方法和手段。计算机硬件发展和计算机软件发展是相辅相成的。计算机系统的组成如图1-1所示。

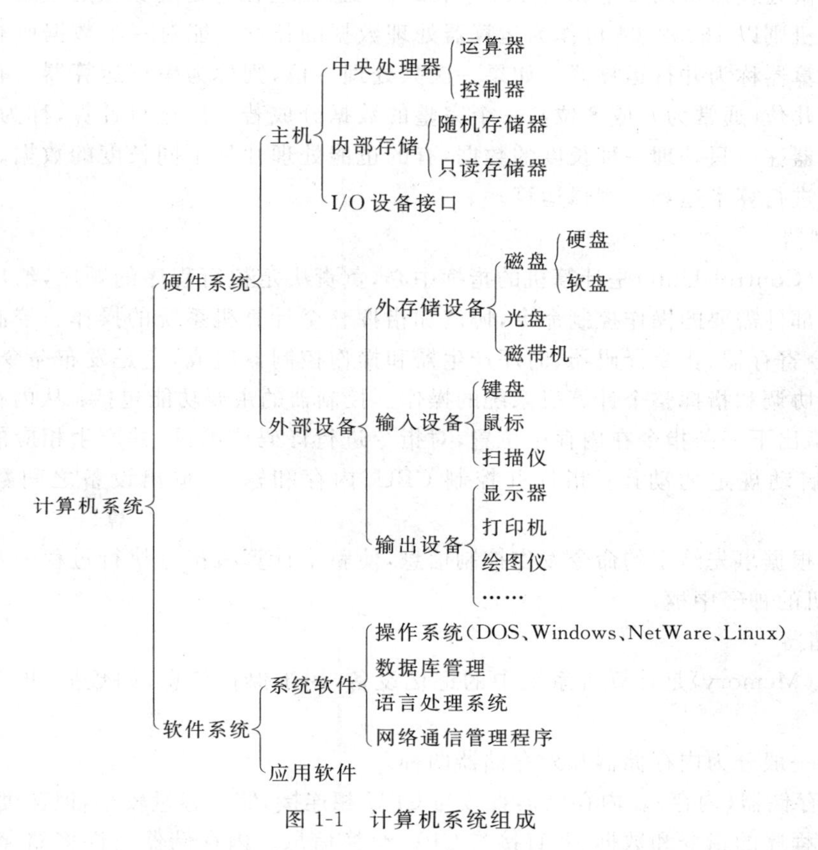

图1-1　计算机系统组成

1.2.1　硬件系统与软件系统

1. 计算机硬件的体系结构

到目前为止,计算机仍沿用由冯·诺依曼提出的基于总线的计算机硬件系统。其基本设计思想为:以二进制形式表示程序和数据;程序和数据事先存放在存储器中,计算机运行时,依次从存储器中逐条读取指令,执行一系列的基本操作,最后完成复杂的运算任务。冯·诺依曼体系结构中,硬件系统由运算器、控制器、存储器、输入设备和输出设备五大部件组成。

2. 五大硬件部件

1)运算器

运算器(Arithmetical and Logical Unit,ALU)由算术逻辑部件、数据寄存器和累加器等部分组成，主要负责对信息进行加工和运算。它也是控制器的执行部件：接受控制器的指示，按照算术运算规则进行加、减、乘、除、乘方和开方等算术运算，还进行与、或、非等逻辑运算以及移位、求补等操作。计算机运行时，运算器的操作和操作种类由控制器决定。运算器处理的数据来自存储器，处理后的结果数据通常送回存储器，或暂时寄存在运算器中。运算器与控制器共同组成了 CPU 的核心部分。

运算器的处理对象是数据，所以数据长度和计算机数据表示方法对运算器的性能影响极大。一般微处理器常以 4 个、8 个、16 个、32 个二进制位作为处理数据的基本单位。大多数通用计算机则以 16、32、64 位作为运算器处理数据的长度。能对一个数据所有位同时进行处理的运算器称为并行运算器。如果一次只处理一位，则称为串行运算器。有的运算器一次可处理几位（通常为 6 或 8 位），一个完整的数据分成若干段进行计算，称为串/并行运算器。运算器往往只处理一种长度的数据，有的也能处理几种不同长度的数据。运算器的主要功能是进行算术运算和逻辑运算。

2）控制器

控制器（Control Unit）是计算机的指挥中心，负责决定执行程序的顺序，给出执行指令时计算机各部件需要的操作控制命令，协调和指挥整个计算机系统的操作。控制器由程序计数器、指令寄存器、指令译码器、时序产生器和操作控制器组成，它是发布命令的"决策机构"，即完成协调和指挥整个计算机系统的操作。控制器的主要功能包括：从内存中取出一条指令，并指出下一条指令在内存中位置，对指令进行译码或测试，并产生相应的操作控制信号，以便启动规定的动作；指挥并控制 CPU、内存和输入/输出设备之间数据流动的方向。

控制器根据事先给定的命令发出控制信息，使整个计算机指令执行过程一步一步地进行，是计算机的神经中枢。

3）存储器

存储器（Memory）是计算机系统中的记忆设备，用于保存信息，如数据、指令和运算结果等。

存储器一般分为内存储器和外存储器两种。

（1）内存储器（内存）。内存储器直接与 CPU 相连接，储存容量较小，但速度快，用于存放当前运行程序的指令和数据，并直接与 CPU 交换信息。内存储器由许多储存单元组成，每个单元能存放一个二进制数或一条由二进制编码表示的指令。内存储器由随机存储器和只读存储器构成。

（2）外存储器（外存）。外存储器是内存储器的扩充。它储存容量大，价格低，但储存速度慢，一般用于存放大量暂时不用的程序、数据及中间结果，需要时可成批地与内存进行信息交换。外存只能与内存交换信息，不能被计算机系统的其他部件直接访问。常用的外存有磁盘、移动硬盘、光盘等。

4）输入设备

计算机在与人进行会话、接收人的命令或是接收数据时，需要的设备就是输入设备（Input Device）。输入设备可以把数据送入到计算机内部的设备。它接收用户的程序和数据，并转换成二进制代码送入计算机的内存中存储起来，供计算机运行时使用。常用的输入设备有键盘、鼠标、扫描仪、游戏杆、手写笔等。

5）输出设备

输出设备(Output Device)是计算机的终端设备，用于接收计算机数据的输出、显示、打印、声音、控制外围设备操作等，也是把各种计算结果数据或信息以数字、字符、图像、声音等形式表示出来的设备。常见的输出设备有显示器、打印机、绘图仪、影像输出系统、语音输出系统、磁记录设备等。

3. 软件系统的分类

软件系统分为系统软件和应用软件两大类。系统软件是管理、控制和维护计算机系统资源的程序集合，它是便于用户使用计算机而配置的各种程序，如 Windows 98/2000/XP/7、Linux、Mac OS 等。应用软件是用于解决各种针对性很强的实际问题的程序，例如 Office、各种杀毒软件、QQ、迅雷等。

1）系统软件

系统软件是计算机系统中最接近硬件的一层软件，其他软件一般都通过系统软件实施开发和运行。系统软件与具体应用领域无关。在任何计算机系统的设计中，系统软件都比其他软件优选考虑。系统软件包括操作系统、支撑软件、编译程序、汇编程序等。

操作系统是最典型的系统软件，它是计算机系统必不可少的组成部分。操作系统控制和管理计算机系统中各类硬件和软件资源，合理地组织计算机流程，控制用户程序的运行，为用户提供各种服务。著名的操作系统有 UNIX、DOS、Windows、NetWare 等。

编译程序、汇编程序也经常被称作系统软件。编译程序将程序员用高级语言书写的源程序翻译与之等价的、在机器上可执行的低级语言程序。汇编程序则将程序员用汇编语言书写的源程序翻译成与之等价的机器语言程序。

2）应用软件

应用软件是指特定应用领域专用的软件，它是计算机用户利用计算机硬件资源和系统软件为了解决某些具体问题而开发和研制的各种程序。例如，通用财务管理软件、航空订票系统软件、电子表格软件、计算机辅助软件、人口普查软件、股票分析软件等都是典型的应用软件。

1.2.2　程序设计语言与计算机指令

1. 程序设计语言的分类

在计算机中，程序设计语言通常是一个能完整、准确、规则地表达人们的意图，并用以指挥或控制计算机工作的“符号系统”。人们要利用计算机解决实际问题，一般要利用程序设计语言编制程序。程序设计语言是软件系统的重要组成部分。一般可以分为机器语言、汇编语言、高级语言三类。

1）机器语言

机器语言是使用二进制代码表示的、计算机能直接识别和执行的一种机器指令的集合。用机器语言编写的程序，可以直接在计算机上运行。因此，机器语言具有灵活性、可直接执行和运算速度快等优点。

由于机器语言是由 0 和 1 组成的二进制的机器指令代码语言，编程人员在用机器语言编写程序时，特别烦琐，编写时间一般是运行时间的几百倍甚至上千倍。用机器语言编写的程序均是 0 和 1 的指令代码，直观性差，容易出错。另外，对于不同计算机硬件系统，其识别的机器语言是不同的，所以机器语言的兼容性差，可移植性差，修改和调试也不方便。

2）汇编语言

汇编语言又称为符号语言，用指令助记符及地址符号进行书写的指令称为汇编指令，用汇编指令编写的程序称为汇编语言源程序。

由于汇编语言采用了助记符，因此它比机器语言直观、容易理解和记忆。用汇编语言编写的程序比机器语言程序易读、易懂、易修改。汇编语言和机器语言是逐个对应的，因此对于不同计算机，针对同一个问题编写的汇编语言程序是相互不兼容的。只有通过专门的翻译程序将汇编语言翻译成机器语言才能执行。

计算机不能直接识别用汇编语言编写的程序，汇编语言对计算机硬件的依赖性仍然很大，因此汇编语言仍然是面向机器的语言，这种面向机器的语言一般称为低级语言。汇编语言编写的程序占用内存空间少，运行速度快，执行效率比较高，兼容性和可移植性差。程序开发者必须熟悉和了解计算机硬件结构和工作原理才能使用汇编语言编写程序，对于非计算机专业人员很难胜任用汇编语言编写程序的工作。

3）高级语言

随着计算机技术的发展、计算机应用领域的不断扩大及计算机用户的队伍不断壮大，而且这个队伍中很大一部分是非计算机专业人员。因此，从20世纪50年代中期开始，逐步发展了面向问题的程序设计语言，称作高级语言。高级语言与计算机硬件无关，其表达方式接近被描述的问题，接近自然语言，容易被人们接受和掌握。

高级语言的显著特点是独立于具体的计算机硬件，兼容性和可移植性好。目前，高级语言已有上百种，广泛应用在程序开发领域的也有几十种，并且每种高级语言都有其实用的领域。

常见的高级语言有BASIC（基本教学和微小程序的开发）、C（应用程序和系统程序的开发）、C++（面向对象程序的开发）、Visual C++（可视化应用程序开发）、Java（网络程序开发）、FoxBase（数据库应用程序开发）等。

任何高级语言编写的程序都必须被翻译成机器语言才能在计算机上执行。汇编语言或高级语言编写的程序称为源程序。源程序被翻译成计算机能够识别的机器语言程序叫作目标程序。翻译通常有以下两种方式。

（1）编译。编译是指在应用源程序执行之前，就将程序源代码“翻译”成目标代码（机器语言），因此其目标程序可以脱离其语言环境独立执行，使用比较方便、效率较高。但应用程序一旦需要修改，必须先修改源代码，再重新编译生成新的目标文件才能执行，只有目标文件而没有源代码，修改很不方便。现在大多数的编程语言都是编译型的，如Visual C++、Delphi等。

（2）解释。解释执行方式类似于日常生活中的“同声翻译”，应用程序源代码一边由相应语言的解释器“翻译”成目标代码（机器语言），一边执行，因此效率比较低，花费机器运行的时间多，而且不能生成可独立执行的可执行文件，应用程序不能脱离其解释器，但这种方式比较灵活，可以动态地调整、修改应用程序，典型的解释型的高级语言有BASIC。

2. 计算机指令

计算机指令就是给计算机下达命令，计算机指令告诉计算机要干什么，所要用到的数据出自哪里，操作结果将要送到哪里。计算机指令包括操作码和地址码。

操作码是指令完成操作的类型，如加、减、乘、除、传送等。

地址码是参与操作的数据和操作结果的存放位置。

一条指令只能完成一个简单的操作，而一个比较复杂的操作需要许多简单操作组合完成，这就形成了程序。简单来说，程序就是一组计算机指令序列。

一台计算机可能有多种多样的指令，这些指令的集合称为计算机的指令系统。

1.2.3 微型计算机系统

微型计算机系统简称微机系统，是由显示器、键盘、鼠标、音箱等输入、输出设备、电源及机箱等组成的计算机系统。微机系统中有操作系统、高级语言和多种工具性软件等。

微型计算机的外观如图 1-2 所示。

图 1-2 微型计算机外观

1. 微型计算机的性能指标

判断微型计算机的性能好与不好，评价标准一般是综合考虑的。微型计算机的几项核心技术指标如下。

1）位（bit，比特）、字节（byte）、字长

位：0 或 1，二进制数的最小单位。

字节：由 8 个二进制位组成，是计算中最小的数据存储单位。

常用的存储容量单位换算如下：1TB＝1 024GB，1GB＝1 024MB，1MB＝1 024KB，1KB＝1 024B（这里的 B 是指字节）。

字长：计算机 CPU 能够直接处理的二进制数据的位数。字长越长，计算机运算精度越高，CPU 处理能力越强。

通常，字长总是 8 的整数倍，如 8 位、16 位、32 位、64 位等。

2）时钟频率

时钟频率也称主频，是指计算机 CPU 的时钟频率（1 秒内发生的同步脉冲数）。一般主频越高，计算机的运算速度越快。主频单位为兆赫兹（MHz）或吉赫兹（GHz）。

1GHz＝1 000MHz， 1MHz＝1 000kHz， 1kHz＝1 000Hz

3）MIPS

MIPS 是指每秒处理的百万级的机器语言指令数，是衡量 CPU 速度的一个指标。现今

CPU 的频率越来越高，单纯以时钟频率来衡量计算机的速度已经不再科学，用 MIPS 来衡量相对比较合理。计算机可以每秒处理 300 万～500 万条机器语言指令，可以说计算机是 3～5MIPS 的 CPU。

4）存取周期

存取周期是指 CPU 从内存储器中存取数据所需的时间。存取周期越短，运算速度越快。

除了上述这些主要性能指标外，微型计算机还有其他一些指标，如系统的兼容性、平均无故障时间、性价比、可靠性和可维护性、外部设备配置与软件配置等。

2. 微型计算机的硬件系统

1）中央处理器

中央处理器又称 CPU。计算机用中央处理器处理数据，用存储器来存储数据。CPU 是计算机硬件的核心，主要包括运算器和控制器两大部分，控制着整个计算机系统的工作。计算机的性能主要取决于 CPU 的性能，CPU 的性能指标包括处理数据的位数、时钟频率、数据总线宽度、地址总线宽度、可寻址空间大小及本身的集成度等。其中，每个时钟周期内所处理数据的位数和时钟频率（主频）最重要。

图 1-3　Intel 酷睿 CPU

CPU 厂商会根据 CPU 产品的市场定位来给属于同一系列的 CPU 产品确定一个系列型号，以便于分类和管理。一般来说，系列型号可以说是用于区分 CPU 性能的重要标识。英特尔公司酷睿系列的一款 CPU 如图 1-3 所示。

2）存储器

存储器（Memory）是计算机系统中的记忆设备，用于存放程序和数据。计算机中全部信息，包括输入的原始数据、计算机程序、中间运行结果和最终运行结果都保存在存储器中。

存储器根据控制器指定的位置存入和取出信息。有了存储器，计算机才有记忆功能，才能保证正常工作。在计算机系统中，习惯上把内存、CPU 合称为主机。

存储器按照用途可以分为内存和外存两大类。

（1）内存储器。内存储器分为随机存取存储器（Random Access Memory，RAM）、只读存储器（Read Only Memory，ROM）和高速缓冲存储器（Cache）三类。

① 随机存取存储器。RAM 的特点是 CPU 可以随时直接对其读写。当写入时，原来数据被擦除。如果突然断电，随机存取存储器内数据会消失且无法恢复。

② 只读存储器。ROM 所存数据，一般是前事先写好的，计算机工作过程中只能读出，而不像随机存储器那样能快速、方便地加以改写。ROM 所存数据稳定，断电后所存数据也不会改变；其结构较简单，读出较方便，因而常用于存储各种固定程序和数据。

图 1-4　只读存储器

只读存储器又分为以下三种。

- 只读内存（Read-Only Memory）是一种只能读取资料的内存，例如图 1-4 所示的光盘。

- 可编程只读存储器(PROM)是一种一般只可以编程一次的内存。PROM 存储器出厂时各个存储单元皆为 1,或皆为 0。用户使用时,用编程的方法使 PROM 存储所需要的数据,RPOM 需要用电和光照的方法来编写与存放程序和信息。但仅仅只能编写一次,第一次写入的信息就被永久性地保存起来。
- EPROM 是一种可擦除可编程只读存储器,可多次编程。EPROM 便于用户根据需要来写入,并能把已写入的内容擦去后再改写,是一种可多次改写的 ROM。因此能对写入的信息进行校正,在修改错误后再重新写入。

③ 高速缓冲存储器。Cache 位于 CPU 与内存之间,是一个读写速度比内存更快的存储器。当 CPU 向内存中写入或读出数据时,这个数据也被存储进 Cache 中。当 CPU 再次需要这些数据时,CPU 就从 Cache 中优先读取。

(2) 外存储器。外存储器主要包括硬盘、U 盘和移动硬盘等。内存器的运行速度通常比外存储器快。U 盘和移动硬盘外形如图 1-5 所示。

图 1-5　U 盘和移动硬盘

3) 输入设备

输入设备主要包括键盘、鼠标等。

键盘是计算机的标准输入设备。通过键盘可以向计算机输入各种指令、程序、数据等。

鼠标是计算机的标准输入设备。使用鼠标可以方便地对图形界面中的图标和菜单等进行可视化操作。目前计算机上使用的主要是光电鼠标、采用即插即拔的 USB 接口鼠标和无线鼠标,USB 鼠标如图 1-6 所示,无线鼠标如图 1-7 所示。

图 1-6　USB 鼠标

图 1-7　无线鼠标

4）输出设备

输出设备主要有显示器和打印机等。

显示器是计算机必备的输出设备，比较常见的是阴极射线管显示器(Cathode Ray Tube,CRT)、液晶显示器(Liquid Crystal Display,LCD)及等离子显示器。显示器重要性能指标是分辨率。分辨率是指单位面积显示像素的数量，分辨率越高，显示图像越清晰。

打印机是计算机常用的输出设备。在显示器上输出的图像只能即时查看。为了将图像长久保存，就需要使用打印机输出。目前打印机大概分为三类：针式打印机、喷墨打印机、激光打印机，如图 1-8 所示。最普遍使用的是激光打印机。

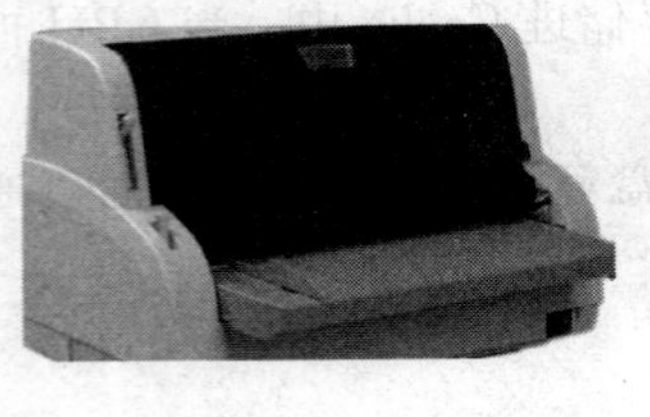

(a) 针式打印机

(b) 喷墨打印机

(c) 激光打印机

图 1-8　打印机类型样式

1.3　计算机的运算基础

1.3.1　数制

人们在生产实践和日常生活中创造了许多种表示数的方法，这些数的表示规则称作数制。在日常生活中，人们大都采用十进制进行计数，有时也根据需要采用其他数制的计数方法，如钟表计时采用六十进制，即 60 分钟为 1 小时；采用七进制，七天为一周等。无论哪一种数制，其计数和运算都有共同的规律和特点。进位计数涉及两个概念：基数和数位的权。

1. 基数

下面以人们最熟悉和最常用的十进制为例解释数制中的基本要素，并引入 R 进制。

基数是指该进制中允许选用的基本数码的个数，通常用 R 表示。

十进制(Decimal Number)：可用 0、1、2、3、4、5、6、7、8、9 十个数字符号来表示，基数 $R=10$。

二进制数(Binary Number)：可用 0、1 两个数字符号来表示，基数 $R=2$。

八进制数(Octal Number)：可用 0、1、2、3、4、5、6、7 八个数字符号来表示，基数 $R=8$。

十六进制数(Hexadecimal Number)：可用 0、1、2、3、4、5、6、7、8、9、A、B、C、D、E、F 十六个数字符号来表示，其中 A、B、C、D、E、F 分别表示数码 10、11、12、13、14、15，基数 $R=16$。

2. 权

一个数码处在数的不同位置时，它所代表的数值是不同的。例如，在十进制数中，数字 5 在十进制位置上时表示 50，即 5×10；在百位数上时表示 500，即 5×100。可见每个数码所表示数值等于该数码乘以一个与数码所在位置相关的常数，这个常数叫作权。权的大小是以基数为底、数码所在位置的序号为指数的整数次幂，可表示为权用基数 R 的 i 次幂，即 R^i。例如，十进制数据 1234.5 可以表示成：

$$1234.5=1\times10^3+2\times10^2+3\times10^1+4\times10^0+5\times10^{-1}$$

对于任一进制数，其最右边数码的权最小，最左边数码的权最大。

可见，每个数码的实际值大小＝数码值×位权。而按权展开的实际意义就是求整个数的值，即每个数的实际值＝每个数码的实际值相加。所以，按权展开就是每个数码的实际值相加的和，即每个数码本身的值×位权，然后相加。

【例 1-1】 十进制数 345.67 的基数为 10，权为 10^i，按权展开为

$$345.67=3\times10^2+4\times10^1+5\times10^0+6\times10^{-1}+7\times10^{-2}$$

二进制数 110.01 的基数是 2，权为 2^i，按权展开为

$$110.01=1\times2^2+1\times2^1+0\times2^0+0\times2^{-1}+1\times2^{-2}$$

十六进制数 AB7E 的基数为 16，权为 16^i，按权展开为

$$AB7E=10\times16^3+11\times16^2+7\times16^1+14\times16^0$$

3. 计算机中使用的进制及特点

在计算机内部，一切信息的存放、处理和传送均采用二进制的形式。计算机中采用二进制数，而不使用人们习惯的十进制，其主要原因是电路设计简单，运算简化、逻辑性强。但二进制数的数字冗长，书写复杂，容易出错，因此通常采用八进制或者十六进制数来表示信息。数据在输入、显示或打印时，习惯使用十进制数。

(1) 十进制的基本特点是：由数字 0～9 组成，基数等于 10，运算规则是：逢十进一，借一当十。

对于任意一个 n 位整数和 m 位小数的十进制数 N，可表示为

$$N=D_{N-1}\times10^{n-1}+D_{N-2}\times10^{n-2}+D_{N-3}\times10^{n-3}+\cdots+D_0\times10^0+\cdots+D_{-m}\times10^{-m}$$

上式称为十进制数的按权展开式。

(2) 二进制的基本特点是：由数字 0 和 1 组成，基数等于 2，运算规则是：逢二进一，借一当二。

对于任意一个 n 位整数和 m 位小数的二进制数 N，可表示为

$$N=D_{N-1}\times2^{n-1}+D_{N-2}\times2^{n-2}+D_{N-3}\times2^{n-3}+\cdots+D_0\times2^0+\cdots+D_{-m}\times2^{-m}$$

(3) 八进制的基本特点是：由数字 0～7 组成，基数等于 8，运算规则是：逢八进一，借一当八。

对于任意一个 n 位整数和 m 位小数的八进制数 N，可表示为

$$N=D_{N-1}\times8^{n-1}+D_{N-2}\times8^{n-2}+D_{N-3}\times8^{n-3}+\cdots+D_0\times8^0+\cdots+D_{-m}\times8^{-m}$$

(4) 十六进制的基本特点是：由数字 0～9、A～F 组成，基数等于 16，运算规则是：逢十六进一，借一当十六。

对于任意一个 n 位整数和 m 位小数的十六进制数 N，可表示为

$$N=D_{N-1}\times16^{n-1}+D_{N-2}\times16^{n-2}+D_{N-3}\times16^{n-3}+\cdots+D_0\times16^0+\cdots+D_{-m}\times16^{-m}$$

为区别不同进制的数，可有两种表示方法，一种表示方法为对于任一 R 进制的数 N，记作 $(N)_R$，如 $(1011.11)_2$、$(234)_8$、$(BEA1)_{16}$ 分别表示二进制数 1011.11、八进制数 234、十六进制数 BEA1，十进制数一般不用这种表示方法。另外一种表示方法为在一个数的后面加

上表示数制的英文字母,如字母 D(十进制)、B(二进制)、O(八进制)、H(十六进制)。如 1011.11B 表示二进制数 1011.11,234O 表示八进制数 234,BEA1H 表示十六进制数 BEA1。

1.3.2 数制间的转换

为了满足不同问题的需要,不同进制之间经常需要相互转换。下面介绍几种主要的计数制之间转换的方法。表 1-1 列出 0~15 这 16 个十进制与二、八、十六进制数的对应关系。

表 1-1 十进制、二进制、八进制和十六进制之间的对应关系

十进制	二进制	八进制	十六进制	十进制	二进制	八进制	十六进制
0	0000	0	0	8	1000	10	8
1	0001	1	1	9	1001	11	9
2	0010	2	2	10	1010	12	A
3	0011	3	3	11	1011	13	B
4	0100	4	4	12	1100	14	C
5	0101	5	5	13	1101	15	D
6	0110	6	6	14	1110	16	E
7	0111	7	7	15	1111	17	F

1. 其他数制转换为十进制数

方法:采用按权展开求和,可将二进制数、八进制数或十六进制数转换为十进制数。

【例 1-2】 将二进制数 10110.11 转换为十进制数。

$$(10110.11)_2 = 1\times2^4+0\times2^3+1\times2^2+1\times2^1+0\times2^0+1\times2^{-1}+1\times2^{-2}$$
$$=16+4+2+0.5+0.25=(22.75)_{10}$$

【例 1-3】 将八进制数 735 转换为十进制数。

$$(735)_8 = 7\times8^2+3\times8^1+5\times8^0$$
$$=448+24+5=(447)_{10}$$

【例 1-4】 将十六进制数 3AB 转换为十进制数。

$$(3AB)_{16} = 3\times16^2+10\times16^1+11\times16^0$$
$$=768+160+11=(939)_{10}$$

2. 将十进制数转换为其他进制数

方法:将十进制数转换为二进制数、八进制数、十六进制数时,小数部分和整数部分需要区别对待,采用不同的转换原则。十进制整数转换成其他进制整数时采用除基数取余法。十进制小数转换成其他进制小数时采用乘基数取整法。

除基数取余法的具体做法为:将十进制数除以基数,得到一个商数和余数;再将商数除以基数,又得到一个商数和余数;继续这个过程,直到商数为 0 为止。每次所得的余数就是对应该进制的各位数字。值得注意的是,第一次得到的余数为所求的进制数的最低位,最后一次得到的余数为所求的进制数的最高位。

乘基数取整法的具体做法为:用要转换十进制数的纯小数乘以基数,然后将乘积得到

的整数部分取出来，并用余下的纯小数再乘以基数，如此循环，直到余下纯小数等于 0 为止。每次所得的整数就是对应该进制数的各位数字。值得注意的是，第一次得到的整数为所求的进制数的最高位，最后一次得到的整数为所求的进制数的最低位。

以十进制转换为二进制为例。

1）整数部分

方法除 2 取余法，即每次将整数部分除以 2，余数为该位权上的数，而商继续除以 2，余数又为上一个位权上的数，这个步骤一直持续下去，直到商为 0 为止，最后读数时，从最后一个余数读起，一直到最前面的一个余数。

【例 1-5】 将十进制的 168 转换为二进制。

分析：

第一步，将 168 除以 2，商 84，余数为 0；

第二步，将商 84 除以 2，商 42，余数为 0；

第三步，将商 42 除以 2，商 21，余数为 0；

第四步，将商 21 除以 2，商 10，余数为 1；

第五步，将商 10 除以 2，商 5，余数为 0；

第六步，将商 5 除以 2，商 2，余数为 1；

第七步，将商 2 除以 2，商 1，余数为 0；

第八步，将商 1 除以 2，商 0，余数为 1；

第九步，读数，因为最后一位是经过多次除以 2 才得到的，因此它是最高位，读数字从最后的余数向前读，即 10101000。

结果为：168D＝10101000B

2）小数部分

方法：乘 2 取整法，即将小数部分乘以 2，然后取整数部分，剩下的小数部分继续乘以 2，然后取整数部分，剩下的小数部分又乘以 2，一直取到小数部分为零为止。如果永远不能为零，就同十进制数的四舍五入一样，按照要求保留多少位小数时，就根据后面一位是 0 还是 1 取舍。如果是零，舍掉，如果是 1，向前入一位。换句话说就是 0 舍 1 入。读数要从前面的整数读到后面的整数。

【例 1-6】 将 0.125 换算为二进制。

分析：

第一步，将 0.125 乘以 2，得 0.25，则整数部分为 0，小数部分为 0.25；

第二步，将小数部分 0.25 乘以 2，得 0.5，则整数部分为 0，小数部分为 0.5；

第三步，将小数部分 0.5 乘以 2，得 1.0，则整数部分为 1，小数部分为 0.0；

第四步，读数，从第一位读起，读到最后一位，即为 0.001。

结果为：0.125D＝0.001B

3. 二进制数与八进制数间的相互转换

利用二进制与八进制数间的关系，即 n 位二进制数最多能表示 2^n 种状态，分别对应 0，1，2，3，…，2^{n-1}。因此，可以用三位二进制数表示一位八进制数。二进制数与八进制数对应关系见表 1-1。

一个二进制数转换为八进制数的方法，可以概括为“三位化一位”。具体方法是：整数部分从个位数开始向左按每三位二进制数一组划分，不足三位的组在前面添 0 补齐；小数部分方法相同，只是向右划分组，不足的在后面添 0 补齐，最后将每组三位二进制数对应替换八进制数。

【例 1-7】 将八进制数 17.5 转换为二进制数。

因为　　1　　7　　5

　　　　001　　111　　101

结果为：17.5O=1111.101B

【例 1-8】 将二进制数 11110000.101 转换为八进制数。

因为　　011　　110　　000　　101

　　　　3　　6　　0　　5

结果为：11110000.101B=360.5O

4. 二进制数与十六进制数之间的相互转换

二进制数与十六进制数之间的相互转换和二进制数与八进制数相互转换类似。利用二进制与十六进制数间的关系，即 n 位二进制数最多能表示 2^n 种状态，分别对应 0、1、2、3、…、2^{n-1}。因此，可以用四位二进制数表示一位十六进制数。二进制数与十六进制数对应关系见表 1-1。

一个二进制数转换为十六进制数的方法，可以概括为“四位化一位”。具体方法是：整数部分从个位数开始向左按每四位二进制数一组划分，不足四位的组在前面添 0 补齐；小数部分方法相同，只是向右划分组，不足的在后面添 0 补齐，最后将每组四位二进制数对应替换十六进制数。

【例 1-9】 将二进制数 1101011101.111 转换为十六进制数。

因为　　0011　　0101　　1101　　1110

　　　　3　　5　　D　　E

结果为：1101011101.111B=35D.EH

将一个十六进制数转换为二进制数方法，与二进制数转换为十六进制数相反，概括为“一位化四位”。即用一位十六进制数对应替换四位二进制数。

【例 1-10】 将 96EH 转换为二进制数。

因为　　9　　6　　E

　　　　1001　　0110　　1110

结果为：96EH=100101101110B

1.3.3　二进制数的运算

二进制数(Binaries)是逢 2 进位的进位制，0、1 是基本算符；计算机运算基础采用二进制。在早期设计的常用的进制主要是十进制(因为我们有十个手指，用手指可以表示十个数字，0 的概念直到很久以后才出现，所以是 1～10 而不是 0～9)。电子计算机出现以后，使用电子管来表示十种状态过于复杂，所以所有的电子计算机中只有两种基本的状态，开和关。也就是说，电子管的两种状态决定了以电子管为基础的电子计算机采用二进制来表示数字和数据，所以二进制数是比较合理的选择，常用的进制还有八进制和十六进制，二进制数的运算除了有四则运算外，还可以有逻辑运算。

二进制数与十进制数一样，同样可以进行加、减、乘、除四则运算。其算法规则如下。

加运算：0+0=0，0+1=1，1+0=1，1+1=10，逢 2 进 1；

减运算：1−1=0，1−0=1，0−0=0，0−1=1，向高位借 1 当 2；

乘运算：0×0=0，0×1=0，1×0=0，1×1=1，只有同时为“1”时结果才为“1”；

除运算：二进制数只有两个数(0、1)，因此它的商是 1 或 0。

1. 加法运算

根据二进制加法的规则为

0+0=0

0+1=1

1+0=1

1+1=10 有进位

若有两个 8 位数 10011010 和 00111010 相加，则加法过程为

```
    10011010      被加数
 +  00111010      加数
 ------------
    11010100      和
```

可见，两个二进制数相加时，每一位都有 3 个数(相加的两个数以及低位产生的进位)参加运算，得到本位的和以及向高位的进位。

2. 减法运算

二进制减法的运算规则为

1−1=0

1−0=1

0−0=0

0−1=1 向高位借 1 当 2

若有两个 8 位数相减，11001100−00100101 的过程为

```
    11001100      被减数
 −  00100101      减数
 ------------
    10100111      差
```

与减法类似，每一位也有 3 个数(本位的被减数、减数以及低位的借位)参与运算，得到本位的差及所产生的借位。

3. 乘法运算

二进制乘法的运算规则为

0×0=0

0×1=0

1×0=0

1×1=1 只有同时为“1”时结果才为“1”

如二进制数 1101 与 1010 相乘，相乘过程为

```
      1101      被乘数
×     1010      乘数
      ----
      0000
     1101
    0000
+  1101
   --------
   10000010     乘积
```

在乘法运算时，用乘法的每一位去乘被乘数，乘得的中间结果的最低有效位与相应的乘数位对其。若乘数位为1，则中间结果即为被乘数；若乘数位为0，则中间结果为0。然后把各部分乘积相加，得到最后乘积。在计算机内进行乘法运算，一般是由“加法”和“移位”两种操作来实现的。

4. 除法运算

除法是乘法的逆运算。与十进制类似，从除法的最高位开始检查，并定出需要超过除数的位数。找到的这个位时，商记为1，并用选定的被除数减除数，然后把被除数的下一位移到除数上。若余数不够减，则商记为0，然后把被除数的再下一位移到余数上；若余数够减除数，则商为1，余数去减除数，这样反复进行，直到全部被除数的位都下移完为止。

如二进制 100011 除以 101，相除过程为

```
           000101     商
除数 101   100011     被除数
              101
              111
              101
÷              10
           1
           101
           0
```

1.4 数据编码

1.4.1 数据的编码

在计算机中，数值型数据的表示主要有两种形式：①纯二进制数，如有符号整数、无符号整数、定点数、浮点数等，采用一种称为“补码”的编码方式直接进行运算；②将十进制数用一种特殊的二进制编码表示，即二十进制编码，又称 BCD 编码。

1. 原码、反码、补码

1）原码

原码表示法是机器数的一种简单的表示法。其符号位用0表示正号，用一表示负号，数值一般用二进制形式表示。设有一数为 X，则原码表示可记作$[X]_{原}$。

例如：

$$X_1=+1010110$$
$$X_2=-1001010$$

其原码记作：

$$[X_1]_{原}=[+1010110]_{原}=01010110$$
$$[X_2]_{原}=[-1001010]_{原}=11001010$$

原码表示数的范围与二进制位数有关。当用8位二进制来表示小数原码时，其表示范围：

最大值为0.1111111，其真值约为$(0.99)_{10}$；

最小值为1.1111111，其真值约为$(-0.99)_{10}$。

当用8位二进制来表示整数原码时，其表示范围：

最大值为01111111，其真值为$(127)_{10}$；

最小值为11111111，其真值为$(-127)_{10}$。

在原码表示法中，对0有两种表示形式：

$$[+0]_{原}=00000000$$
$$[-0]_{原}=10000000$$

2）反码

机器数的反码可由原码得到。如果机器数是正数，则该机器数的反码与原码一样；如果机器数是负数，则该机器数的反码是对它的原码(符号位除外)各位取反而得到的。设有一数X，则X的反码表示记作$[X]_{反}$。

例如：

$$X_1=+1010110$$
$$X_2=-1001010$$
$$[X_1]_{原}=01010110$$
$$[X_1]_{反}=[X_1]_{原}=01010110$$
$$[X_2]_{原}=11001010$$
$$[X_2]_{反}=10110101$$

3）补码

机器数的补码可由原码得到。如果机器数是正数，则该机器数的补码与原码一样；如果机器数是负数，则该机器数的补码是对它的原码(符号位除外)各位取反(即得到该负数的反码)，在末位加1而得到的。设有一数X，则X的补码表示记作$[X]_{补}$。

例如：已知$[X]_{原}=10011010$，求$[X]_{补}$。

分析如下：

由$[X]_{原}$求$[X]_{补}$的原则是：若机器数为正数，则$[X]_{原}=[X]_{补}$；若机器数为负数，则该机器数的补码可对它的反码在末位加1而得到。现给定的机器数为负数，故有$[X]_{补}=[X]_{反}+1$，即

$$[X]_{原}=10011010$$
$$[X]_{反}=11100101+1$$
$$[X]_{补}=11100110$$

已知$[X]_{补}=11100110$，求$[X]_{原}$。

分析如下：

对于机器数为正数，则有$[X]_{原}=[X]_{补}$；

对于机器数为负数，则有$[X]_{原}=[[X]_{补}-1]_{反}$。

现给定的为负数，故有：

$$[X]_{补}=11100110$$

$$[X]_{补}-1=11100110-1=11100101$$

$$[[X]_{补}-1]_{反}=10011010=[X]_{原}$$

补码表示数的范围与二进制位数有关。当采用8位二进制表示时，小数补码的表示范围：

最大为0.1111111，其真值为$(0.99)_{10}$；

最小为1.0000000，其真值为$(-1)_{10}$。

采用8位二进制表示时，整数补码的表示范围：

最大为01111111，其真值为$(127)_{10}$；

最小为10000000，其真值为$(-128)_{10}$。

在补码表示法中，0只有一种表示形式：

$[+0]_{补}=00000000$

$[-0]_{补}=11111111+1=00000000$（由于受设备字长的限制，最后的进位丢失）

所以有：$[+0]_{补}=[-0]_{补}=00000000$

2. BCD码

将十进制数的每一位数字分别用二进制的形式表示。具体地说，就是用四位二进制数来表示一位十进制数字，其对应关系见表1-2。

表1-2　十进制数与BCD编码对照表

十进制数	BCD编码	十进制数	BCD编码
0	0000	8	1000
1	0001	9	1001
2	0010	10	00010000
3	0011	11	00010001
4	0100	12	00010010
5	0101	13	00010011
6	0110	14	00010100
7	0111	15	00010101

【例1-11】

$$(26)_{10}=(00100110)_{BCD}$$

$$(92.37)_{10}=(10010010.00110111)_{BCD}$$

应注意，BCD编码与纯二进制数是不同的。例如16D=10000B。

但是，10000B与$(00010110)_{BCD}$是有区别的。

对于BCD编码，每四位二进制编码中有六种代码组合是不用的。按照不同的原则舍弃不同的 6 种代码，就产生了不同的 BCD 码。常见的 BCD 码有 8421 码(舍弃了 1010～1111)，2421 码(舍弃了 0101～1010)和余 3 码(舍弃了 0000～0010 和 1101～1111)。表 1-2 就是最常见的 8421BCD 码，又简称 BCD 码。

1.4.2　字符的编码

计算机内部采用二进制方式计数，那么它为什么又能识别十进制数和各种字符、图形呢？其实，无论是数值数据还是文字、图形等，在计算机内部都采用了一种编码标准。通过编码标准可以把它转换成二进制数来进行处理，计算机将这些信息数据处理完毕再转换成可视的信息输出。

对于字符这种常见的非数值型数据，当今计算机中普遍采用 ASCII 码，即美国标准信息交换码(American Standard Code for Information Interchange)；较少采用 EBCDIC 码(Extended Binary Coded Decimal Interchange Code)，即扩展的二-十进制交换码，又称扩展 BCD 码。它们都是用一个字节进行编码。ASCII 码由 8 位二进制数组成，其中最高位为校验位，一般情况下为 0，用于传输过程检验数据正确性。实际上，每个 ASCII 码只用字节中的低 7 位表示，7 位二进制数表示一个字符，即共可表示 128 个字符，其编码见表 1-3、表 1-4。根据该表可知，字符 A 的 ASCII 码为 41H，即十进制的 65；数字 0 的 ASCII 码为 30H，即为十进制数的 48。

表 1-3　ASCII 非打印控制字符表

十进制	十六进制	字　符	十进制	十六进制	字　符
0	00	空	16	10	数据链路转意
1	01	头标开始	17	11	设备控制 1
2	02	正文开始	18	12	设备控制 2
3	03	正文结束	19	13	设备控制 3
4	04	传输结束	20	14	设备控制 4
5	05	查询	21	15	反确认
6	06	确认	22	16	同步空闲
7	07	震铃	23	17	传输块结束
8	08	Backspace	24	18	取消
9	09	水平制表符	25	19	媒体结束
10	0A	换行/新行	26	1A	替换
11	0B	竖直制表符	27	1B	转意
12	0C	换页/新页	28	1C	文件分隔符
13	0D	回车	29	1D	组分隔符
14	0E	移出	30	1E	记录分隔符
15	0F	移入	31	1F	单元分隔符

在 ASCII 码 128 个字符集中，编码值 0～31 不对应任何可印刷字符，通常称为控制符，用于计算机通信中的通信控制或对计算机设备功能控制。编码值为 32 的是空格字符 SP，编码值为 127 是删除控制 DEL 码，其余 94 个字符称为可印刷字符。

表 1-4　ASCII 码打印字符表

十进制	十六进制	字　符	十进制	十六进制	字　符
32	20	space	80	50	P
33	21	!	81	51	Q
34	22	"	82	52	R
35	23	#	83	53	S
36	24	$	84	54	T
37	25	%	85	55	U
38	26	&	86	56	V
39	27	'	87	57	W
40	28	(	88	58	X
41	29	)	89	59	Y
42	2A	*	90	5A	Z
43	2B	+	91	5B	[
44	2C	,	92	5C	\
45	2D	-	93	5D	]
46	2E	.	94	5E	^
47	2F	/	95	5F	_
48	30	0	96	60	`
49	31	1	97	61	a
50	32	2	98	62	b
51	33	3	99	63	c
52	34	4	100	64	d
53	35	5	101	65	e
54	36	6	102	66	f
55	37	7	103	67	g
56	38	8	104	68	h
57	39	9	105	69	i
58	3A	:	106	6A	j
59	3B	;	107	6B	k
60	3C	<	108	6C	l
61	3D	=	109	6D	m
62	3E	>	110	6E	n
63	3F	?	111	6F	o
64	40	@	112	70	p
65	41	A	113	71	q
66	42	B	114	72	r
67	43	C	115	73	s
68	44	D	116	74	t
69	45	E	117	75	u
70	46	F	118	76	v
71	47	G	119	77	w
72	48	H	120	78	x
73	49	I	121	79	y
74	4A	J	122	7A	z
75	4B	K	123	7B	{
76	4C	L	124	7C	|
77	4D	M	125	7D	}
78	4E	N	126	7E	~
79	4F	O	127	7F	DEL

1.4.3 汉字的编码

为使计算机可以处理汉字，也需要对汉字进行编码。计算机进行汉字处理的过程，实际上是各种汉字编码间的转换过程。汉字编码有汉字信息交换码、汉字输入码、汉字内码、汉字字型码及汉字地址码等。

1. 汉字信息交换码(国标码)

汉字信息交换码是用于汉字信息处理系统之间或汉字信息处理系统与通信系统之间信息交换的汉字代码。我国于1981年颁布了国家标准的汉字编码集，即《信息交换用汉字编码字符集—基本集》(GB 2312—1980)，简称交换码或国标码。

1) 国标码的字符集

国标码字符集共收录了7 445个图形符号和两级常用汉字等，其中一级汉字(最常用)3 755个，二级汉字3 008个，另外还包括682个西文字符、图符。

2) 国标码的存储

在计算机内部，汉字编码和西文编码是共存的，可以说国标码扩展了ASCII码。两个字节存储一个国标码，国标码的范围是2121H～7E7E。

3) 区位码

区位码也称国标区位码，是国标码的一种变形。它把全部一级、二级汉字和图形符号排列在一个94行×94列的矩阵中，构成一个二维表格，类似于ASCII码表。

“区”：阵中的每一行，用区号表示，区号范围是1～94。

“位”：阵中的每一列，用位号表示，位号范围是1～94。

区位码由汉字的区号和位号组合，两位高的是区号，两位低的是位号。

实际上，区位码也是一种汉字输入码，其最大优点是一字一码，无重复码；最大缺点是难以记忆。

【例1-12】 “中”字的输入区位码是5448。首先分别将其区号、位号转换为十六进制，得3630H；然后把区号和位号分别加上20H，得“中”字的国标码3630H＋2020H＝5650H。

2. 汉字输入码

汉字输入码是为使用户能够使用西文键盘输入汉字而编制的编码，也称外码。

汉字输入码有许多种不同的编码方案，大致可以分为数字码、音码、形码、音形码四类。

1) 数字码

数字码又称顺序编码。该方案用数字串表达汉字，其优点是无重码，向内部码转换方便，适合盲打。但由于每个汉字用多个数字表达，因此记忆量很大。典型代表有区位码、电报码。

根据《信息交换用汉字编码字符集—基本集》(GB 2312—1980)编码规定，所有的国标汉字与符号可划分成94个区，每个区分为94位。区号为0194，位号也是0194。在汉字的区位码中，高位为区号，低位为位号。在区位码中汉字与符号的分布情况如下。

1～15区为图形符号区；

16～55区为常用的一级汉字区；

56～87区为不常用的二级汉字区；

88～94区为自定义汉字区。

2）音码

音码又称音编码。该方案用汉语拼音表达汉字。音码优点是易学易记；缺点是重码率高(因为汉字同音字多)，输入后还需要从同音字中再次选择，影响输入速度。然而，非专业录入人员往往一边思考一边输入，并不是很在意输入速度，因此音码方案对非专业录入人员较适合。音码的典型代表是全拼输入法、双拼输入法、微软拼音输入法、智能 ABC 输入法、搜狗输入法等。

3）形码

形码又称字型编码。字型编码方案用汉字的形状表达汉字，即按汉字笔画书写的顺序依次输入。字型编码优点是重码率低，可以盲打；但缺点是记忆量和校对量相对较大。形码适用于专职录入人员。典型的字型编码有五笔字型码、表形码、首尾码和三角码等。

4）音形码

音形码又称字型编码或者混合码。音形码兼取音码和形码的做法。音形码的优点是编码规则简化，重码少，适用于非专职录入人员，且效率高于音码。典型的音形码有全息码、自然码、音韵码等。

3. 汉字机内码

汉字机内码是为在计算机内部对汉字进行处理、存储和传输而编制的汉字编码，应能满足存储、处理和传输的要求。无论用何种输入码，输入的汉字在计算机内部都要转换成统一的汉字机内码，然后才能在机器内传输和处理。

目前，对应于国标码，一个汉字的机内码也用两个字节存储。因为 ASCII 码是西文的机内码，为了区分汉字和字母，避免汉字机内码与 ASCII 码发生混淆，规定英文首字母的机内码的最高位是 0，而汉字机内码中两个字节的最高位置均为 1。

国标码与汉字机内码关系是：

内码＝汉字国标码＋8080H

【例 1-13】 汉字“大”的国标码是 3473H，将国标码加上 8080H，即可得到它的内码。

```
   3473 H     国标码
+  8080 H
----------
   B4F3 H     机内码
```

【例 1-14】 汉字“爱”的国标码是 302DH，将国标码加上 8080H，即可得到它的内码。

```
   302D H     国标码
+  8080 H
----------
   BOAD H     机内码
```

4. 汉字字型码

汉字字型码是存放汉字字型信息的编码，它与汉字内码一一对应。每个汉字的字型码是预选存放在计算机内的，常称为汉字库。当输出汉字时，计算机根据内码在字库中查到其字型码，得知字型信息，然后就可以显示或打印输出了。

描述汉字字型的方法主要有点阵字型和轮廓字型两种。

1）点阵字型

点阵字型的基本思路是：任一汉字均可在大小一样的方块中书写，该方块可分解为许多点，每个点用一位二进制表示(1 表示亮，0 表示暗)，这样点阵可用来输出汉字。将用点阵构建汉字字型的模式称为点阵字模。常用16×16点阵形成一个汉字,即一个汉字用16×16=256个点表示,每个点占一位二进制,共需要32个字节。同理24×24点阵的汉字输出码共需要24×24÷8=72字节的存储空间,32×32点阵的汉字输出码需要32×32÷8=128字节的存储空间。

显然,点阵中行、列数越多,字型的质量越好,锯齿现象也就越小,但是存储汉字输出码所占用的存储容量也越大。汉字字型通常分为通用型和精密型两类。

通用型汉字字型点阵分为简易型16×16点阵、普通型24×24点阵、提高型32×32点阵三种。

精密型汉字字型点阵常用于常规的印刷排版,字型一般在96×96点阵以上,占用的字节量较大,通常需采用信息压缩存储技术。

汉字的点阵字型的缺点是放大后会出现锯齿现象,很不美观。

2)轮廓字型

轮廓字型方法比点阵字型复杂,基本思路是:把一个汉字中笔画的轮廓用一组曲线来勾画,采用数学方法来描述每个汉字的轮廓曲线。中文Windows下的TrueType字型库就采用了轮廓字型法。这种方法的优点是字型精度高,且可以任意放大、缩小而不产生锯齿现象;缺点是输出之前必须经过复杂的数学运算处理。

1.5 多媒体技术

多媒体技术能高效地处理文字、声音、图像、动画、视频等多种媒体信息。下面从多媒体特征、多媒体的数字化、多媒体数据压缩来介绍多媒体。

1.5.1 多媒体的特征

1. 交互性

交互性是多媒体技术的关键,没有交互性的系统就不是多媒体系统。随着信息技术的广泛应用,人们通过键盘、显示器、鼠标、数据手套、摄像头、话筒等外围输入设备以及与相应的软件配合就可以实现人机交互的功能,主动编辑处理各种信息。

2. 集成性

多媒体能同时处理文字、声音、图像、动画、视频等多种媒体信息。包括各种信息的统一获取、存储、组织和处理。

3. 多样性

多媒体展现的信息是多样的,不再局限于数值、文本。

4. 实时性

多媒体系统既能像计算机一样处理离散媒体,还能处理带有时间关系的媒体,如音频、视频、动画、实况信息媒体。所以多媒体在处理信息时,有严格的时间要求和很高的速度要求。当系统扩大到网络范围后,会对系统提出更高的实时性要求。实时性是多媒体的关键技术。

1.5.2 媒体的数字化

1. 声音

1）声音的数字化

声音是连续的模拟信号。计算机只能处理离散的数字信号。将连续的模拟信号变成离散的数字信号就是数字化，包括采样、量化、编码 3 个基本过程。

采样是以固定的时间间隔对声音的波形幅度进行抽取，把时间上连续的信号变成时间上的离散的信号，如图 1-9 所示。采样的时间间隔称为采样周期，倒数称为采样频率。量化和编码是将采样值用二进制位数来表示，一般为 8 位或 16 位。位数越大，采集的样本精度就越高。记录声音时，每次只产生一组声波数据，称单声道；每次产生两组声波数据，称双声道。

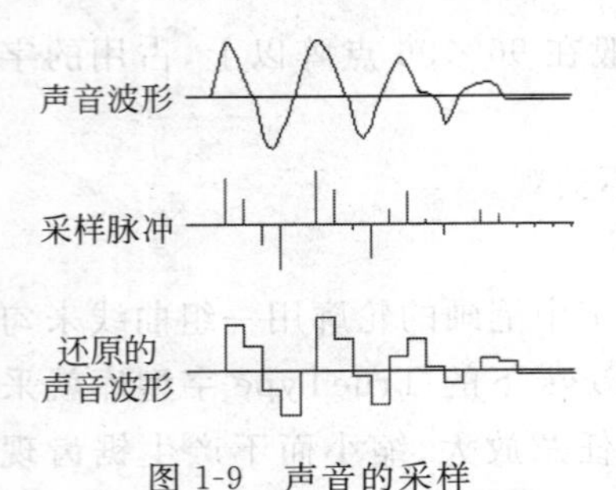

图 1-9 声音的采样

最终产生的音频数据量按照以下公式计算：

音频数据量(B)＝采样时间(s)×采样频率(Hz)×量化位数(b)×声道数/8

例如，计算 3 分钟双声道，16 位量化位数，44.1kHz 采样频率声音的不压缩数据量为

$$60\times3\times44100\times16\times2/8\text{B}=31752000\text{B}\approx30.28\text{MB}$$

2）声音文件格式

常用的声音格式有 WAV、MP3 文件等。

WAV 是微软的波形声音文件，针对话筒等录制，经过声卡数字化，播放时还原成模拟信号。记录了真实声音的二进制采样数据，文件大，用于存储简短的声音片段。

MP3 是经过 MPEG 音频压缩标准进行压缩的声音文件，音质稍差于 WAV。

RealAudio(RA、RM、RMX 文件)是网络音频文件格式，可以实时传输音频信息。保证在网速较慢的情况下，仍然可以流畅地传送数据。

MIDI(mid、rmi 文件)记录的是乐曲演奏的内容，不是实际的声音。因此 MIDI 文件小，但播放声音依赖于播放 MIDI 的硬件质量。

AU 文件用于 UNIX 平台上，AIF 文件用于苹果机平台上。

2. 图像

图像分为静态图像和动态图像。静态图像又分为矢量图、位图；动态图像又分为视频(通过摄像机拍摄)、动画(用计算机或绘画的方法生成)。

1）静态图像-位图的数字化

一幅图像可以近似地看成由许多点(也称像素点)组成，因此它的数字化通过采样和量化可以得到。采样就是采集像素点，量化就是将采集到的信息转化成相应的数值。

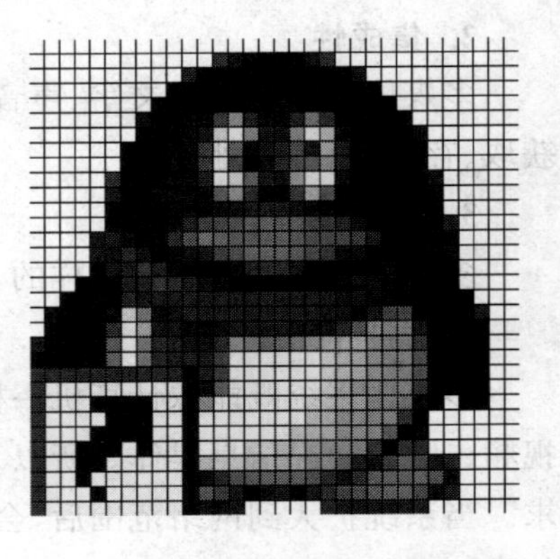

图 1-10 32 像素×32 像素的图像

图 1-10 所示是一幅 32 像素×32 像素的图像，每个像素点用 R、G、B 三个颜色合成，每个颜色用一个字节(8 位

二进制)表示。每个点用 24 位二进制表示。可以表示 2^{24} 种颜色,也就是 16 777 216 种颜色,这就是我们常说的真彩色。用真彩色存储一个 32 像素×32 像素的图像。总共需要存储空间：32×32×3(Byte)。

2) 静态图像-矢量图的数字化

矢量图使用直线和曲线来描述图形,这些图形的元素是一些点、线、矩形、多边形、圆和弧线等,它们都是通过数学公式计算获得的。例如,一幅花的矢量图形实际上是由线段形成外轮廓,由外框的颜色以及外框所封闭的颜色决定花显示的颜色。由于矢量图形可通过公式计算获得,所以矢量图形文件体积一般较小。

3) 动态图像的数字化

动态图像是将静态图像以每秒 n 幅的速度播放,当 $n \geqslant 25$ 时,显示在人眼中的就是连续的画面。

4) 图像文件的格式

位图文件的常见格式有 BMP 文件(不采用压缩,文件通常很大)、JPEG 文件(通常把文件压缩到最小)、GIF 文件(支持多图像动画,文件小,在网络上广泛应用)、TIFF 文件、PNG 文件(支持透明背景)。

矢量图文件常见格式有 WMF 文件(绝大多数 Windows 应用程序都可以有效处理的文件格式)、DXF 文件和 DWG 文件(AutoCAD 制图软件中使用的格式,绝大多数的绘图软件都支持 DXF 文件)、AI 文件(Illustrator 软件生成的文件格式,用 Illustrator、CorelDRAW、Photoshop 均能打开、编辑、修改)、CDR 文件(CorelDRAW 中的一种文件格式)。

视频文件的常见格式有 AVI 文件(Windows 中数字视频文件的标准格式)、MOV 文件(QuickTime for Windows 视频处理软件所采用的视频文件格式,图像质量比 AVI 文件好)、ASF 文件(流格式,支持网络回放)、WMV 文件(微软推出的视频格式)。

1.5.3 多媒体数据压缩

多媒体数字化后,数据量非常庞大,所以多采用压缩的方法来减小数据量。多媒体数据压缩分为压缩和解压缩两个阶段。传送和存储数据前要压缩数据,传送到目的地后,通过解压缩还原数据。压缩又分为无损压缩、有损压缩。

1. 无损压缩

无损压缩的原理是统计被压缩数据中重复数据的出现次数来进行编码。解压缩后的数据与压缩前的数据完全相同。压缩比低,一般为 2∶1～5∶1。常用的无损压缩算法包括行程编码、霍夫曼编码、算术编码等。

2. 有损压缩

经过有损压缩后的数据不能完全恢复成压缩前的数据,与原始数据不同,但非常接近。以损失文件中某些信息为代价来换取高的压缩比,损失的信息多是对视觉和听觉感知不重要的信息,压缩比通常为几十到几百。典型的有损压缩编码方法有预测编码、变换编码等。

3. 常见的无损压缩、有损压缩文件格式

对于音频文件来说,无损压缩的格式包括 APE、FLAC、WAV;有损压缩的格式包括 MP3、WMA、RM 等。

对于图像文件来说：无损压缩的格式包括 BMP、TIFF；有损压缩的格式包括 JPEG 等。

对于视频文件来说：无损压缩的格式包括 AVI；有损压缩的格式包括 RMVB、WMV 等。

1.6 计算机病毒

计算机病毒是一种人为制造的、在计算机运行中能对计算机信息或系统起破坏作用的程序，这种程序轻则影响计算机运行速度，使计算机不能正常运行；重则使计算机处于瘫痪，给用户带来不可估量的损失。通常把这种具有破坏作用的程序称为计算机病毒。

1. 计算机病毒的特点

(1) 破坏性。计算机病毒可以破坏系统、删除或修改程序，甚至格式化整个磁盘、占用系统资源、降低计算机运行效率。

(2) 寄生性。计算机病毒在其它程序中，执行这个程序时，病毒就起破坏作用；而未启动这个程序时，它是不易被用户发觉的。

(3) 破坏性。计算机病毒不但本身具有破坏性，更有害的是具有传染性，一旦病毒被复制或产生变种，其速度之快令人难以预防。传染性是病毒的基本特征。

(4) 潜伏性。有些病毒像定时炸弹一样，让它什么时间发作是预先设计好的。比如黑色星期五病毒，不到预定时间用户一般不能发现，等到具备条件就启动病毒程序，对系统进行破坏。一个编制精巧的计算机病毒程序，进入系统之后一般不会马上发作，因此病毒可以静静地躲在磁盘待上几天，甚至几年，一旦时机成熟，得到运行机会，就要四处繁殖、扩散，继续危害。潜伏性的第二种表现是指计算机病毒的内部往往有一种触发机制，不满足触发条件时，计算机病毒除了传染外不做破坏。触发条件一旦得到满足，有的在屏幕上显示信息、图形或特殊标识，有的则执行破坏系统的操作，如格式化磁盘、删除磁盘文件、对数据文件做加密、封锁键盘以及使系统死锁等。

(5) 隐蔽性。计算机病毒具有很强的隐蔽性，有的可以通过病毒软件检查出来，有的根本就查不出来，有的时隐时现、变化无常，这类病毒处理起来通常较困难。

2. 计算机感染病毒后常见症状

(1) 计算机系统运行速度减慢。

(2) 计算机系统经常无故发生死机。

(3) 计算机系统中的文件长度发生变化。

(4) 计算机存储的容量异常减少。

(5) 系统引导速度减慢。

(6) 丢失文件或文件损坏。

(7) 计算机屏幕上出现异常显示。

(8) 计算机系统的蜂鸣器出现异常声响。

(9) 磁盘卷标发生变化。

(10) 系统不识别硬盘。

(11) 对存储系统异常访问。

(12) 键盘输入异常。

(13) 文件的日期、时间、属性等发生变化。

(14) 文件无法正确读取、复制或打开。

(15) 命令执行出现错误。

(16) 虚假报警。

(17) 换当前盘。有些病毒会将当前盘切换到C盘。

(18) 时钟倒转。有些病毒会命名系统时间倒转,逆向计时。

(19) Windows操作系统无故频繁出现错误。

(20) 系统异常重新启动。

(21) 一些外部设备工作异常。

(22) 异常要求用户输入密码。

(23) Word或Excel提示执行"宏"。

(24) 使不应驻留内存的程序驻留内存。

3. 病毒的分类

从已发现的计算机病毒来看,小的病毒程序只需几十条指令,不到百字节,而大的病毒程序简直像个操作系统,由成千上万条指令组成。计算机病毒一般可以分为5种主要类型。

(1) 引导区病毒。引导区病毒主要通过软盘在DOS操作系统中传播。一旦硬盘中的引导区被病毒感染,病毒就试图感染每一个插入计算机的从事访问的软盘的引导区。

(2) 文件型病毒。文件型病毒感染的是文件,也被称为生病毒。它隐藏在计算机存储器中,通常感染扩展名为COM、EXE、DRV、SYS等文件。

(3) 混合型病毒。混合型病毒具有引导区病毒和文件型病毒两者特征。

(4) 宏病毒。宏病毒一般是指用BASIC语言书写的病毒程序,寄存在Microsoft Office文档的宏代码中,影响Office文档的各种操作。

(5) Internet病毒(网络病毒)。网络病毒大多通过邮件传播,破坏特定扩展名的文件,并使邮件系统变慢,甚至导致网络瘫痪。

4. 计算机病毒的预防

(1) 杀毒软件经常更新,以快速检测到可能入侵计算机的新病毒或者变种。

(2) 使用安全监视软件(和杀毒软件不同,如360安全卫士、瑞星卡卡),防止浏览器被异常修改,被安装不安全恶意的插件。

(3) 使用防火墙或者杀毒软件自带防火墙。

(4) 关闭计算机自动播放并对计算机和移动储存工具进行常见病毒免疫。

(5) 定时扫描全盘病毒、木马。

(6) 注意网址正确性,避免进入恶意网站。

(7) 不随意接收、打开陌生人发来的电子邮件或通过QQ传递的文件或网址。

(8) 使用正版软件。

(9) 使用移动存储器前,最好先查杀病毒,然后再使用。

习　题

1. 选择题

（1）第一台电子计算机是1946年在美国研制的，该机的英文缩写是（　　）。

A. ENIAC　　B. EDVAC　　C. EDSAC　　D. MARK

（2）第二代计算机采用的主要元件是（　　）。

A. 电子管　　B. 晶体管

C. 小规模集成电路　　D. 大规模集成电路

（3）十进制数511的二进制数表示是（　　）。

A. 111011101　　B. 111111111　　C. 100000000　　D. 100000011

（4）下列数据中最大的数是（　　）。

A. 227O　　B. 1FFH　　C. 1010001B　　D. 789D

（5）100个2424点阵的汉字字模信息所占用的字数是（　　）。

A. 2 400　　B. 7 200　　C. 57 600　　D. 73 728

（6）对应的ASCII码表示的值，下列叙述中正确的一项是（　　）。

A. “9”＜“＃”＜“a”　　B. “a”＜“A”＜“＃”

C. “＃”＜“A”＜“a”　　D. “a”＜“9”＜“＃”

（7）7位ASCII码共有（　　）个字符。

A. 128　　B. 256　　C. 512　　D. 1 024

（8）汉字“中”的十六进制的机内码是D6D0H，那么它的国标码是（　　）。

A. 5650H　　B. 4640H　　C. 5750H　　D. C750H

（9）一个完整的计算机系统包括（　　）。

A. 计算机及其外部设备　　B. 主机、键盘、显示器

C. 系统软件和应用软件　　D. 硬件系统和软件系统

（10）微型计算机的运算器、控制器及内存储器的总称是（　　）。

A. CPU　　B. ALU　　C. MPU　　D. 主机

（11）下列各类存储器中，断电后其中信息会丢失的是（　　）。

A. ROM　　B. RAM　　C. 光盘　　D. 硬盘

（12）汇编语言源程序须经（　　）翻译成目标程序。

A. 监控程序　　B. 汇编程序　　C. 机器语言程序　　D. 诊断程序

（13）磁盘工作时，应特别注意避免（　　）。

A. 光线直射　　B. 强烈震动　　C. 卫生环境　　D. 噪声

（14）标准ASCII码的码长是（　　）。

A. 7　　B. 8　　C. 12　　D. 16

（15）下列不能作为存储容量单位的是（　　）。

A. Byte　　B. MIPS　　C. KB　　D. GB

(16) 关于计算机病毒，下面说法中不正确的一项是(　　)。

A. 正版的软件也会受计算机病毒的攻击

B. 防病毒软件不会检查出压缩文件内部的病毒

C. 任何防病毒软件都不会查出和杀掉所有的病毒

D. 任何病毒都有清除的办法

单元2 Windows 7操作系统

操作系统是最重要的计算机系统软件之一，是整个计算机系统的控制和管理中心，是沟通用户和计算机硬件的桥梁，用户可以通过操作系统所提供的各种功能方便地使用计算机。操作系统是一个庞大的控制管理程序，统一控制计算机系统的主要部件，使其相互配合、协调一致地工作。

大纲要求：

- 操作系统的基础知识。
- Windows 7 操作系统的基本概况。
- 安装、启动及退出 Windows 7。
- Windows 7 的基本术语。
- Windows 7 的桌面、窗口、文件及文件夹的属性设置。
- Windows 7 系统环境设置。
- Windows 7 的时钟、幻灯片、源程序等小工具的使用。

2.1 操作系统简介

2.1.1 常用操作系统简介

操作系统是人与计算机之间通信的桥梁，它直接运行在裸机上，是计算机硬件系统的第一次扩充。只有在操作系统的支持下，计算机才能运行其他软件。用户可以通过操作系统提供的命令和交互功能实现各种访问计算机的操作。

1. DOS

DOS的英文全称是Disk Operating System，中文称为磁盘操作系统。从1981年MS-DOS 1.0直到1995年MS-DOS 7.1的15年间，DOS作为微软公司在个人计算机上使用的一个操作系统载体，推出了多个版本。DOS在IBM PC兼容机市场中占有举足轻重的地位。DOS可以直接操纵管理硬盘的文件，以DOS的形式运行。

DOS是一个更久远的操作系统CP/M的翻版。DOS家族包括MS-DOS、PC-DOS、DR-DOS、Free-DOS、PTS-DOS、ROM-DOS等，其中以MS-DOS最为著名，最自由开放的则是Free-DOS。

自微软图形界面操作系统Windows 9x问世以来，DOS就作为一个后台程序形式应用。DOS的特点是简单易学、硬件要求低，但存储能力有限。

2. Windows

Windows操作系统是一款由美国微软公司开发的窗口化操作系统。采用了GUI图形化操作模式,比以前的指令操作系统(如 DOS)更为人性化。Windows 操作系统是目前世界上使用最广泛的操作系统。最新的版本是 Windows 10。

Microsoft 公司从 1983 年开始研制 Windows 系统,最初的研制目标是在 MS-DOS 的基础上提供一个多任务的图形用户界面。第一个版本的 Windows 1.0 于 1985 年问世,它是一个具有图形用户界面的系统软件。1987 年推出了 Windows 2.0 版,最明显的变化是采用了相互叠盖的多窗口界面形式。1990 年推出的 Windows 3.0 是一个重要的里程碑,它成功确定了 Windows 系统在 PC 领域的垄断地位。现今流行的 Windows 窗口界面的基本形式也是从 Windows 3.0 开始确定的。

Windows 95 是一个混合的 16 位/32 位 Windows 系统,其版本号为 4.0,由微软公司发行于 1995 年 8 月 24 日。Windows 95 是微软之前独立的操作系统 MS-DOS 和视窗产品的直接后续版本。Windows 95 出现的"开始"按钮以及个人计算机桌面上的工具条,这些一直到现在都应用在 Windows 操作系统界面上。

Windows XP 是微软把所有用户要求合成一个操作系统的尝试,与 Windows 2000(Windows NT 5.0)一样,它是一个 Windows NT 系列操作系统(Windows NT 5.1),它包含 Windows 2000 的高效率和安全稳定的性质以及 Windows Me 多媒体的功能。

2009 年 1 月 9 日,微软面向公众发布 Windows 7 客户端 Beta1 测试版。Windows 7 已经集成 Direct X11 和 Internet Explorer 8。Direct X11 作为 3D 图形接口,不仅支持未来的 DX11 硬件,还向下兼容当前的 Direct X10 和 10.1 硬件。Direct X11 增加了新的计算 Shader 技术,可以允许 GPU 从事更多的通用计算工作,而不仅仅是 3D 运算,这可以鼓励开发人员更好地将 GPU 作为并行处理器使用。

3. UNIX

UNIX 是一种发展比较早的操作系统,最早由肯·汤普逊(Kenneth L. Thompson)、丹尼斯·里奇(Dennis M. Ritchie)于 1969 年在贝尔实验室开发。目前它的商标权由国际开放标准组织(The Open Group)所拥有。

UNIX 在操作系统市场一直占用有较大的份额。UNIX 的优点是可移植性好,可运行于许多不同类型的计算机上,可靠性和安全性比较高,支持多任务、多处理、多用户、网络管理和网络应用。缺点是缺乏统一的标准,应用程序不够丰富并且不容易学习,这些缺点限制了 UNIX 的普及。

4. Linux

Linux 是一种自由和开放源码的操作系统,存在着许多不同的 Linux 版本,但它们都使用了 Linux 内核。Linux 可安装在各种计算机硬件设备中,如手机、平板电脑、路由器、视频游戏控制台、台式计算机、大型机和超级计算机。Linux 是一个领先的操作系统,世界上运算最快的 10 台超级计算机运行的都是 Linux 操作系统。严格来讲,Linux 这个词本身只表示 Linux 内核,但实际上人们已经习惯了用 Linux 来形容整个基于 Linux 内核,并且使用 GNU 工程各种工具和数据库的操作系统。

Linux 操作系统是 UNIX 操作系统的一种克隆系统。Linux 以它的高效性和灵活性著称,Linux 模块化的设计结构,使它既能在价格昂贵的工作站上运行,也能够在廉价的 PC 上实现全部的特性,具有多任务、多用户的能力。Linux 是在 GNU 公共许可权限下免费获得的,是一个符合 POSIX 标准的操作系统。Linux 操作系统软件包不仅包括完整的 Linux 操作系统，而且还包括文本编辑器、高级语言编译器等应用软件。它还包括带有多个窗口管理器的 Windows 图形用户界面，如同使用 Windows NT 一样，允许使用窗口、图标和菜单对系统进行操作。

5. Mac OS

Mac OS 由苹果公司自行开发，是苹果机专用系统，是基于 UNIX 内核的图形化操作系统，一般情况下在普通 PC 上无法安装 Mac 操作系统。苹果机现在的操作系统已经到了 OS 10，代号为 Mac OS Ⅹ（Ⅹ为 10 的罗马数字写法），这是 Mac 计算机诞生以来最大的变化。新系统非常可靠，它的许多特点和服务都体现了苹果公司的理念。另外，现在疯狂肆虐的计算机病毒几乎都是针对 Windows 的，由于 Mac 的架构与 Windows 不同，所以很少受到病毒的袭击。Mac OS Ⅹ操作系统界面非常独特，突出了形象的图标和人机对话。苹果公司不仅自己开发系统，也涉及硬件的开发。目前 Mac OS Ⅹ已经正式被苹果改名为 OS Ⅹ。

6. Novell NetWare

NetWare 是 Novell 公司推出的网络操作系统。NetWare 最重要的特征是基于模块设计思想的开放式系统结构。NetWare 是一个开放的网络服务器平台，可以方便地对其进行扩充。NetWare 系统对不同的工作平台（如 DOS、OS/2、Macintosh 等）、不同的网络协议环境（如 TCP/IP）以及各种工作站操作系统提供了一致的服务。该系统内可以增加自选的扩充服务（如替补备份、数据库、电子邮件以及记账等），这些服务可以取自 NetWare 本身，也可取自第三方开发者。NetWare 操作系统以文件服务器为中心，主要由文件服务器内核、工作站外壳、低层通信协议三个部分组成。

2.1.2 文件系统

计算机是以文件的形式组织和存储数据的。计算机文件是用户赋予了名字并存储在磁盘上的信息的有序集合。

1. 文件的基本概念

1）文件名

在计算机中，每一个文件都有文件名。文件名是存取文件的依据，即按照名存取。文件名分为文件主名和扩展名两部分。一般来说，文件主名是有意义的词语或数字，以便用户识别。例如，Windows 中记事本的文件名为 Notepad.exe。

不同操作系统的文件命名规则有所不同。Windows 是不区分大小写的；而 UNIX 的文件主名和扩展名是区分大小写的。

文件名中可以使用的字符包括：汉字字符、26 个大小写英文字母、0～9 十个阿拉伯数字和一些特殊字符。

文件名中不能使用的符号有：＜、＞、/、\、|、:、"、*、?。

不能使用的文件名还有：Aux、Com2、Com3、Com4、Con、Lpt1、Lpt2、Prn、Nul。

2）文件类型

在绝大多数的操作系统中，文件的扩展名表示文件的类型，不同类型文件的处理方式是不同的。不同的操作系统中表示文件类型的扩展名并不相同，常见的文件扩展名及表示的意义见表 2-1。

表 2-1 文件扩展名及其含义

文件类型	扩展名	含义
可执行程序	.exe、.com	可执行程序文件
源程序文件	.c、.cpp	程序设计语言的源程序文件
目标文件	.obj	源程序文件经编译后生成的目标文件
MS Office 文档文件	.doc、.xls、.ppt	Word、Excel、PowerPoint 创建的文件
图像文件	.bmp、.jpg、.gif	图像文件，不同的扩展名表示不同格式的图像文件
流媒体文件	.wmv、.rm	不需要下载完毕即可播放，也可以边下载边播放
压缩文件	.zip、.rar	压缩文件
音频文件	.wav、.mp3、.mid	声音文件，不同扩展名表示不同格式的音频文件
网页文件	.html、.asp、.jsp	一般来说，前者是静态网页，后者是动态网页

一般来说，用户没有必要记住特定应用文件的扩展名。在进行文件保存操作时，软件通常会在文件名后自动追加正确的文件扩展名。借助文件扩展名通常可以判定用于打开该文件的应用软件。

3）文件属性

除了文件名以外，文件还有文件大小、占用空间等文件属性。右击文件夹或者文件对象，弹出如图 2-1 所示的“属性”对话框，其属性如下。

只读：如果将某文件设置了只读属性，则该文件只能读取，不能修改。

隐藏：如果设置了隐藏属性，则隐藏的文件和文件夹是浅色的，一般情况下是不显示的。

存档：任何一个新创建或修改的文件都有存档属性（单击如图 2-1 所示的“属性”对话框中的“高级”按钮，会弹出如图 2-2 所示的“高级属性”对话框）。

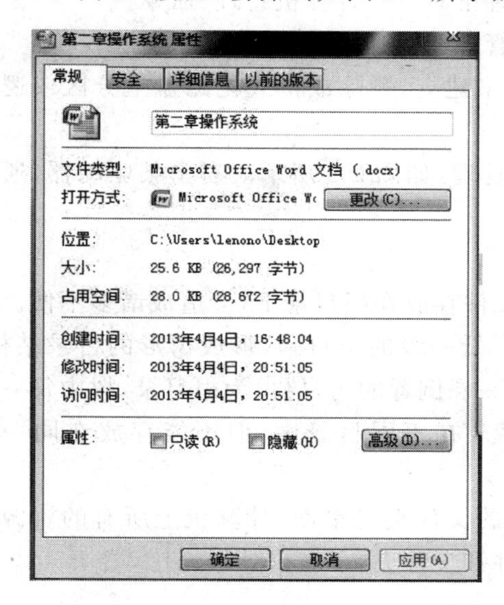

图 2-1 文件的属性

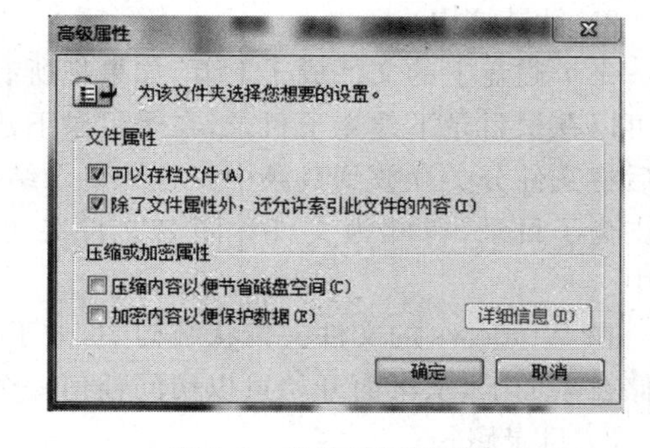

图 2-2 文件的高级属性

4）文件名中的通配符

通配符是用来代表其他字符的符号，通配符有两个：? 和 *。其中，通配符? 用于表示任意一个字符，另外一个通配符 * 表示任意的多个字符。

5）文件操作

一个文件中所存储的可能是数据，也可能是程序的代码，不同格式的文件通常会有不同的应用和操作。常用的文件操作有：建立文件、打开文件、写入文件、删除文件及文件属性更改等。

在 Windows 中，文件的快捷菜单中存放了有关文件的大多数操作，用户只需要右击打开相应的快捷菜单，就可以进行操作。

2. 目录结构

1）磁盘分区

一个新硬盘安装到计算机上后，一般需要将磁盘划分为几个分区，即把一个磁盘驱动器分成几个逻辑上独立的驱动器。磁盘分区被称为卷，如果不分区，则整个磁盘就是一个卷。

对磁盘分区有两个目的：

① 硬盘容量很大，分区后便于管理；

② 不同分区内安装不同的系统，如 Windows 7、Linux 等。

在 Windows 中，一个硬盘可以分为磁盘主分区和磁盘扩展分区，扩展分区可以分为一个或几个逻辑分区。每一个主分区或逻辑分区就是一个逻辑驱动器。

磁盘分区后还不能直接使用，必须进行格式化。格式化的目的是：

① 把磁道划分成一个个扇区，如每个扇区大多占 512B。

② 安装系统文件，建立根目录。

为了管理磁盘分区，系统提供了两种启动“计算机管理”程序的办法：

① 右击桌面上“我的电脑”图标，再选择“管理”命令。

② 选择“开始”→“设置”→“控制面板”→“管理工具”→“计算机管理”命令。

在 Windows 7 中，有两种方法可以对卷进行管理：

① 在安装 Windows 7 时，可以通过安装程序来建立、删除或格式化磁盘主分区或逻辑分区。

② 在“计算机管理”窗口中，对磁盘分区进行管理，如图 2-3 所示。右击某驱动器，通过弹出的快捷菜单对磁盘进行操作。

2）目录结构

一个磁盘上的文件成千上万，如果把所有的文件存放在根目录下，会造成诸多不便。用户可以在根目录下建立子目录，在子目录下建立更低一级的子目录，形成树形的目录结构，然后将文件分类存放到目录中。这种目录结构像一棵倒置的树，树根为根目录，树中每一个分支为子目录，树叶为文件。同名文件夹可以存放在不同目录中，但不能存放在同一目录中。

在 Windows 的文件夹树状结构中，处于顶层的文件夹是桌面，计算机上所有的资源都存储在桌面上，从桌面开始可以访问任何一个文件和文件夹。

3）目录路径

当一个磁盘的目录结构被建立后，所有的文件可以分门别类地存放在所属的目录中。若要访问不同目录下的文件，则需要通过目录路径来访问。

目录路径有绝对路径和相对路径两种。

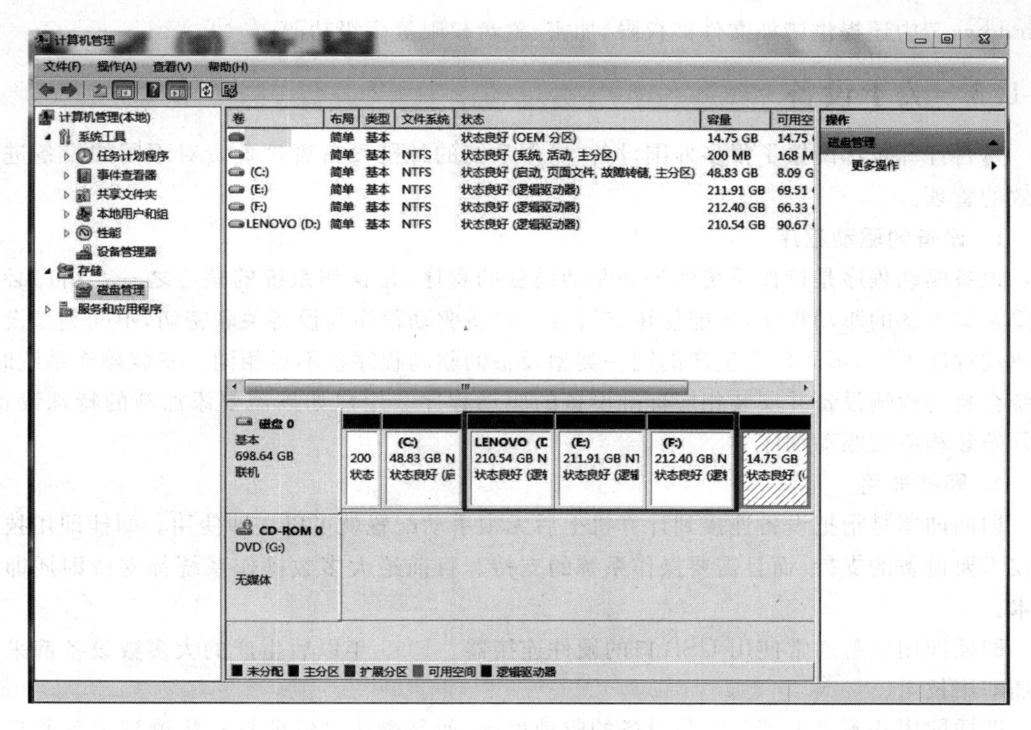

图 2-3 “计算机管理”窗口

① 绝对路径：从根目录开始，依序到该文件之前的路径名称。

② 相对路径：从当前目录开始到某个文件之前的路径名称。

3. Windows 文件系统

目前 Windows 支持 FAT、FAT32 和 NTFS 3 种文件系统。

1）FAT

FAT 是由 MS-DOS 发展过来的一种文件系统，可以管理 2GB 的磁盘空间，是一种标准的文件系统。只要将分区划分为 FAT 文件系统，几乎所有的操作系统都能够可读/写这种格式存储的文件，但文件大小受 2GB 这一分区限制。

FAT 的缺点有以下几点。

① 太浪费磁盘空间；

② 磁盘利用效率低；

③ 文件存储受限制；

④ 不支持长文件名，只能支持 8 个字符；

⑤ 安全性较差。

2）FAT32

FAT32 文件系统提高了存储空间和利用率，兼容性没有 FAT 好，只能通过 Windows 9x 以上版本的操作系统进行访问。

3）NTFS

NTFS 兼顾了磁盘空间的使用和访问效率，文件大小只受卷的容量限制，是一种高性能、安全性、可靠性好并且具有许多 FAT 或 FAT32 所不具备功能的高级文件系统。在

Windows 7 中还提供诸如文件夹权限、加密、磁盘权限等高级功能。

2.1.3 关于设备

每台计算机都配置了很多外围设备，操作系统的外围设备管理负责对不同的设备进行有效的管理。

1. 设备的驱动程序

设备驱动程序是操作系统管理和驱动设备的程序，是操作系统的核心之一。用户必须先安装该设备的驱动程序，才能使用该设备。设备驱动程序与设备关联密切，不同类型设备的驱动程序不同，不同厂家生产的同一类型设备的驱动程序也不尽相同。安装操作系统时，系统会自动检测设备并安装相应标准设备的驱动程序。用户如果需要添加新的特殊设备，必须安装相应的驱动程序。

2. 即插即用

即插即用是指把设备连接到计算机上后无须手动配置就可以立即使用。即插即用技术不仅需要设备的支持，而且需要操作系统的支持。目前绝大多数操作系统都支持即插即用技术。

即插即用设备通常使用 USB 口的硬件连接器。1995 年以后生产的大多数设备都采用即插即用技术。

即插即用并不是不需要安装设备的驱动程序，而是操作系统能自动检测到设备并自动安装驱动程序。

3. 通用即插即用

为了适用计算机网络化、家电信息化的发展趋势，Microsoft 公司于 1999 年推出了最新的即插即用技术，即通用即插即用技术。它可使计算机自动发现和使用基于网络的硬件设备，实现一种“零配置”和“隐性”的联网过程。自动发现和控制来自各家厂商的各种网络设备。

2.2 初识 Windows 7

2.2.1 图形用户界面技术

图形用户界面技术的特点体现在多视窗技术、菜单技术和联机帮助三个方面。

1. 多视窗技术

在 Windows 环境中，计算机屏幕显示为一个工作台，用户的主工作区域就是桌面。工作台将用户的工作显示在称为“窗口”的矩形区域内，用户可以在窗口中对应用程序和文档进行操作。多窗口是指同时能在同一屏幕上打开多个窗口，也称多视窗技术。多窗口技术应用的特点如下。

(1) 友好的操作环境。Windows 窗口系统可以提供友好的、菜单驱动的、具有图形功能的用户界面。每个窗口都由标题、菜单、控制按钮、滚动条、边框等元素组成。用户可以方便地使用鼠标打开和关闭窗口，通过操作窗口组成部件来实现窗口的移动、尺寸改变和多窗口的布局。用户通过窗口实施各种上机操作,进行人机交互。由于所有窗口具有统一的风格和相似的操作方式,用户只要领会一种系统的窗口操作要领,便可触类旁通。

(2) 一屏多用。一个多窗口的屏幕,从功能上说,相当于多个独立的屏幕,所以能有效地增加屏幕在同一时间所显示的信息容量。

(3) 任务切换。窗口系统是用户可以同时运行多道程序的一个集成化环境。模拟人们日常工作中同时做几件事的情景,用户可以同时打开几个窗口,运行多个应用程序,并可实现在它们之间的快速转换。但是在同一时间只能有一个窗口是当前活动窗口,允许接收用户输入的数据或命令,其他窗口都是非活动窗口。活动窗口的醒目标志则是清晰的窗口标题栏及其任务名,而且它会摆放在其他窗口的最上面而不会被遮挡。

(4) 资源共享与信息共享。操作系统的资源是CPU、存储器、I/O设备等,窗口系统的资源还包括窗口、事件等,这些资源为各应用程序所共享。

2. 菜单技术

使用某个软件时,通常是借助该软件提供的命令完成操作功能。

菜单把用户可在当前使用的一切命令全部显示在屏幕上,便于用户根据需要进行选择。菜单不仅减轻了用户对命令的记忆负担,而且避免键盘命令输入和人为输入造成的错误。

3. 联机帮助

联机帮助为初学者提供了一条使用新软件的捷径,用户可以在上机过程中随时查询有关信息,寻求帮助。

2.2.2 Windows 7 操作系统简介

Windows 操作系统是微软公司(Microsoft)的杰作,是目前世界上应用最广泛的操作系统之一,它运用图形用户界面技术,操作界面友好,操作方便。

Windows 7 是由 Microsoft 公司开发的操作系统,核心版本号为 Windows NT 6.1。Windows 7 可供家庭及商业工作环境、笔记本电脑、平板电脑、多媒体中心等使用。2009 年 10 月 22 日微软于美国正式发布 Windows 7。Windows 7 的主要优点如下。

1. 易用

Windows 7 做了许多方便用户的设计,如快速最大化、窗口半屏显示、跳转列表(JumpList)、系统故障快速修复等。

2. 快速

Windows 7 大幅缩减了 Windows 的启动时间。据实测,在 2008 年的中低端配置下运行,系统加载时间一般不超过 20s,这与 Windows Vista 的 40 余秒相比,是一个很大的进步。系统加载时间是指加载系统文件所需时间,而不包括计算机主板的自检以及用户登录,且在没有进行任何优化时所得出的数据,实际时间可能根据计算机配置、使用情况的不同而不同。

3. 简单

Windows 7 将会让搜索和使用信息更加简单,包括本地、网络和互联网搜索功能。用户体验的直观性更强,Windows 7 具有整合自动化应用程序提交和交叉程序数据透明性的功能。

4. 安全

Windows 7 改进系统的安全和功能合法性，把数据保护和管理扩展到外围设备。Windows 7 改进了基于角色的计算方案和用户账户管理，在数据保护和坚固协作的固有冲突之间搭建沟通桥梁。同时，Windows 7 也具有对企业级的数据保护和权限许可的功能。

5. 特效

Windows 7 的 Aero 效果华丽，有碰撞效果、水滴效果，还有丰富的桌面小工具。Windows 7 不仅执行效率高，而且笔记本电脑的电池续航能力也有很多提高。Windows 7 及其桌面窗口管理器（DWM. exe）能充分利用 GPU 的资源进行加速，而且支持 Direct3D 10.1API。

6. 效率

Windows 7 中，系统集成的搜索功能非常的强大，只要用户打开开始菜单并开始输入搜索内容，无论要查找应用程序还是文本文档等，搜索功能都能自动运行，给用户的操作带来极大的便利。

7. 小工具

Windows 7 的小工具更加丰富，没有了像 Windows Vista 的侧边栏。这样，小工具可以放在桌面的任何位置，而不只是固定在侧边栏。

Windows 7 系统资源管理器的搜索框在菜单栏的右侧，可以灵活调节宽窄。它能快速搜索 Windows 中的文档、图片、程序、Windows 帮助甚至网络等信息。Windows 7 系统的搜索是动态的，当在搜索框中输入第一个字的时刻，Windows 7 的搜索就已经开始工作，大大提高了搜索效率。

2.3 Windows 7 基础操作与基本术语

2.3.1 安装、启动和退出 Windows 7

1. Windows 7 的安装

Windows 7 内置高度自动化的安装程序向导，整个安装过程变得简单、容易操作。用户只需要输入少量的个人信息，按安装程序向导的提示即可成功安装 Windows 7。

安装 Windows 7 可以采用光盘安装法、U 盘安装法和硬盘安装法 3 种方式。

2. Windows 7 的启动

开机后，计算机会启动 Windows 7，进入 Windows 7 操作系统后，计算机屏幕显示如图 2-4 所示的 Windows 7 的桌面。Windows 7 桌面背景图片可以设置成动态变化的，运行窗口可以设置成透明的。

Windows 7 的桌面占满整个屏幕，这是进入 Windows 7 后供用户操作的第一个界面，在 Windows 下进行的工作都要由此开始。

3. Windows 7 的退出

如果用户想结束本次 Windows 7 操作，就需要退出操作系统。正常退出 Windows 7 的

图 2-4　Windows 7 桌面

步骤如下所述。

(1) 单击“开始”按钮。

(2) 单击“关机”按钮。

如果有文档在退出 Windows 7 之前没有保存，Windows 的安全关闭功能会提示用户保存文件，如图 2-5 所示。单击“是”按钮保存更改，防止数据丢失。

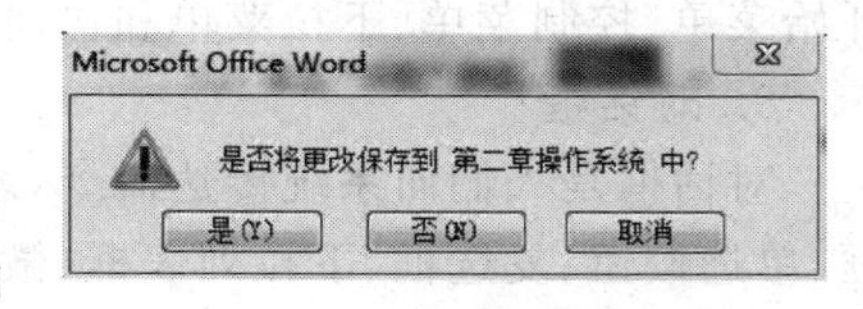

图 2-5　提示保存修改

2.3.2　Windows 7 的基本术语

1. 应用程序与文档

应用程序与应用软件不是同一概念，应用程序是指一个完成指定功能的计算机程序。

文档是由应用程序所创建的任何一组相关信息的集合，是包含文件格式和内容的文件。例如，用于文字处理的 Microsoft Word 就是一个应用程序，用它制作的一份“简历”就是一个文档。

2. 文件与文件夹

文件是一组信息的集合，可以是文档、应用程序，还可以是快捷方式，甚至是设备。例如，存储在计算机中的一篇文章、一首歌曲、一部电影，其实就是一个个文件。Windows 7 中几乎所有信息都是以文件的形式存储在计算机中的。

文件夹是组织文件的一种方式，用于存放各种不同类型的文件，还可以包含下一级文件夹。文件夹和文件的关系类似于房子与房子里的东西，房子就相当于一个大文件夹，它包括小房子(文件夹)，小房里有柜子，柜子里有箱子，箱子里有盒子……这里的柜子、箱子和盒子都相当于一个文件夹，文件夹存在的目的就是存放文件。

3. 图标

Windows 7 操作系统是一种图形操作系统,图标是 Windows 7 中各种元素的图形标记。图标的下面通常配以文字说明,如标记对象的名称。被选中或处于激活状态的图标颜色会变深,其文字说明呈反底显示。

对图标进行操作就是对对象本身进行操作,双击图标可以打开相应的窗口。

4. 快捷方式

快捷方式是指向对象(系统直接管理的各种资源,包括文件、文件夹、程序、设备等)的指针,快捷方式文件内存放着它所指向对象的指针信息。

快捷方式的图标类似其链接对象的图标,只是左下角多了一个小黑箭头。双击快捷方式的图标,系统会启动相应的应用程序,或打开相应的文件或文件夹。

5. 桌面

桌面相当于人们的办公桌,是人们平时工作的平台。桌面是指 Windows 7 所占据的屏幕空间,也可以理解为窗口、图标、对话框等工作项所在的屏幕背景。

6. 窗口

如果说桌面是工作平台,那窗口就是为某一项工作而设置的“小工作平台”。Windows 7 特点之一就是窗口操作。

7. 菜单

菜单就像“菜谱”一样,为 Windows 7 提供了丰富的“菜肴”——菜单命令。菜单主要有开始菜单、控制菜单、下拉菜单和快捷菜单 4 种。

8. 对话框

对话框是人们向系统传达命令,系统反馈信息的“传令官”。对话框包含的元素有文本框、单选按钮、复选框、下拉列表框、微调按钮、命令按钮等。

9. 选定

选定一个对象通常是指对该对象做一标记,而不产生任何动作。

10. 组合键

组合键表示 2 个(或 3 个)键组合在一起使用,通常用＋连接各键。如按 Ctrl＋C 组合键时,先按住 Ctrl 键不放,再按 C 键,然后同时放开。

2.4 Windows 7 基本要素

掌握了一些 Windows 7 最基本的操作与术语后,下面将介绍 Windows 7 的基本要素,如桌面、窗口、菜单、对话框、应用程序、快捷方式等,并介绍它们的简单操作方法。

2.4.1 桌面

Windows 7 桌面上的图标一部分是安装 Windows 7 后自动出现的,一部分是安装其他软件时自动添加的,当然用户也可以添加自己的图标。

1. Windows 7 桌面主要图标

表 2-2 列出 Windows 7 桌面主要图标及含义。

表 2-2　Windows 7 桌面主要图标及含义

图　　标	项目名称	描　　述
	我的文档	存放用户在系统中创建的文档文件，如文档、图形、表单和其他文件
	我的电脑	用于查看并管理计算机内的一切软件、硬件资源
	网上邻居	用于查看网络上的其他计算机
	回收站	用于存放被删除的文件和删除后未被恢复的文件
	Internet Explorer	启动网页浏览器。它是由操作系统自动添加到桌面上的

如果想恢复系统默认的图标，可执行下列操作。

(1) 右击桌面，在弹出的快捷菜单中选择“属性”命令。

(2) 在“显示属性”对话框中选择“桌面”选项卡。

(3) 单击“自定义桌面”按钮，弹出“桌面项目”对话框。

(4) 在“桌面图标”选项组中选中“我的电脑”“网上邻居”等复选框，单击“确定”按钮，返回到“显示属性”对话框中。

(5) 单击“应用”按钮，然后关闭对话框，这时就可以看到系统默认的图标。

如果需要调整桌面图标位置，可在桌面的空白处右击，在弹出的快捷菜单中选择“排列图标”命令，在子菜单项中包含多种排列方式，如名称、大小、类型和修改时间等。

2. 任务栏

1) 任务栏的组成

任务栏是管理一个个“任务”的工具。任务栏位于桌面最下面，由以下各部分组成。

(1) “开始”按钮：单击它可以打开“开始”菜单。

(2) 任务按钮：表示正在运行的程序。凡是正在运行的程序，任务栏都有相对应的按钮。关闭程序后，相应任务按钮也随之消失。可以单击某个任务按钮进行程序切换。

(3) 托盘区：存放着系统开机状态下常驻内存的一些程序，如音量控制、输入法及系统时钟等。

2) 任务栏的调整

用户可以对任务栏进行简单调整。

(1) 改变任务栏大小。鼠标指针指向任务栏的边框处，当鼠标指针变为双向箭头时，拖动鼠标即可调整任务栏大小。

（2）移动任务栏的位置。将鼠标指针指向任务栏的空白处，拖动鼠标出现虚线框，将其拖动到指定位置（如桌面的左右两侧或上下端）后，松开鼠标即可。或在任务栏上右击，出现属性，设置任务栏在屏幕上的位置，如图 2-6 所示。

3）任务栏的属性

在 Windows 7 中，可以称“任务栏”为“超级任务栏”。除了依旧用于在窗口之间进行切换外，Windows 7 中的任务栏查看起来更加方便，功能更加强大和灵活。

尽管任务栏在 Windows 7 中仍然叫“任务栏”，但是它更新外观，加入了其他特性，一些人称为 Superbar。超级任务栏把从 Windows 95 就开始发布的任务栏带入下一个的层次。

默认情况下，超级任务栏采用大图标，玻璃效果甚于 Vista。例如，在 Windows 7 中，用户可以将常用程序“锁定”到任务栏的任意位置，以方便访问。同时，用户可以根据需要通过单击和拖曳操作重新排列任务栏上的图标。

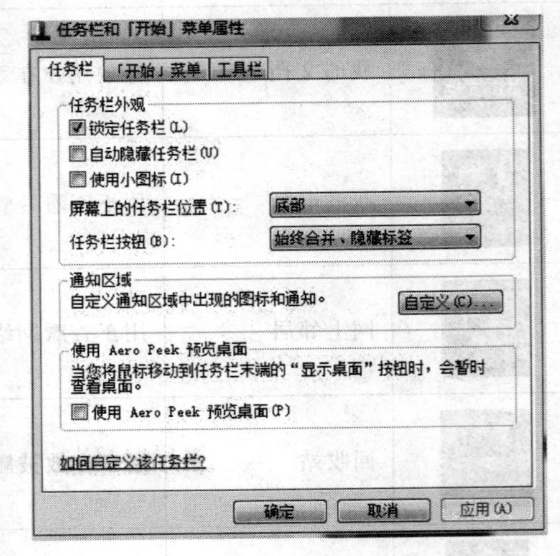

图 2-6　设置任务栏属性

（1）改进的任务栏预览。Windows 7 会提示正在运行的程序，Windows 7 任务栏还增加了新的窗口预览方法。用鼠标指针指向任务栏图标，可查看已打开文件或程序的缩略图预览。然后，将鼠标指针移到缩略图上，即可进行全屏预览。用户甚至可以直接从缩略图预览关闭不再需要的窗口，让操作更加便捷。

（2）AeroPeek。AeroPeek 是 Windows 7 的一个全新功能，AeroPeek 会让选定的窗口正常显示，其他窗口则变成透明的，只留下一个个半透明边框。

（3）“显示桌面”功能。在 Windows 7 中，“显示桌面”图标被移到了任务栏的最右边，操作起来更方便。鼠标指针停留在该图标上时，所有打开的窗口都会透明化，类似 AeroPeek 功能，这样可以快捷地浏览桌面。单击图标则会切换到桌面。

（4）分辨正在使用的程序图标。这是新版任务栏存在争议的地方，用户很难分清哪些窗口是打开的，哪些是最小化的，不过使用时间久了就会发现，正常的窗口的图标是凸起的样子，最小化的窗口的图标看起来和背景在一个层面上。

3.“开始”菜单

“开始”菜单包括了 Windows 7 几乎所有的命令，功能强大。要执行一个菜单命令，必须打开层层的级联菜单。启动“开始”菜单有以下 3 种方法。

（1）单击“开始”按钮。

（2）按键盘上 Windows 徽标键。

（3）按 Ctrl＋Esc 组合键。

2.4.2　窗口

Windows 7 操作系统中，窗口是最具特色、使用最频繁的要素。“窗口”这个要素不仅仅在 Windows 系列操作系统才出现的，在 Windows 环境下的其他应用软件也都会出现大量的窗口。

1. 窗口的类型

Windows 7 中有各式各样的窗口,包含的内容也不尽相同。窗口主要分为以下两种类型。

(1) 文档窗口。文档窗口出现在相应的应用程序窗口中,共享应用程序的菜单栏。文档窗口有自己的标题栏,它最大化时将共享应用程序的标题栏。

(2) 应用程序窗口。应用程序窗口表示一个正在运行的程序。应用程序窗口可以含有多个文档窗口。

2. 窗口的组成

虽然不同应用程序所打开的窗口会有些差异,但窗口的组成大同小异。以文件夹窗口为例,应用程序窗口的组成如图 2-7 所示。

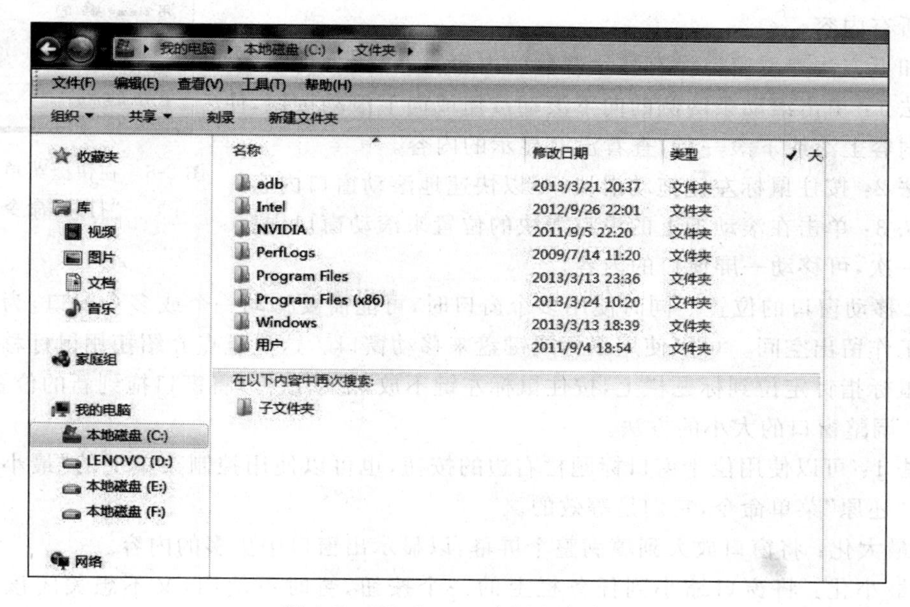

图 2-7　Windows 7 应用程序窗口

窗口中各组成要素简介如下。

(1) 标题栏。位于窗口最上边,从左至右依次为控制菜单图标、窗口标题、窗口的最小化按钮、最大化按钮(或还原按钮)和关闭按钮。

(2) 菜单栏。位于标题栏下方,列出可选用的菜单栏。单击它们可显示应用程序提供的菜单命令。

(3) 工具栏。位于菜单栏之下,一般是可选的,用户可通过"查看"菜单选择显示或关闭。工具栏中的每一个小图标对应下拉菜单中的一个常用命令,有些窗口有一个或多个工具栏。

(4) 地址栏。地址栏是一个下拉列表框,显示的是当前的文件路径。打开此列表框,可以从中选择所需的文件夹。

(5) 工作区。用户完成操作任务的区域。

(6) 滚动条(垂直滚动条/水平滚动条)。当窗口无法显示所有内容时,窗口的右边框(或下边框)就会出现一条垂直(或水平)的滚动条,拖动滚动条可以查看刚才看不到的内容。

(7) 状态栏。位于窗口底端,显示与当前操作、当前系统状态有关的信息。与工具栏一样,可在"查看"菜单中选择是否显示它。

3. 窗口的操作

(1) 打开窗口的两种方法。方法1是选中要打开的窗口图标,然后双击。方法2是在选中的图标上右击,在弹出的快捷菜单中选择"打开"命令,如图2-8所示。

图2-8 在快捷菜单中选择"打开"命令

(2) 查看窗口的内容。当窗口中的文本、图形或图标占据的空间超过显示的窗口空间时,窗口的下边框和(或)右边框会出现滚动条。使用滚动条可以方便地在窗口中上下左右移动,查看窗口中的所有内容。

用如下方法查看窗口没有显示部分的内容。

方法1:单击滚动条两侧的向下滚动按钮或向上滚动按钮,使窗口的内容上滚或下滚一行,查看没有显示的内容。

方法2:按住鼠标左键拖动滑块,可以快速地滚动窗口内容。

方法3:单击在滚动条上的没有滑块的位置来滚动窗口内容。每单击一次,可移动一屏窗口的内容。

(3) 移动窗口的位置。同时使用多个窗口时,可能需要移动一个或多个窗口,为桌面上的其他工作留出空间。可以使用鼠标或键盘来移动窗口。这里重点介绍使用鼠标移动的方法。把鼠标指针定位到标题栏上,按住鼠标左键不放,拖动鼠标,将窗口拖到新的位置。

(4) 调整窗口的大小的方法。

方法1:可以使用位于窗口标题栏右边的按钮,也可以使用控制菜单上的"最小化""最大化"和"还原"菜单命令,它们是等效的。

① 最大化:将窗口放大到填满整个屏幕,以显示出窗口中更多的内容。

② 最小化:将窗口缩小到任务栏上的一个按钮,暂时不使用,又不想关闭该窗口时使用。

③ 还原:使窗口回到被最大化之前的尺寸。

方法2:拖动窗口的边框,任意调整窗口的大小。当将鼠标指针移动到窗口四周的边框时,鼠标指针会变为双向箭头,此时单击并拖动鼠标就可以调整窗口的大小了;当鼠标指针指向窗口的右下角图标时,鼠标指针也会变为双向箭头,拖动它可以同时调整窗口的宽与高。

(5) 窗口间的切换。Windows 7能同时打开多个应用程序。每个应用程序启动后,任务栏中会相应地打开一个代表该应用程序的按钮。当多个应用程序窗口在Windows 7桌面上打开时,一般来说,在最上面的窗口(或是标题栏颜色较深的窗口)为当前应用程序窗口,并且它在任务栏上的任务按钮是按下去的。

可以通过下列方法切换窗口。

方法1:单击所要切换窗口内的任意处。

方法2:单击所要切换窗口在任务栏上的相应任务按钮。

方法 3：反复按 Alt＋Tab 组合键或 Alt＋Esc 组合键来切换应用程序窗口。

(6) 排列窗口。Windows 7 提供了 3 种排列窗口的方式：层叠显示窗口、堆叠显示窗口、并排显示窗口。层叠显示窗口的方式如图 2-9 所示。

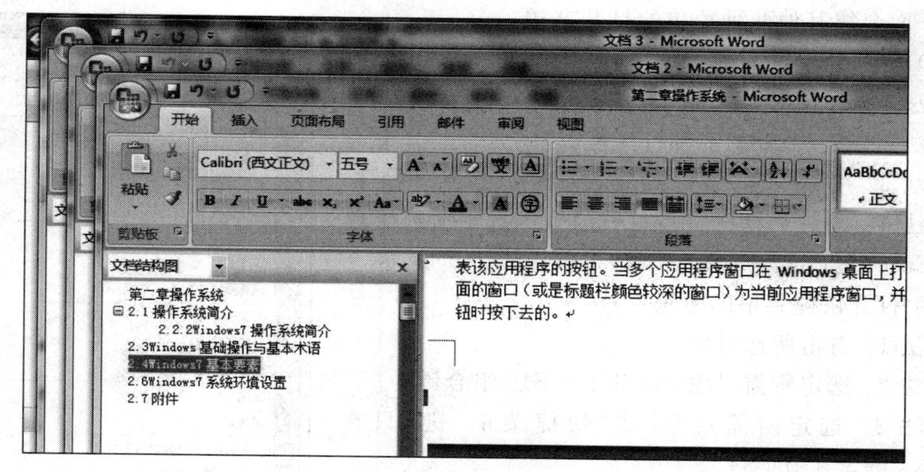

图 2-9 层叠显示窗口的方式

(7) 关闭窗口。使用完一个窗口后，应立即关闭它。这可以加速系统运行，节省内存，使桌面整洁。

2.4.3 菜单

1. 菜单的标记约定

(1) 暗淡的命令。表示该菜单命令当前不可用。

(2) 前有复选标记(√)。出现在菜单命令前的复选标记指出这是个开关式的切换命令，表示“打开状态”。

(3) 前有单选标记(•)。表示当前选项是同组选项中的排他性选项，如图 2-10 所示的“缩略图”“图标”等命令只能选 1 个，且必须选 1 个，当前选中的是“平铺”查看方式。

(4) 带下划线(_)的字母。它是该菜单命令的字母键。在鼠标指针指向该命令所在的菜单的同时按下字母键，会打开该菜单命令。在打开如图 2-10 所示的菜单后，鼠标指针指向“刷新”的同时按 E 键会启动“刷新”命令。

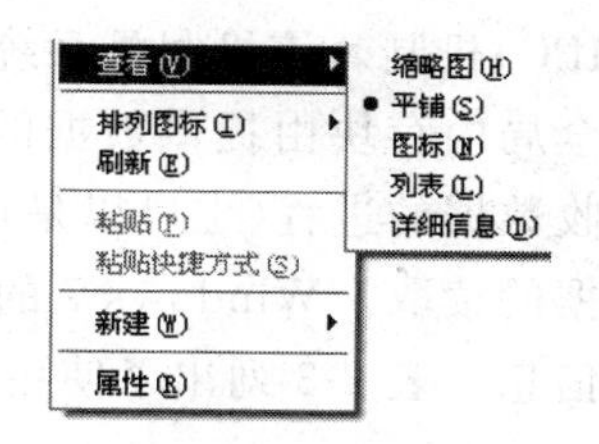

图 2-10 单选标记

(5) 后带省略号(…)。表示选择这样一个菜单命令后会弹出一个对话框，要求输入必需的信息。

(6) 后带有组合键。表示按下该组合键，可以不打开菜单而直接执行该菜单命令。如图 2-10 所示的“属性”命令是 Ctrl＋R 组合键，在不打开此菜单的情况下，按该组合键可直接执行“属性”命令。

(7) 后带三角形▶。表示该菜单命令有一个级联菜单，指向它会出现下一级子菜单。如图 2-10 所示的“查看”命令，它打开了下一级子菜单。

(8) 向下的双箭头。菜单中有许多命令没有显示，会出现一个双箭头，单击它会显示所有菜单命令。

2. 打开菜单

在 Windows 7 中，菜单有“开始”菜单、菜单栏的下拉式菜单和对象的快捷菜单 3 种。它们各有各的打开方式，且通常有多种打开方式，“开始”菜单的打开方式在 2.4.1 小节已经介绍，下面介绍其他两种菜单的打开方式。

(1) 打开菜单栏的下拉菜单的方法。

方法 1：单击菜单栏上相应的菜单名。

方法 2：按 Alt＋其字母组合键。

方法 3：用 Alt 键或 F10 键激活菜单栏，按其字母键。

方法 4：激活菜单栏，用左、右箭头键选定所需菜单名，按 Enter 键或上下箭头。下拉菜单如图 2-11 所示。

(2) 打开快捷菜单的方法。

方法 1：右击所选对象。

方法 2：选定所需对象，按 Shift＋F10 组合键。

方法 3：选定所需对象，按“快捷菜单”键（只有 Windows 键盘才有此键）。

3. 选择菜单项

打开菜单后，选择菜单中的菜单命令，或用上、下箭头键移动反色条到所选菜单命令处，按 Enter 键。

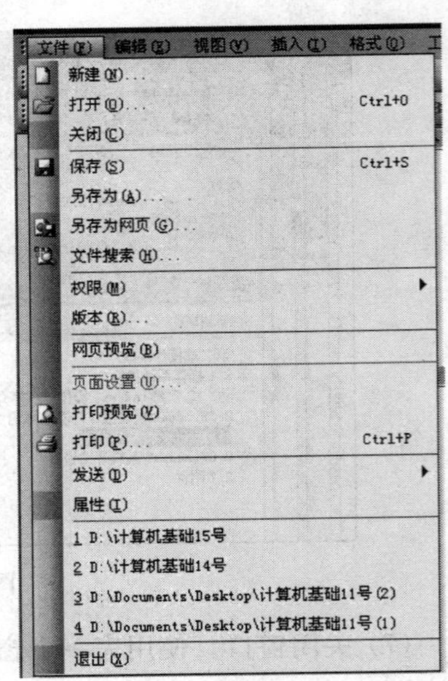

图 2-11　下拉菜单

对于那些有快捷键的菜单命令，还可以直接按其快捷键，而不用打开菜单。如“文件”下拉菜单中的“打开”命令可用 Ctrl＋O 组合键来激活。

4. 关闭菜单

单击菜单以外的任何地方、按 Esc 键或 Alt 键都可以关闭菜单。

2.4.4　剪贴板及其使用

剪贴板是 Windows 7 系统为了在程序与文件之间传递信息，在内存中开辟的临时存储区。Windows 7 剪贴板是一种比较简单、开销较小的进程间通信（Inter-Process Communication，IPC）机制。该机制是系统预留一块全局共享内存，暂存在各进程间进行交换的数据。一个全局内存块由提供数据的进程创建，同时进程将要传送的数据移到或复制到该内存块；接收数据的进程（也可以是提供数据的进程本身）获取此内存块的句柄，并完成对该内存块数据的读取。Windows 7 的剪贴板可存放 12 条信息，可以是文本、图形、声音或者其他形式的信息。表 2-3 列出了使用剪贴板时所用的术语及其含义。

表 2-3　剪贴板术语及解释

名称	解　释	菜单命令	快捷键
复制	在剪切板上生成的信息与所要复制的信息一致，源信息保持不变	“编辑”→“复制”	Ctrl＋C
剪切	将所要剪切的信息从原位置移到剪贴板上，源信息从原来位置消失	“编辑”→“剪切”	Ctrl＋X
粘贴	将临时存放在剪贴板的信息传到指定位置。信息粘贴后，剪贴板中的内容依旧不变，故信息可多次粘贴	“编辑”→“粘贴”	Ctrl＋V

Windows 7 系统提供了将整个屏幕或某个活动窗口复制到剪贴板上的操作。若要复制整个屏幕，按 PrtScn 键；若要复制某个活动窗口，按 Alt＋PrtScn 组合键即可。

粘贴有“嵌入”和“链接”交换两种方式。

1. “嵌入”交换方式实现

选定对象，选择“编辑”菜单中的“复制”或“剪切”命令，切换到目标位置，选择“编辑”→“选择性粘贴”命令。在“选择性粘贴”对话框中的“形式”列表框中选择嵌入的格式，如图 2-12 中的“带格式文件(RTF)”。

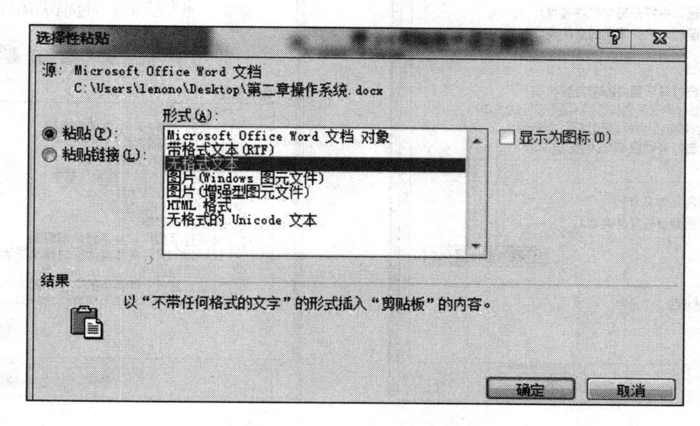

图 2-12 用户可选择粘贴的格式

2. “链接”交换方式实现

选定对象，选择“编辑”菜单中的“复制”或“剪切”命令，切换到目标位置，选择“编辑”→“粘贴链接”命令。这样可以创建一个与源文件的链接，并将以默认格式显示源对象。如果希望按指定的格式链接交换，可选择“选择性粘贴”命令，在“选择性粘贴”对话框中选择指定的格式，然后再选中“粘贴链接”单选按钮。

2.4.5 文件与文件夹

计算机资源大多数是以文件的形式存放在计算机内的，而文件夹是组织管理文件的一种方式。用户可以根据不同的分类方法，把文件分别放在不同的文件夹内，方便查询。

1. 文件夹选项设置

在对文件或文件夹操作之前，要在“文件夹选项”对话框中进行必要的设置。

打开“文件夹选项”对话框的方法有以下两种。

(1) 选择“开始”→“控制面板”命令，在“控制面板”窗口中双击“文件夹选项”图标。

(2) 双击“我的电脑”图标，在“我的电脑”窗口中选择“工具”→“文件夹选项”命令，打开“文件夹选项”对话框。该对话框中有“常规”“查看”“搜索”3 个选项卡，详细介绍如下。

① “常规”选项卡用于设置文件夹的常规属性，如图 2-13 所示。该选项卡的“导航窗格”选项组用于设置文件夹显示的方式；“浏览文件夹”选项组用于设置文件夹的浏览方式，设定打开多个文件夹时是在同一窗口中打开还是在不同窗口中打开；“打开项目的方式”选项组用于设置文件夹的打开方式，设定文件夹是通过单击还是双击打开。

② “查看”选项卡用于设置文件夹的显示方式，如图 2-14 所示。在该选项卡的“文件夹

视图”选项组中，可单击“应用到文件夹”和“重置文件夹”两个按钮，对文件夹的视图显示进行设置。“高级设置”列表框中显示了一些有关文件和文件夹的高级设置选项，用户可根据实际情况设置需要的选项，然后单击“应用”按钮即可完成设置。例如，是否显示隐藏文件和文件夹、是否隐藏已知文件类型的扩展名等。

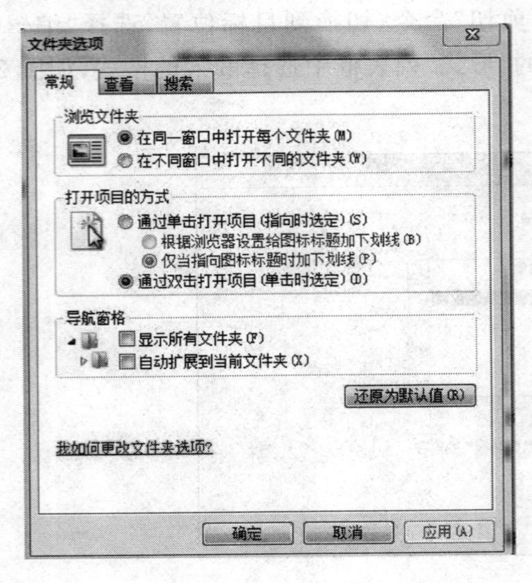

图 2-13　“常规”选项卡

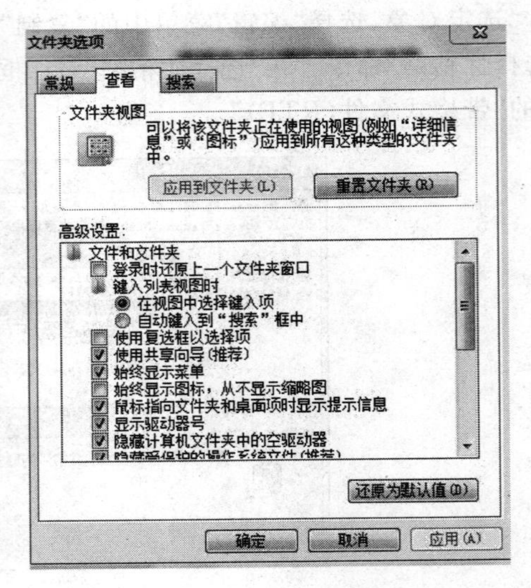

图 2-14　“查看”选项卡

③“搜索”选项卡用于搜索文件及文件夹位置，如图 2-15 所示。该选项卡设置了 3 种搜索文件及文件夹方式。“搜索内容”是根据是否有索引位置设置搜索文件及文件夹。“搜索方式”有 4 种选择，分别是在搜索文件夹时在搜索结果中包括子文件夹、查找部分匹配、使用自然语言搜索、在文件夹中搜索系统文件时不使用索引。“在搜索没有索引的位置时”有两个选项，分别是系统目录和压缩文件搜索。

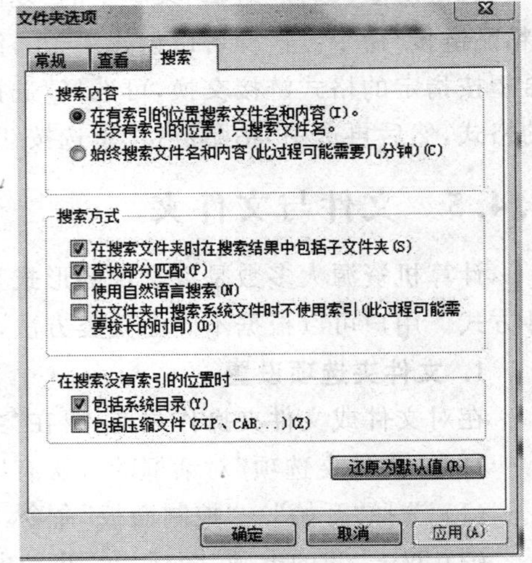

图 2-15　“搜索”选项卡

2. 复制/移动文件或文件夹

复制或移动文件是经常性的操作。“复制”文件是指原来位置的源文件保留不动，而在指定的位置上建立源文件副本。

“移动”文件又称“剪切”文件，是指源文件从原来位置上消失，而出现在指定位置上。

复制/移动的方法很多，虽然方法不同，但是操作流程和要求都是一致的。图 2-16 所示就是复制/移动的操作流程。

完成以上流程的方法一般有两大类：菜单命令法和拖动法。

(1) 菜单命令法。菜单命令法和拖动法方法各自不同，没有本质上的区别，实现效果是相同的，同时还可以交叉使用，见表 2-4。

表 2-4 "菜单命令法"步骤表

步骤 1	步骤 2：对源文件操作		步骤 3	步骤 4
选择源文件	复制	剪切	找到目的地	粘贴
	"编辑"→"复制"命令	"编辑"→"剪切"命令		"编辑"→"粘贴"命令
	"复制"工具栏按钮	"剪切"工具栏按钮		"粘贴"工具栏按钮
	Ctrl+C 组合键	Ctrl+X 组合键		Ctrl+V 组合键

具体步骤如下。

① 选择要复制/移动的文件或文件夹，如图 2-16 所示。

② 选择"编辑"→"复制"命令或"编辑"→"剪切"命令，或使用各自的 Ctrl+C 组合键或 Ctrl+X 组合键，如图 2-17 所示。

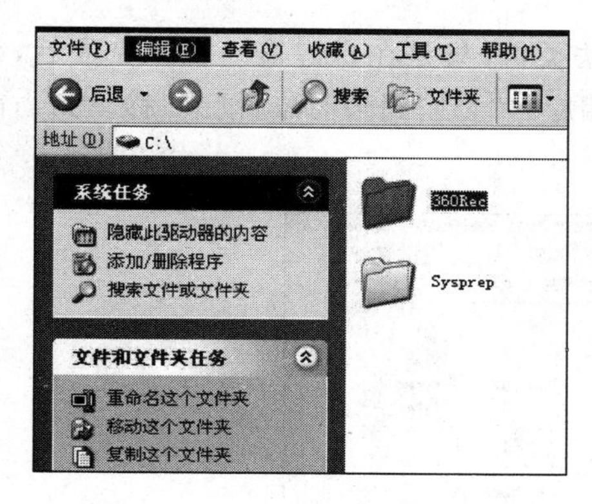

图 2-16 选择源文件夹

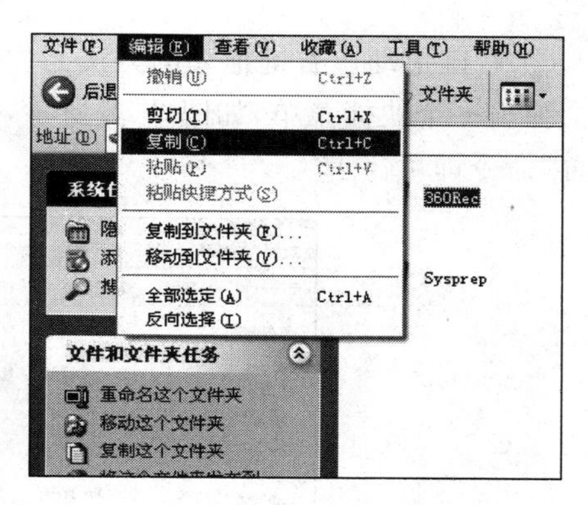

图 2-17 复制源文件夹

③ 打开目标文件夹，如图 2-18 所示。

④ 选择"编辑"→"粘贴"命令，或使用 Ctrl+V 组合键，如图 2-19 所示。

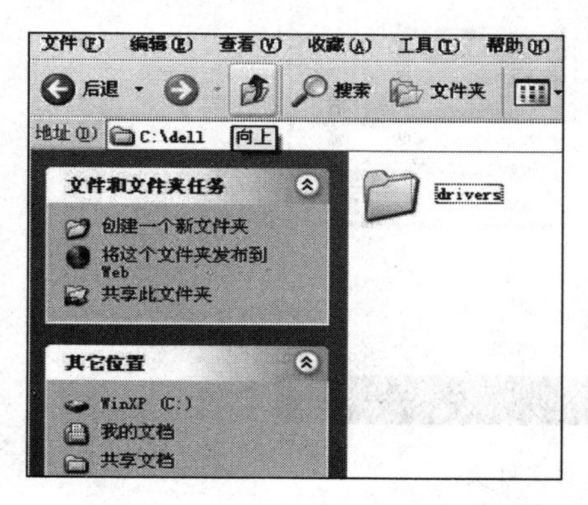

图 2-18 选择目标文件夹

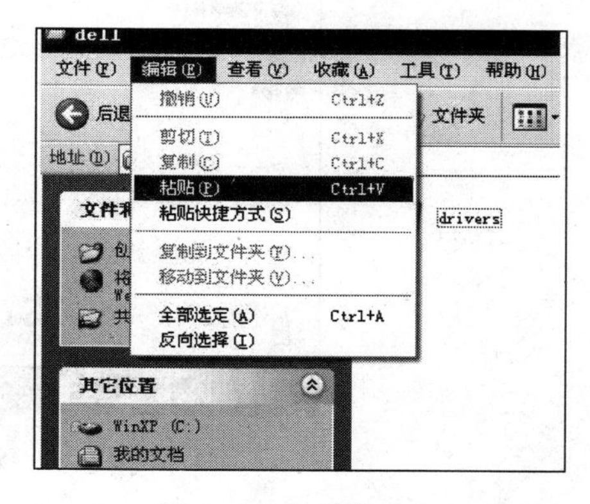

图 2-19 粘贴文件夹

(2) 拖动法。拖动法就是利用鼠标的右键或左键拖动对象，完成复制或移动的操作。

① 左键拖动。选定对象后，用左键拖动所选对象到目标文件夹，进行复制或移动操作。在 Windows 7 默认情况下，在同一驱动器下拖动对象进行的是"移动"操作，在不同驱动器下则进行的是"复制"操作。

还可以进行强制“复制”或者“移动”操作，具体步骤如下：首先选定要复制的文件或文件夹。同时按住 Ctrl 键，利用鼠标左键拖动文件，此时鼠标指针右下角会变成一个加号，表示此时进行的是“复制”操作，如图 2-20 所示。松开鼠标左键，复制完成，如图 2-21 所示。

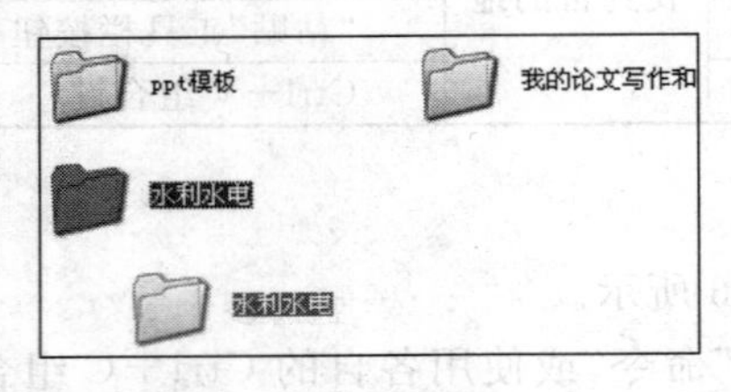

图 2-20　选定及拖动文件夹

图 2-21　已完成复制

② 右键拖动。右键拖动的方法与左键拖动方法类似，只是在右键拖动动作完成后，系统会弹出一个快捷菜单，如图 2-22 所示，此时选择相应的“复制到当前位置”或“移动到当前位置”命令即可。

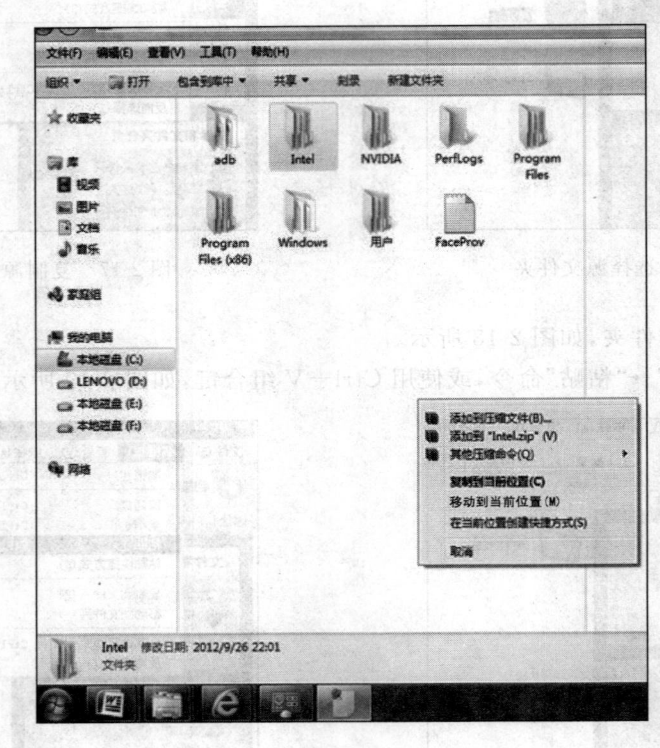

图 2-22　右键复制/移动文件夹

3. 删除文件或文件夹

(1) 首先选中要删除的文件或文件夹。使用下面任何一个步骤均可实现删除文件或文件夹：选择“文件”→“删除”菜单命令；单击工具栏中的“删除”按钮直接用左键拖动到回收站中；右击，选择“删除”命令或直接按 Delete 键。

(2) 在弹出的“删除文件”对话框中,若单击“是”按钮,则删除文件或文件夹;若单击“否”按钮,则不删除,如图 2-23 所示。

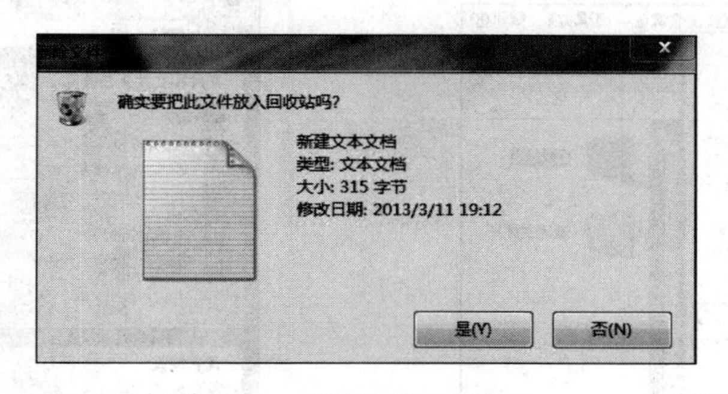

图 2-23 “删除文件”对话框

删除文件夹时,Windows 7 会将文件夹中所有的文件均删除。以上删除文件或文件夹放入了回收站中,被删除的文件或文件夹可以从回收站中恢复。选择文件或文件夹,并按下 Shift+Del 组合键,可将文件或文件夹永久性地删除。

4. 还原/清除删除的文件或文件夹

Windows 7 中被删除的文件或文件夹临时存放在回收站中,也就是继续存放在硬盘中。如果想恢复已删除的文件或文件夹,可以从回收站中取出文件或文件夹;如果确定不再需要已删除的文件或文件夹,可以清除被删除文件,这样可以节省存储空间。

恢复或清除文件/文件夹的步骤如下。

(1) 双击“回收站”图标,打开“回收站”窗口。

(2) 单击要还原的文件或文件夹。

(3) 根据需要选择相应命令。选择“还原”命令,Windows 7 将文件恢复到原来的位置;选择“删除”命令,Windows 7 将文件彻底清除。

5. 重命名文件或文件夹

重命名文件或文件夹的方法有如下 3 种。

方法 1:

(1) 选定要重新命名的文件或文件夹。

(2) 选择“文件”→“重命名”命令,如图 2-24 所示。

(3) 此时文件或文件夹的名字周围出现细线框且进入编辑状态,如图 2-25 所示。

(4) 在名字方框中输入新名字,或将插入点定位到要修改的位置,修改文件名,如图 2-26 所示。

(5) 按 Enter 键或单击该名字方框外任意地方,即可完成文件重命名,如图 2-27 所示。

方法 2:

(1) 使用文件或文件夹的名字进入可编辑状态,还可以使用其他的方法。

(2) 在要重命名的文件或文件夹上右击,在出现的快捷菜单中选择“重命名”命令,输入名字。

方法 3:

(1) 在要重命名的文件或文件夹上单击,再单击一次,输入名字。

(2) 选择要重命名的文件或文件夹,按 F2 键,输入名字。

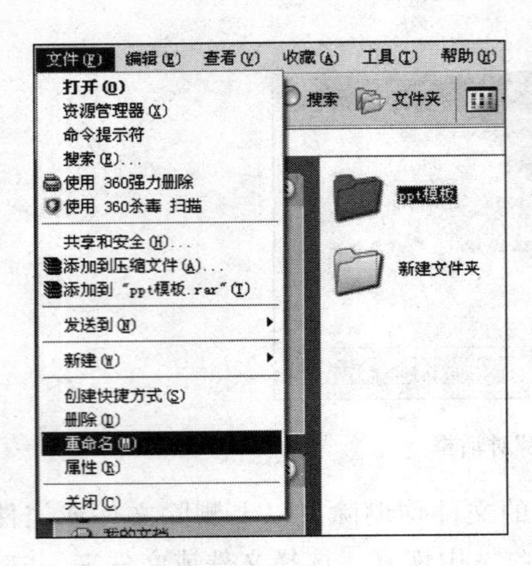

图 2-24 打开文件并重命名

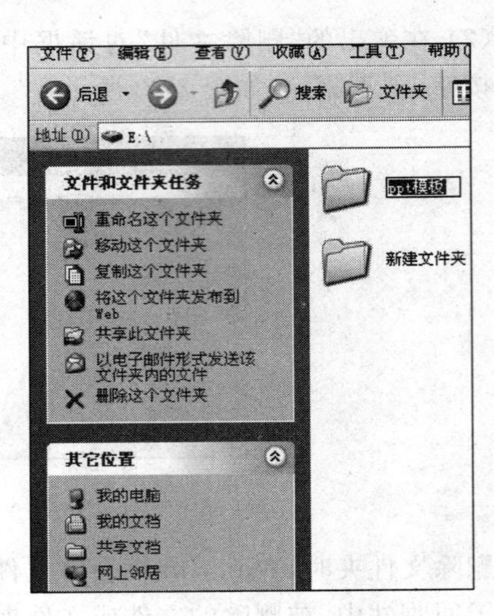

图 2-25 重命名可编辑状态

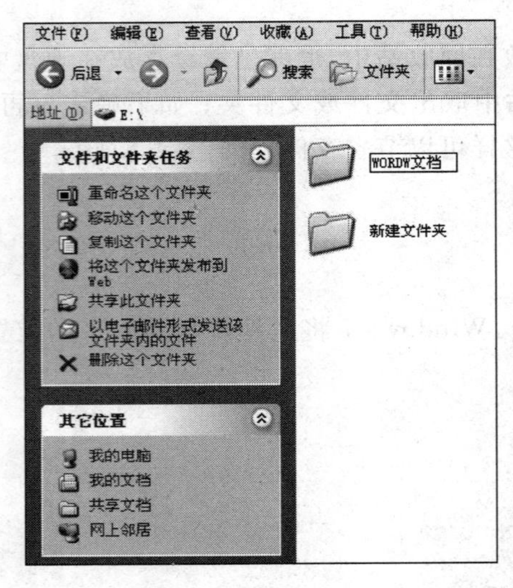

图 2-26 重命名文件夹

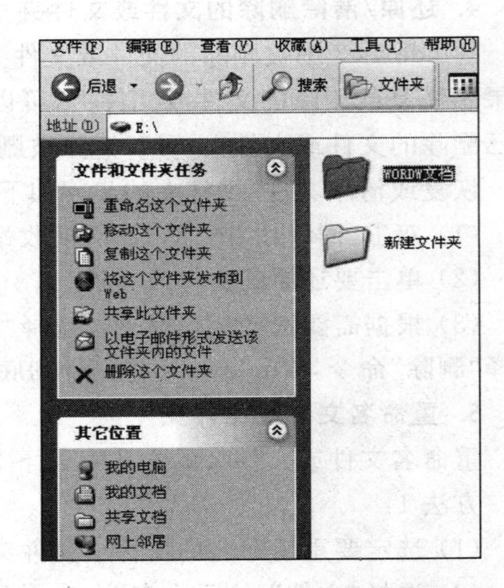

图 2-27 文件夹重命名完成

6. 创建新文件

用户可启动应用程序新建文档,也可以不启动应用程序直接建立新文档。右击桌面或者某个文件夹,在弹出的快捷菜单中选择"新建"命令,在出现的文档类型列表中选择一种类型,如图 2-28 所示创建 Word 新文档。每创建一个新文档,系统就会给它一个默认的名字。

7. 创建新文件夹

可以在当前文件夹中创建新的文件夹,具体步骤如下。

(1) 打开要新建的文件夹所在的文件夹,选择"文件"→"新建"→"文件夹"菜单命令,如图 2-29 所示。

(2) 在工作区内出现名为"新建文件夹"的新建文件夹,且名字处于可编辑状态,输入新的名字后,按 Enter 键,如图 2-30 所示。

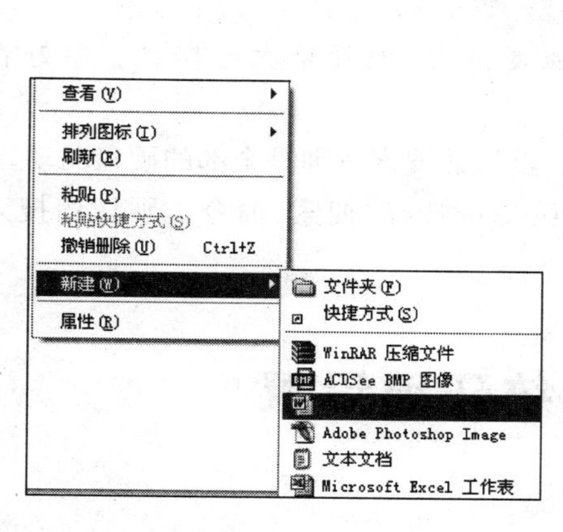

图 2-28 创建 Word 新文档

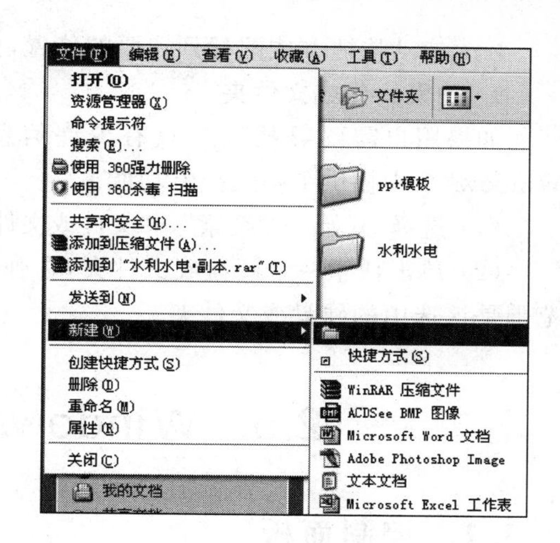

图 2-29 新建文件夹

除了使用"文件"→"新建"→"文件夹"菜单命令外，还可以使用快捷方式创建新文件夹，操作步骤如下。

(1) 确定要新建文件夹的位置。

(2) 在工作区内的空白处右击，打开如图 2-31 所示的快捷菜单，选择"新建"→"文件夹"菜单命令。

(3) 输入新文件夹的名字后，按 Enter 键确认。

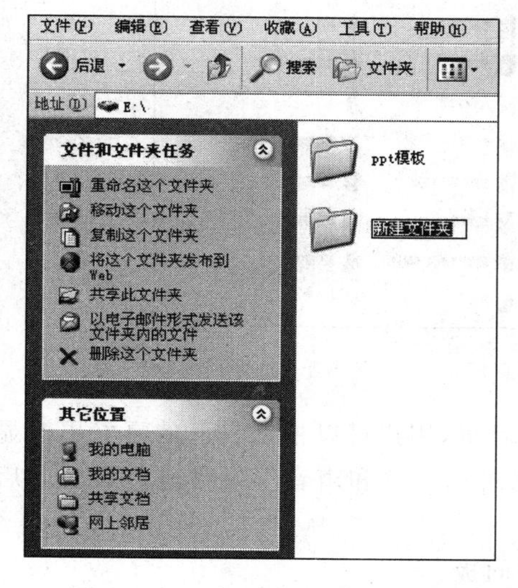

图 2-30 新建文件夹并修改名称

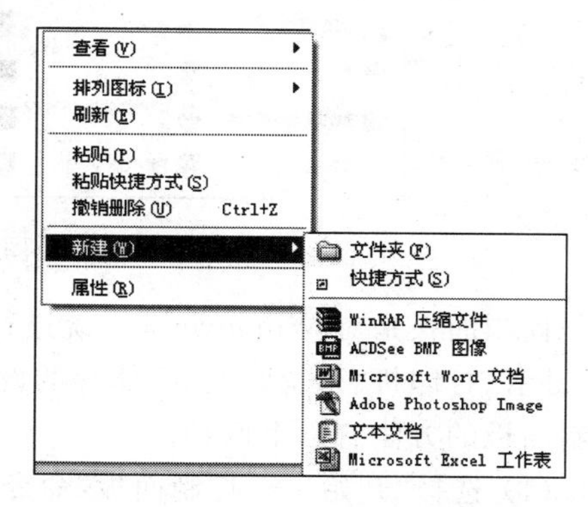

图 2-31 快捷菜单建立新文件夹

8. 创建文件或文件夹的快捷方式

创建快捷方式方法有多种，本书重点介绍使用菜单命令创建快捷方式的方法。

(1) 选中需要创建快捷方式的文件或文件夹。

(2) 选择"文件"→"创建快捷方式"菜单命令，系统会在当前窗口建立该对象的快捷方式，默认情况下快捷方式的名称样式为"××快捷方式"。

（3）拖动快捷方式图标到需要的位置，如桌面或任意文件夹内。

9. 搜索文件或文件夹

如果用户需要寻找一个只有少许信息的文件或文件夹，无疑是大海捞针。幸好在 Windows 7 中提供了强大搜索功能。

（1）选择“开始”→“搜索”→“文件或文件夹”命令。默认的搜索范围是全部的硬盘驱动。

（2）单击任意一个硬盘或文件夹，在弹出的快捷菜单中选择“搜索”命令。默认的搜索范围是该选中的硬盘或文件夹。

2.5 Windows 7 系统环境设置

2.5.1 控制面板

为了更好地使用计算机，Windows 7 允许用户对计算机及其大多数部件的外观与设置进行修改。这些操作均可在控制面板中实现。控制面板如图 2-32 所示。

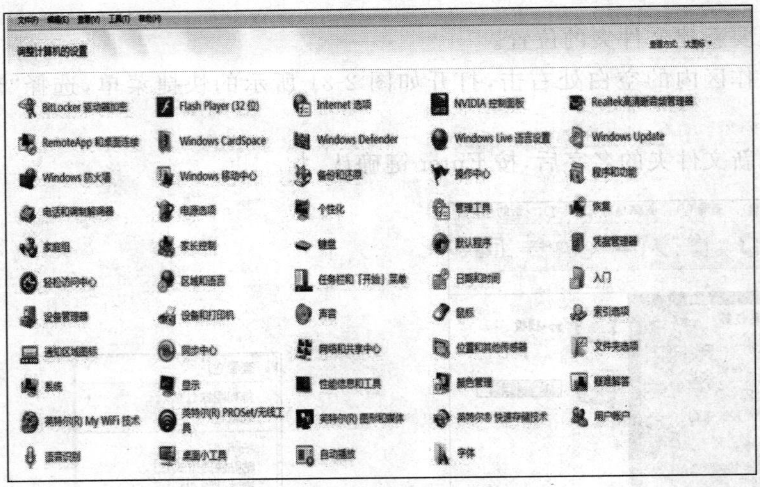

图 2-32 控制面板

控制面板是对 Windows 7 系统进行设置的工具集，用户可以根据自己的喜好更改显示器、键盘、打印机、系统时间、字体等的设置，还可以对扫描仪和声音等硬件进行设置。启动控制面板的方法有以下两种。

（1）选择“开始”→“控制面板”命令，打开控制面板。

（2）在“我的电脑”窗口中双击“控制面板”图标，打开控制面板。

2.5.2 中文输入法的安装与删除

用户可以用系统预先安装好的中文输入法，还可以根据需要安装或卸载某种输入法。

1. 安装中文输入法

中文输入法的安装步骤如下。

（1）双击“控制面板”窗口中的“区域和语言”图标，打开“区域和语言”对话框，如图 2-33 所示。

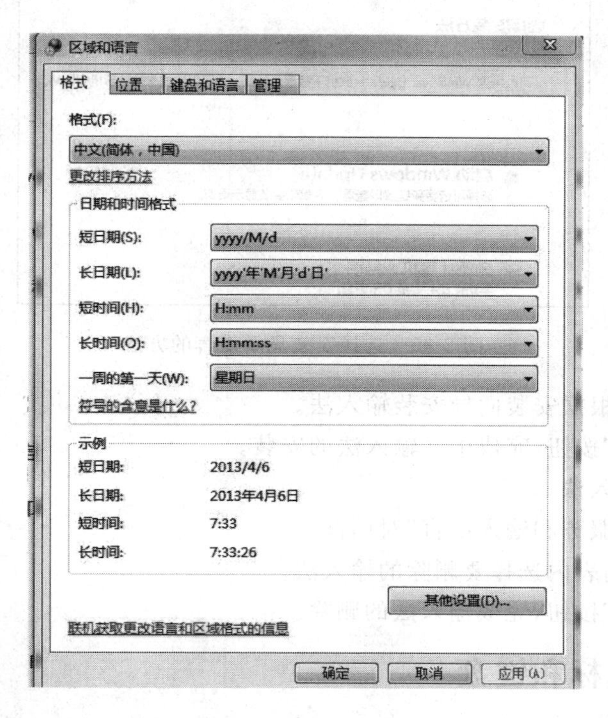

图 2-33 设置区域日期格式

（2）选择“键盘和语言”选项卡，单击“安装或卸载显示语言”按钮，出现“安装或卸载显示语言”对话框，如图 2-34 所示。

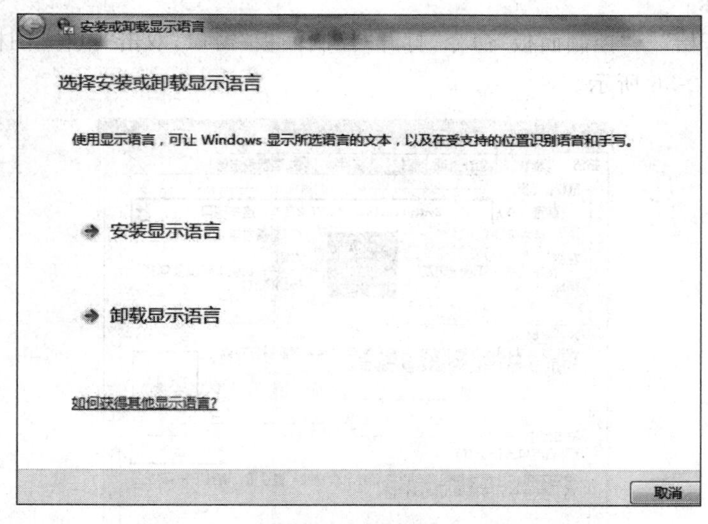

图 2-34 “安装或卸载显示语言”对话框

（3）单击“安装显示语言”按钮，根据需要选择是“启动 Windows Update”还是“浏览计算机或网络”，如图 2-35 所示。

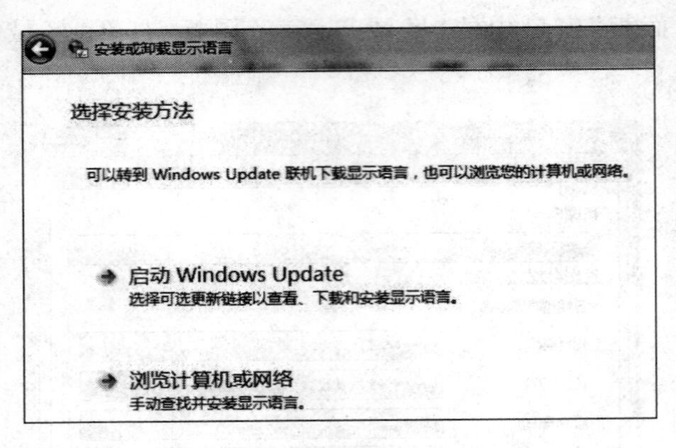

图 2-35 选择安装显示语言的方法

(4) 逐步单击，根据安装向导安装输入法。

(5) 单击“确定”按钮，完成中文输入法的安装。

2. 删除某一输入法

(1) 打开“文字服务和输入语言”对话框。

(2) 在“服务”列表内选择要删除的输入法。

(3) 单击“确定”按钮，完成输入法的删除。

2.5.3 调整鼠标和键盘

鼠标和键盘是操作计算机过程中使用最频繁的设备，几乎所有的操作都要用到鼠标和键盘。在安装 Windows 7 时，系统已经自动对鼠标和键盘进行设置，用户也可以根据自己的喜好进行设置。

1. 调整鼠标

(1) 选择“开始”→“控制面板”命令，打开“控制面板”窗口，双击“鼠标”图标，打开“鼠标 属性”对话框，如图 2-36 所示。

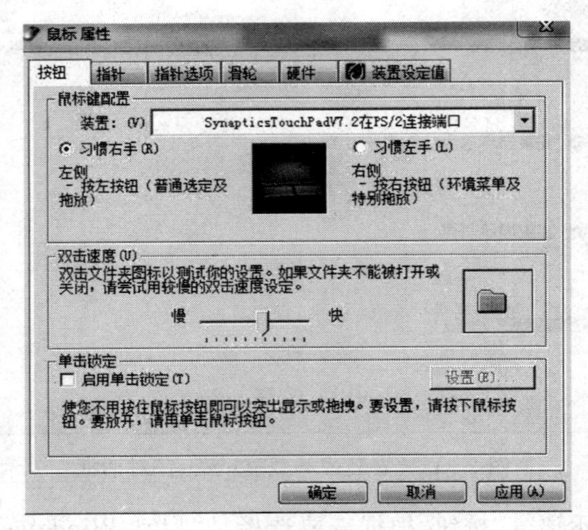

图 2-36 “鼠标 属性”对话框

(2) 在“鼠标键配置”选项中，系统默认“习惯右手”。

(3) 在“双击速度”选项组中拖动滑块，可调整鼠标的双击速度，双击旁边的文件夹，可检查设置的速度。

(4) 在“单击锁定”选项组中，若选中“启用单击锁定”复选框，则在移动项目时不需一定按住鼠标键就能实现。单击“设置”按钮，在弹出的“单击锁定设置”对话框中可调整锁定时按鼠标键的时间，如图 2-37 所示。

(5) 选择如图 2-36 所示的“指针”选项卡，可以在列表框中选择当前各种形状的指针与 Windows 7 相对应的活动状态。如果用户要改变某项 Windows 7 活动状态的鼠标形状，在列表中选中该项，然后单击“浏览”按钮，选择所需要的鼠标形状即可。

2. 调整键盘

(1) 选择“开始”→“控制面板”命令，打开“控制面板”窗口，双击“键盘”图标，打开“键盘 属性”对话框，如图 2-38 所示。

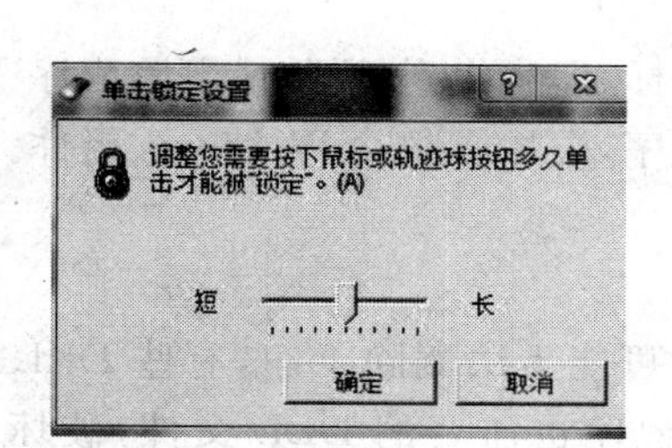

图 2-37 “单击锁定设置”对话框

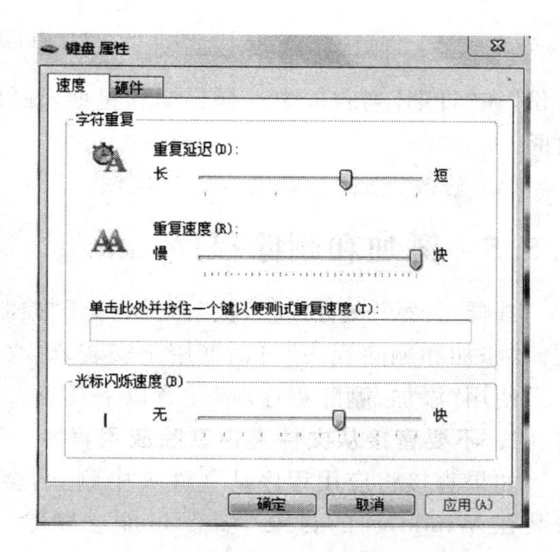

图 2-38 “键盘 属性”对话框

(2) 切换到“速度”选项卡。

(3) 在该选项卡的“字符重复”选项组中拖动“重复延迟”滑块，可调整在键盘上按住一个键多长时间后才开始重复输入该键，拖动“重复速度”滑块可调整输入重复字符的速度；在“光标闪烁速度”选项组中拖动滑块可以调整光标的闪烁频率。

2.5.4 更改日期和时间

任务栏右端显示系统提供的时间，将鼠标指针指向时间栏即会显示系统日期。

设置时间和日期的方法如下。

(1) 选择“开始”→“控制面板”命令，打开“控制面板”窗口，双击“时间和日期”图标，打开“日期和时间设置”对话框，如图 2-39 所示。

(2) 切换到“时间和日期”选项卡。

(3) 在“日期”选项组的“年份”微调框中调整准确的年份，在“月份”下拉列表框中选择

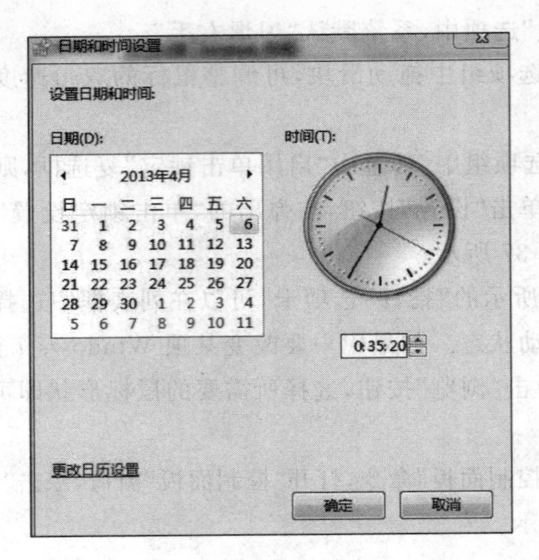

图 2-39 “日期和时间设置”对话框

月份，在“日期”列表框中选择日期和星期，在“时间”选项组中的“时间”微调框中输入调整的时间。

（4）修改完成后，单击“确定”按钮。

2.5.5 添加和删除程序

选择“开始”→“控制面板”命令，打开“控制面板”图标，即可找到“添加或删除程序”对话框。“添加和删除程序”对话框用于安装、更改或删除程序，添加或删除 Windows 组件。

使用“添加/删除程序”应注意以下几点。

1. 不要直接从文件夹中删除应用程序

如果直接将应用程序从文件夹中删除，会造成：①可能无法删除干净，有些 DLL 文件安装在 Windows 的目录中；②可能会删除一些其他程序也需要的 DLL 文件，破坏应用程序。

2. 安装应用程序的途径

（1）通过光盘安装，如果光盘上有 Autorun. inf 文件，则根据该文件的指示自动运行安装程序。

（2）直接运行安装盘中的安装程序，通常是 Setup. exe 或 Install. exe。

（3）如果应用程序是从网络上下载的，通常整套软件被捆绑成一个扩展名为. exe 的文件，用户运行该文件后可以直接实现安装。

2.6 Windows 7 桌面小工具

Windows 7 中包含一些称为“小工具”的小程序，这些小程序可以提供即时信息以及可轻松访问常用工具的途径。例如，用户可以使用小工具显示图片幻灯片或查看不断更新的标题。Windows 7 随附的一些小工具包括日历、时钟、天气、源标题、幻灯片放映和图片拼图板。

桌面小工具可以保留信息和工具，供用户随时使用。例如，可以在打开程序的旁边显示新闻标题。这样，如果用户要在工作时跟踪发生的新闻事件，则无须停止当前工作即可以切换到新闻网站。

用户可以使用“源标题”小工具显示所选源中最近的新闻标题，而且不必停止处理文档，因为标题始终可见。如果用户看到感兴趣的标题，则可以单击该标题，Web浏览器就会直接打开其内容。

2.6.1 时钟

右击“时钟”时，将会显示可对该小工具进行的操作列表，其中包括关闭“时钟”、将其保持在打开窗口的前端和更改“时钟”的选项（如名称、时区和外观）。如图2-40所示，右击小工具以查看可对其进行的操作的列表。如果指向“时钟”小工具，则在其右上角附近会出现“关闭”按钮和“选项”按钮，如图2-41所示。

图2-40 时钟设置

图2-41 “关闭”和“选项”按钮

2.6.2 幻灯片

幻灯片小工具是Windows 7系统小工具中的一个特色应用。将指针放在幻灯片小工具上，它会在用户的计算机上显示连续的图片幻灯片。右击幻灯片并单击“选项”按钮，可以选择幻灯片中显示的图片、控制幻灯片的放映速度以及更改图片之间的过渡效果。还可以右击幻灯片并指向“大小”以更改小工具的大小。当用户指向幻灯片时，“关闭”“大小”和“选项”按钮将出现在小工具的右上角，如图2-42所示。

图2-42 幻灯片选项

默认情况下，幻灯片显示“示例图片”文件夹中的项目。

设置幻灯片放映步骤如下。

(1) 右击幻灯片放映，然后单击“选项”按钮。

(2) 在“显示每一张图片”列表中，选择显示每张图片的秒数。

(3) 在“图片之间的转换”列表中，选择想要的过渡效果，然后单击“确定”按钮。

2.6.3 源标题

源标题可以显示网站中经常更新的标题,该网站可以提供“源”(也称为 RSS 源、XML 源、综合内容或 Web 源)。网站常常使用信息源来发布新闻和博客。若要接收源,需要 Internet 连接。默认情况下,源标题不会显示任何标题。若要开始显示一个较小的预选标题集,单击“查看标题”,如图 2-43 所示。

图 2-43 源标题

单击“查看标题”之后,可以右击“源标题”,单击“选项”按钮,从可用源列表中进行选择并确定。可以从 Web 中选择自己的源来添加到此列表中。

2.6.4 小工具

用户计算机上必须安装有小工具,才能添加小工具。

1. 安装小工具

(1) 右击桌面,然后单击“小工具”。

(2) 单击滚动按钮查看所有小工具。

(3) 若要查看有关小工具的信息,可单击该小工具,然后单击“显示详细信息”。

以前版本的 Windows 中可用的便笺程序和便笺小工具在 Windows 7 中已被替换。如果在以前版本的 Windows 中使用了便笺或便笺小工具并已升级计算机,则以前的所有注释(墨迹或文本)都应在新版本的便笺中可用。

2. 添加和删除小工具

用户可以将计算机上安装的任何小工具添加到桌面。如果需要,也可以添加小工具的多个实例。例如,如果用户要在两个时区中跟踪时间,则可以添加时钟小工具的两个实例,并相应地设置每个实例的时间。

(1) 添加小工具。右击桌面,然后单击“小工具”,双击小工具将其添加到桌面。

(2) 关闭小工具。右击小工具,然后单击“关闭小工具”。

(3) 组织小工具。用户可以将小工具拖动到桌面上的任何新位置。

2.6.5 Aero 桌面

Aero 桌面的特点是透明的玻璃图案、带有精致的窗口动画和新窗口颜色。Aero 桌面体验为开放式外观提供了类似于玻璃的窗口,如图 2-44 所示。它包括与众不同的直观样式,将轻型透明的窗口外观与强大的图形高级功能结合在一起。用户可以享受具有视觉冲击力的效果和外观,并可更快地从访问程序中获益。

1. 玻璃效果

透明的玻璃窗口在桌面中创建深度,一个更直观的功能是它的玻璃窗口边框,可以让用户关注打开窗口的内容。窗口行为已经过重新设计,具有精致的动画效果;另外可以将窗口最小化、最大化和重新定位,使其显示更流畅、更轻松,如图 2-45 所示。Windows 7 的 Aero 桌面使用提供的颜色可对窗口着色,或与用户的自定义颜色混合在一起。用户还可以通过对透明窗口着色,对窗口、“开始”菜单和任务栏的颜色和外观进行微调。用户可以选择提供的颜色之一,或使用颜色合成器创建自定义颜色,如图 2-46 所示。

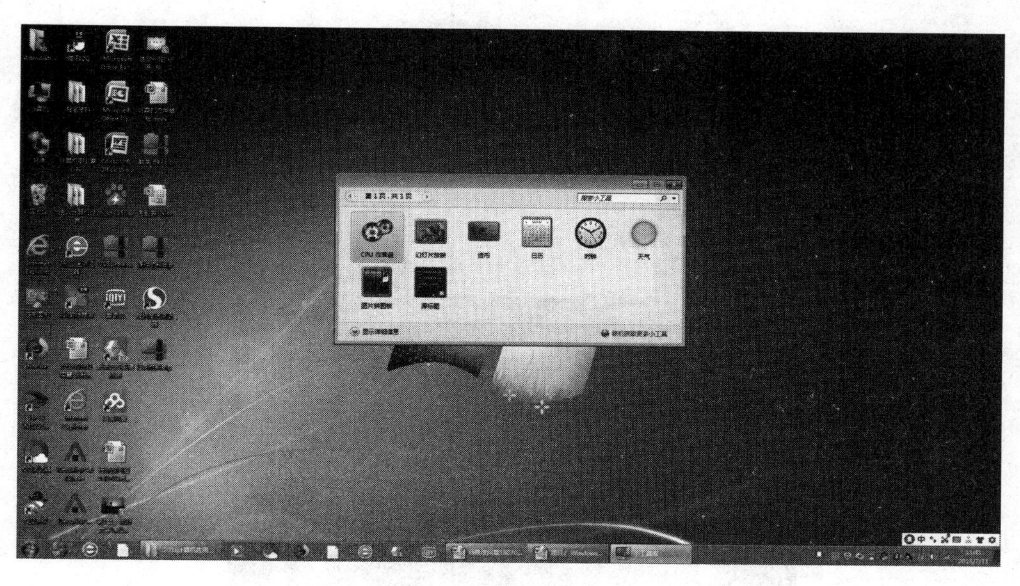

图 2-44　Aero 桌面

图 2-45　Aero 桌面“玻璃效果”

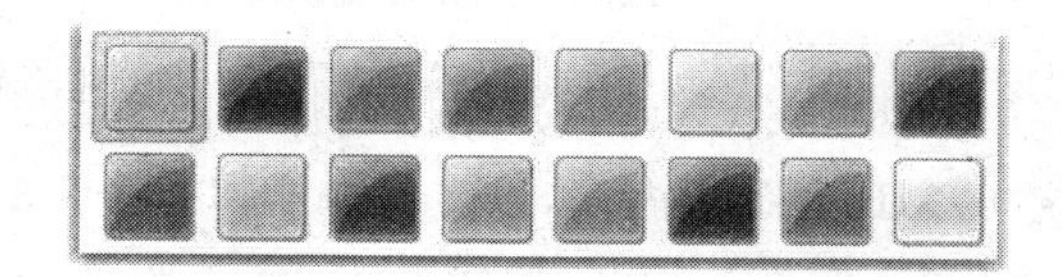

图 2-46　Aero 桌面“着色板”

2. 切换程序

Windows 7 指向窗口的任务栏按钮会显示该窗口的预览，Aero 桌面体验还为打开的窗口提供了任务栏预览。当指向任务栏按钮时，将显示一个缩略图大小的窗口预览，该窗口中的内容可以是文档、照片，甚至可以是正在运行的视频，如图 2-47 所示。按 Alt＋Tab 组合键在窗口之间切换时，可以看到每个打开程序的窗口的实时预览效果，如图 2-48 所示。

3. Aero 对计算机硬件要求

计算机的硬件和视频卡必须满足硬件要求才能显示 Aero 图形，所需计算机的最低硬件要求如下。

- 1GHz32 位(x86)或 64 位(x64)处理器。
- 1GB 的随机存取内存(RAM)。
- 128MB 图形卡。

Aero 还要求硬件中具有支持 Windows Display Driver Model 驱动程序、PixelShader 2.0 和 32 位每像素的 DirectX9 类图形处理器。

为达到最佳效果，还需要遵循以下图像处理器建议。

图 2-47　Aero 桌面的任务栏预览

图 2-48　用 Alt＋Tab 组合键切换窗口的效果

- 64MB 的图形内存，以支持分辨率低于 1 310 720 像素的单个监视器（例如，分辨率为 1 280 像素×1 024 像素的 17 英寸平面 LCD 监视器）。
- 128MB 的图形内存，以支持分辨率为 1 310 720～2 304 000 像素的单个监视器（例如，21.1 英寸平面 LCD 监视器的分辨率可达 1 600 像素×1 200 像素）。
- 256MB 的图形内存，以支持分辨率高于 2 304 000 像素的单个监视器（例如，30 英寸宽屏幕平面 LCD 监视器的分辨率可达 2 560 像素×1 600 像素）。

习　题

在 Windows 7 资源管理器中按顺序完成下列操作：

(1) 在"文档"下建立文件夹 Sub1。

(2) 在文件夹 Sub1 下新建文本文档 Readme. txt。

(3) 将文档 Readme. txt 改名为 xyz. txt。

(4) 在"文档"下建立一个可以启动画图程序的快捷方式，快捷方式的名称为 Pt。

(5) 将文件夹 Sub1 的属性设置为只读。

单元 3　Word 2010 的应用

用计算机编写和修改文章，是人们使用计算机最普遍的一项功能。因此熟练地掌握一种文字处理软件，是学习计算机知识最基本的要求。Word 是目前常用的文字处理软件之一，是 Microsoft 公司的办公套装软件 Office 家族中的成员，单元 4 和单元 5 要学习的 Excel 和 PowerPoint 也都是 Office 的组件。三者的操作有许多相似之处，认真学好本单元内容可以为后面的学习奠定坚实的基础。

本书所使用是 Office 2010。与以前的 Office 版本相比，Office 2010 新增功能如下。

(1) 截屏工具。Windows Vista 自带了一个简单的截屏工具，Office 2010 的 Word、PowerPoint 等组件中也增加了这个非常有用的功能，在插入标签中可以找到(Screenshot)，支持多种截图模式，特别是会自动缓存当前打开窗口的截图，单击就能插入文档中。

(2) 背景移除工具(Background Removal)。可以在 Word 的图片工具下或者图片属性菜单里找到，在执行简单的抠图操作时就无须动用 Photoshop，还可以添加、去除水印。

(3) 保护模式(Protected Mode)。如果打开从网络上下载的文档，Word 2010 会自动处于保护模式下，默认禁止编辑，想要修改就得点一下启用编辑(Enble Editing)。

(4) 新的 SmartArt 模板。SmartArt 是 Office 2010 引入的一个新功能，可以轻松制作出精美的业务流程图，而 Office 2010 在现有类别下增加了大量新模板，还新添了数个新的类别。

(5) Office 按钮文档选项。Office 2007 左上角的圆形按钮及其下的菜单让人印象深刻，到了 Office 2010 中功能更丰富，特别是文档操作方面，如在文档中插入元数据、快速访问权限、保存文档到 SharePoint 位置等。

(6) Outlook 2010 Jumplist。Jumplist 是 Windows 7 任务栏的新特性，Outlook 2010 也得到了支持，可以迅速访问预约、联系人、任务、日历等功能。

大纲要求：

掌握文字处理软件的以下功能和操作方法。

- 文字处理软件的基本概念，中文 Word 的基本功能、运行环境、启动和退出。
- 文档的创建、打开和基本编辑操作，文本的查找与替换，文档视图的使用，文档菜单、工具栏与快捷键的使用，多窗口和多文档的编辑。
- 文档的保存、保护、复制、删除、插入和打印。
- 字体格式、段落格式和页面格式等文档编排的基本操作，页面设置和打印预览。
- Word 的对象操作：对象的概念及种类，图形、图像对象的编辑，文本框的使用。
- Word 的表格制作功能：表格的创建与修饰，表格单元格的拆分与合并，表格中数据的输入与编辑，数据的排序和计算。

3.1 基本文档编辑

3.1.1 认识 Word

1. 启动

(1) 从开始菜单的所有程序项启动。选择"开始"→"程序"→Microsoft Office→Microsoft Office Word 2010 命令。

(2) 通过快捷方式启动。在 Word 2010 的安装过程中,根据屏幕的提示在桌面中建立 Word 2010 的快捷图标,只需双击该快捷图标,即可启动 Word 2010。

(3) 通过文档启动。在资源管理器中找到要编辑的 Word 文档,直接双击此文档即可启动 Word 2010。

2. 退出

使用完 Word 2010 后,需要保存文件并退出该程序。退出该程序可以使用下列方法之一。

(1) 单击按钮 W,在弹出的菜单中选择"关闭"命令。

(2) 双击按钮 W。

(3) 单击 Word 2010 标题栏右侧的"关闭"按钮。

(4) 按 Alt+F4 组合键。如果用户在退出 Word 2010 之前对文档进行了修改,系统将自动弹出一个信息提示框,如图 3-1 所示,询问用户是否保存修改后的文档。单击"保存"按钮,保存对文档的修改;单击"不保存"按钮,不保存对文档的修改,直接退出 Word 2010 程序;单击"取消"按钮,取消本次操作,返回到编辑状态。

图 3-1 信息提示框

3. Word 2010 窗口简介

Word 2010 拥有新的外观,新的用户界面用简单明了的单一机制取代了 Word 早期版本中的菜单、工具栏和大部分任务窗格,如图 3-2 所示。新的用户界面旨在帮助用户在 Word 中更高效、更容易地找到完成各种任务的合适功能,发现新功能,并提高效率。

(1) 功能区。Word 2010 功能区横跨 Word 程序窗口顶部,将最常用的命令置于最前面。功能区由选项卡、组和命令 3 个组件组成,如图 3-3 所示。

(2) 快速访问工具栏。"快速访问工具栏"位于 Word 2010 程序窗口左上角,只占一个小区域。包含了用户日常工作中频繁使用的"保存""撤消"和"重复"等命令,如图 3-4 所示。

(3) 状态栏位于 Word 窗口底部的水平区域,由三部分组成。

① 状态栏左侧功能按钮分别为页面、字数、校对错误、语言类别、插入/删除和录制宏,如图 3-5 所示。

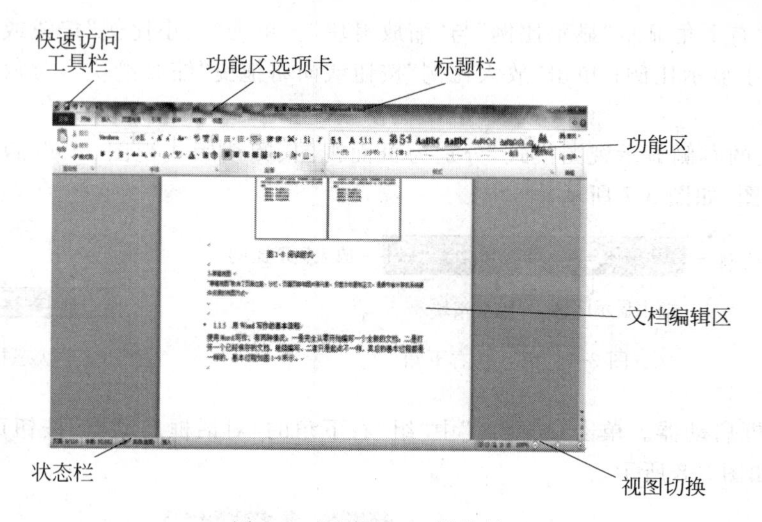

图 3-2　Word 2010 操作界面

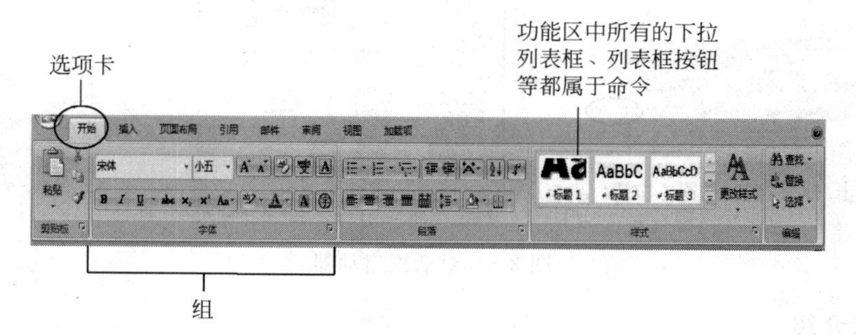

图 3-3　功能区用户界面

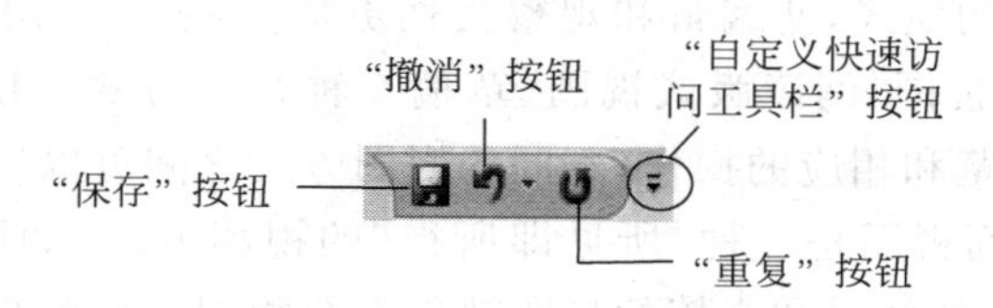

图 3-4　快速访问工具栏

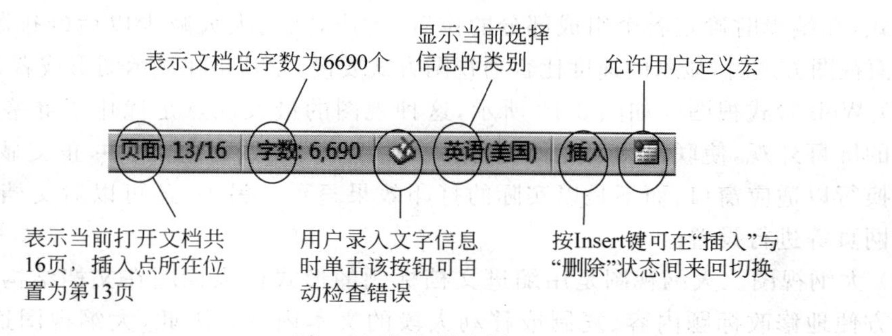

图 3-5　状态栏左侧

② 状态栏右下角显示“显示比例”与“缩放滑块”。单击“缩小比例”按钮或向左拖曳“缩放滑块”,可缩小显示比例;单击“放大比例”按钮或向右拖曳“缩放滑块”,可放大显示比例,如图 3-6 所示。

③ 状态栏的右侧显示视图模式,分别为页面视图、阅读版式视图、Web 版式视图、大纲视图和普通视图,如图 3-7 所示。

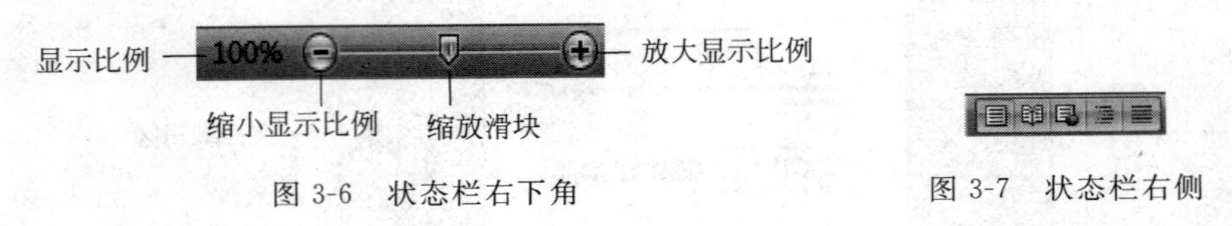

图 3-6 状态栏右下角

图 3-7 状态栏右侧

(4) 对话框启动器。单击“功能区”中“组”右下角的“对话框启动器”按钮可调出相应的设置对话框,如图 3-8 所示。

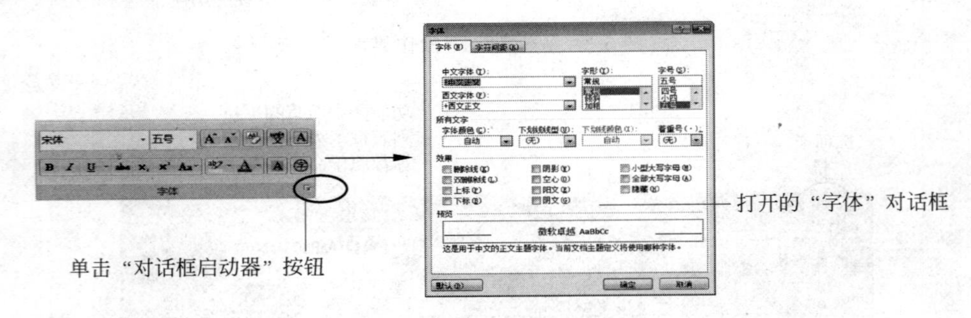

图 3-8 对话框启动器

4. 视图介绍

文档视图是用户在使用 Word 2010 编辑文档时观察文档结构的屏幕显示形式。用户可以根据需要选择相应的模式,使编辑和观察文档更加方便。Word 2010 中提供了页面视图、Web 版式视图、大纲视图、阅读版式视图、草稿 5 种视图方式。使用这些视图方式就可以方便地对文档进行浏览和相应的操作,不同的视图方式之间可以切换。

(1) 页面视图。页面视图是一种“所见即所得”的视图方式,如图 3-9 所示。在页面视图方式下,在屏幕上显示的效果和文档的打印效果完全相同。在此视图方式中,可以查看打印页面中的文本、图片和其他元素的位置。一般情况下,用户可以在编辑和排版时使用页面视图方式,在编辑时确定各个组成部分的位置、大小,从而大大减少以后的排版工作。但是使用页面视图方式时,显示的速度比普通视图方式要慢,尤其是在显示图形或者显示图标时。

(2) Web 版式视图。如图 3-10 所示,这种视图的最大优点是优化了屏幕布局,文档具有最佳的屏幕外观,使联机阅读变得更容易。在 Web 版式视图方式中,正文显示得更大,并且自动换行以适应窗口,而不是以实际的打印效果显示。另外,还可以对文档的背景、浏览和制作网页等进行设置。

(3) 大纲视图。大纲视图是用缩进文档标题的形式代表标题在文档结构中的级别,可以非常方便地修改标题内容、复制或移动大段的文本内容。因此,大纲视图适合纲目的编辑、文档结构的整体调整及长篇文档的分解与合并,如图 3-11 所示。

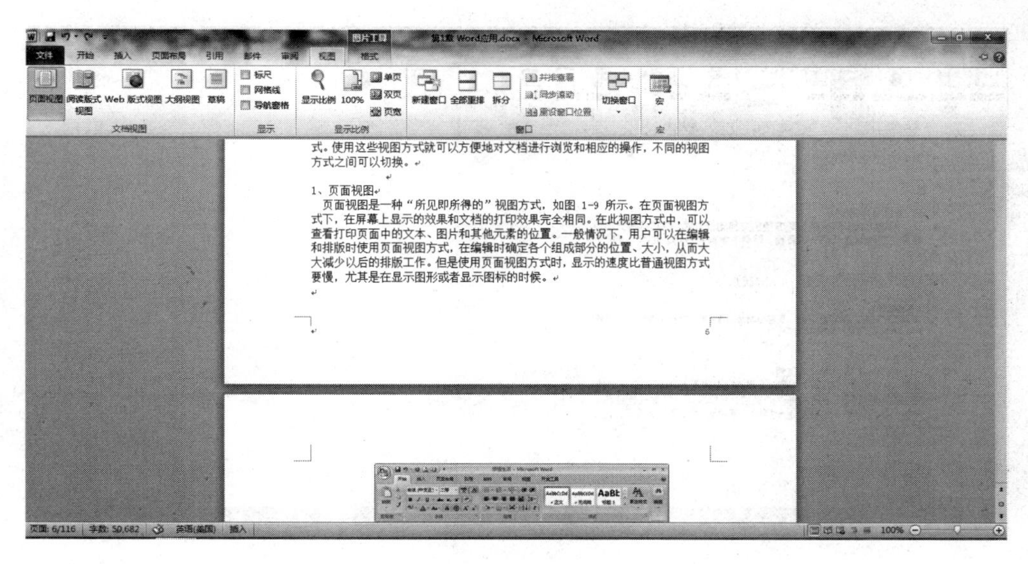

图 3-9　页面视图

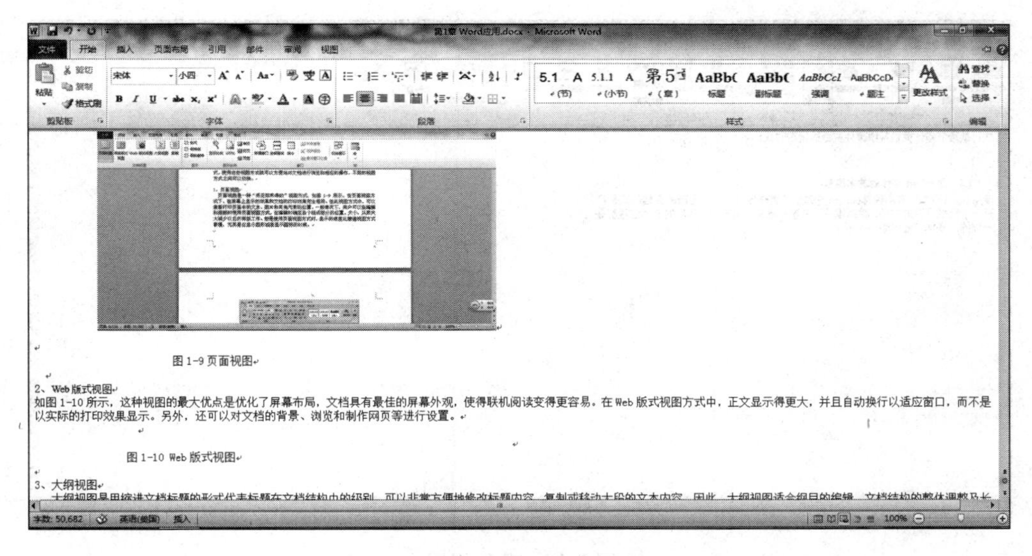

图 3-10　Web 版式视图

(4) 阅读版式视图。阅读版式视图提供了更方便的文档阅读方式。在阅读版式视图中可以完整地显示每一张页面，就像书本展开一样。

(5) 草稿。“草稿”取消了页面边距、分栏、页眉页脚和图片等元素，仅显示标题和正文，是最节省计算机系统硬件资源的视图方式，如图 3-12 所示。

5. 用 Word 写作的基本流程

使用 Word 写作，有两种情况：①完全从零开始编写一个全新的文档；②打开一个已经保存的文档，继续编写。二者只是起点不一样，其后的基本过程都是一样的，基本过程如图 3-13 所示。

现介绍如何新建一个文档、打开一个已有的文档、保存文档以及关闭 Word 窗口的基本

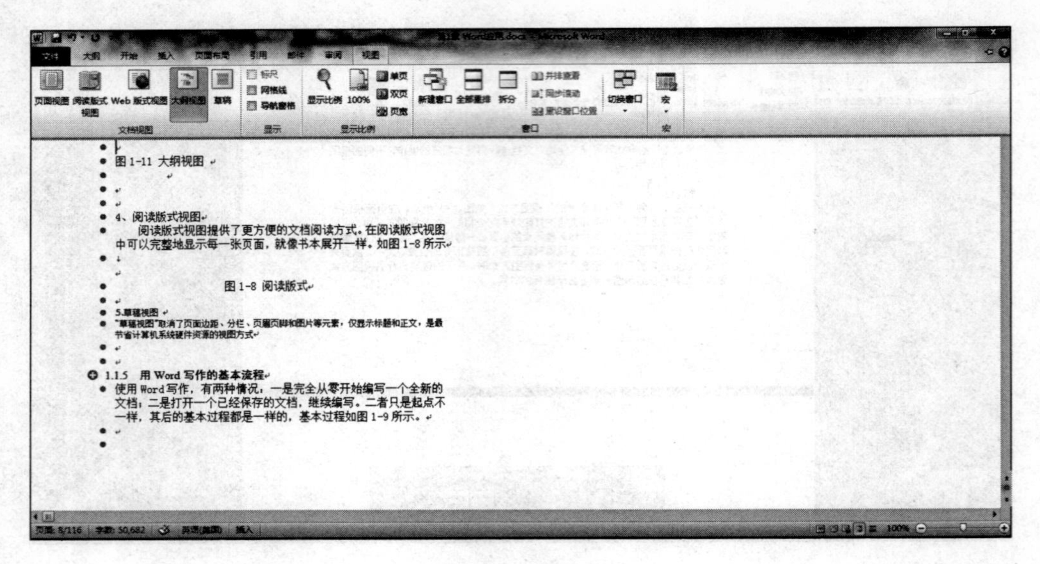

图 3-11 大纲视图

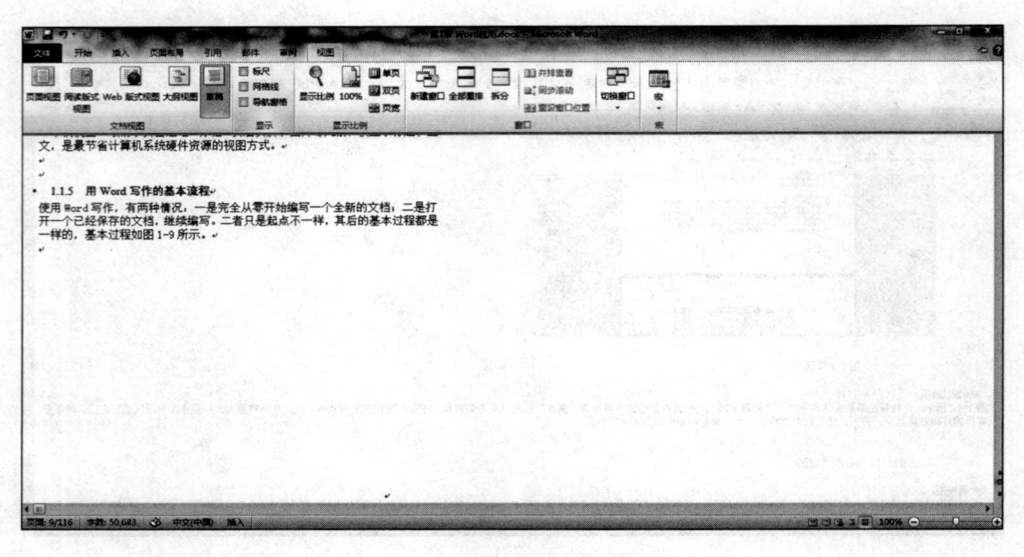

图 3-12 草稿视图

操作。为了防止因计算机突然故障导致录入信息丢失，要养成经常存盘的习惯。

1）新建一个文档

当启动 Word 2010 时，系统将自动建立一个新文档“文档 1”，用户可以直接在文档中进行文字输入或编辑工作。创建新文档的方法有多种，用户可以使用其中任意一种来创建新的文档。

（1）创建一个空白文档。选择“文件”选项卡，然后在弹出的菜单中选择“新建”命令，弹出新建文档对话框，如图 3-14 所示。

在该对话框左侧的模板列表框中选择“空白文档”和最近使用的文档选项，然后在对话框右侧的列表框中选择“空白文档”选项，单击“创建”按钮，即可创建一个空白文档。新建一

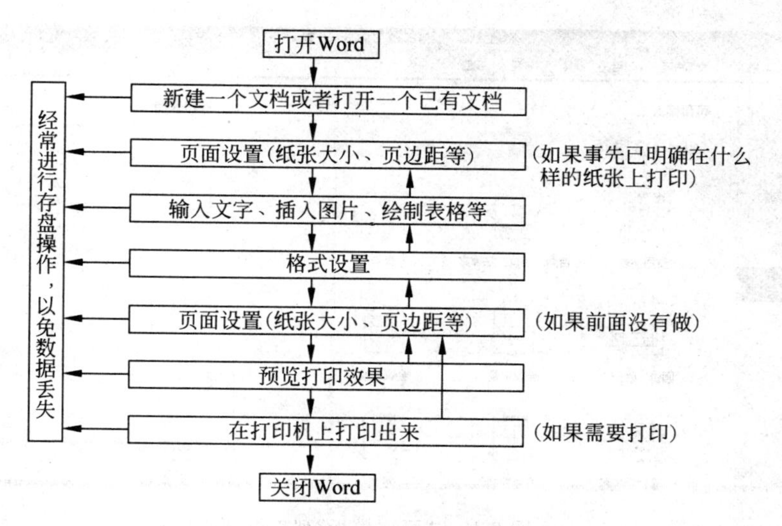

图 3-13　用 Word 写作的基本流程

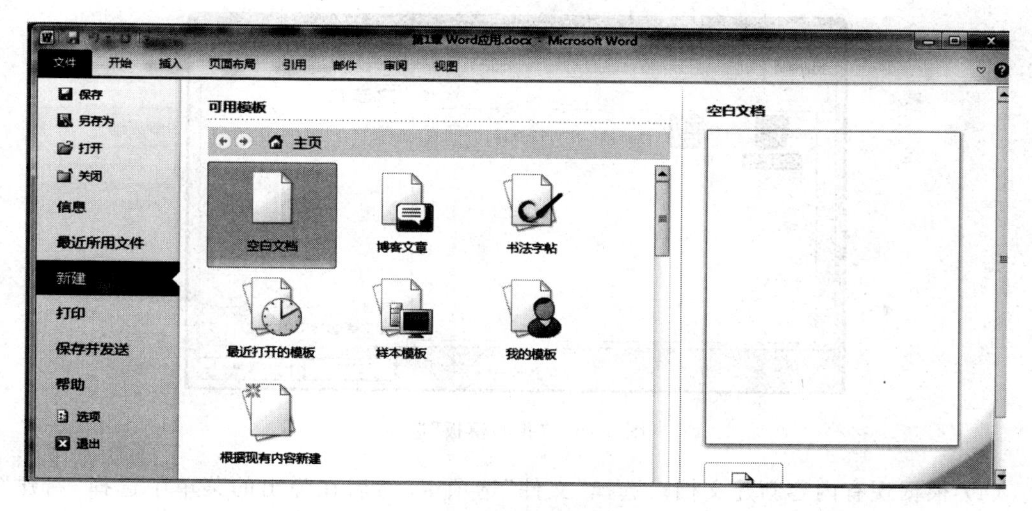

图 3-14　新建文档对话框

个文档后,系统会自动给该文档暂时命名为“文档 1”“文档 2”“文档 3”等。用户在保存文档时,可以按照自己的需要为文档命名。

(2) 根据样本模板新建文档。选择“文件”选项卡,然后在弹出的菜单中选择“新建”命令,弹出新建文档对话框。在该对话框左侧的“可用模板”列表框中选择“样本模板”选项。在样本模板中选择需要的文档模板,单击“创建”按钮,即可根据样本模板创建新文档,如图 3-15 所示。

(3) 根据我的模板新建文档。选择“文件”选项卡,然后在弹出的菜单中选择“新建”命令,弹出新建文档对话框。在该对话框左侧的“可用模板”列表框中选择“我的模板”选项,弹出“新建”对话框,如图 3-16 所示。在该对话框中选择需要的模板,单击“确定”按钮,即可根据我的模板新建文档。

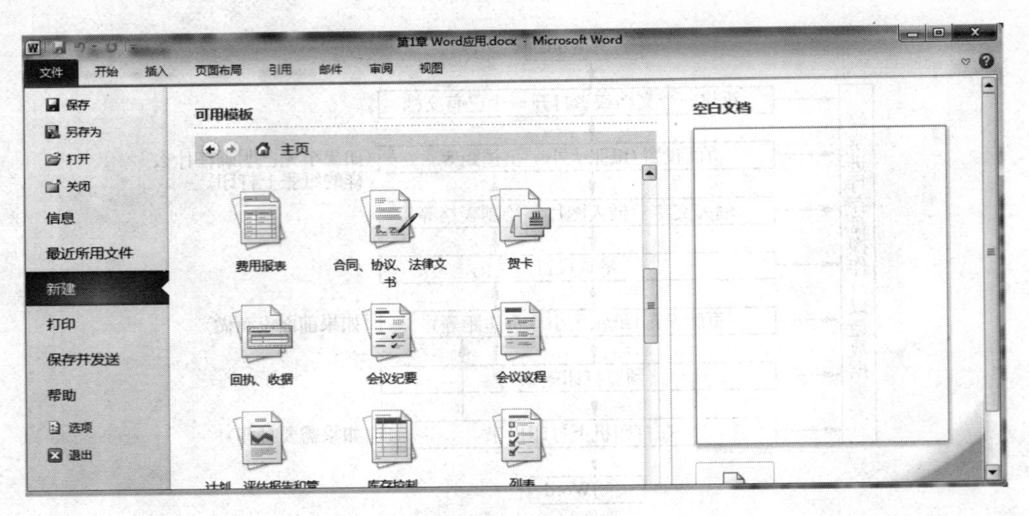

图 3-15 “可用模板”列表框

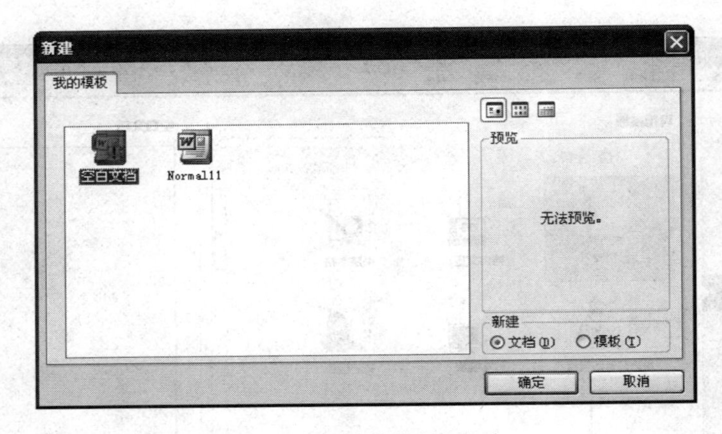

图 3-16 “我的模板”选项

（4）根据现有内容新建文档。选择“文件”选项卡，然后在弹出的菜单中选择“新建”命令，弹出“新建文档”对话框。在该对话框左侧的“可用模板列表框”中选择“根据现有内容新建”命令，弹出“根据现有文档新建”对话框，如图 3-17 所示。在该对话框中选择现有的文档模板，单击“新建”按钮，即可在该文档的基础上创建一个新的 Word 文档。

注意：用户还可以使用 Microsoft Office Online、特色、小册子、名片、日历、传真、贺卡、发票、新闻稿、计划、评估报告和管理方案、报表、简历、信纸以及其他类型模板来创建新文档。

2）打开 Word 文档

在 Word 2010 中打开文档有多种方法，这里介绍两种较常用的方法。

（1）使用“打开”对话框打开文档。选择“文件”选项卡，然后在弹出的菜单中选择“打开”选项，弹出“打开”对话框，如图 3-18 所示，在“查找范围”下拉列表中选择文档所在的位置，然后在文件列表中选择需要打开的文档。在文件类型下拉列表中选择所需的文件类型。单击“打开”按钮打开需要的文档。

图 3-17 “根据现有文档新建”对话框

图 3-18 “打开”对话框

(2) 打开最近使用的文档。Word 2010 具有强大的记忆功能,它可以记忆最近几次使用的文档。选择“文件”选项卡,然后在弹出的菜单右侧列出的最近使用的文档中查找需要打开的文档即可,如图 3-19 所示。

如果用户需要修改记录文档的数目,选择“文件”选项卡,然后在弹出的菜单中选择“选项”命令,弹出“Word 选项”对话框,在该对话框左侧选择“高级”选项,如图 3-20 所示。在该对话框右侧的“显示”选项区中的“显示此数目的‘最近使用的文档’”微调框中输入需要文件的个数,单击“确定”按钮。

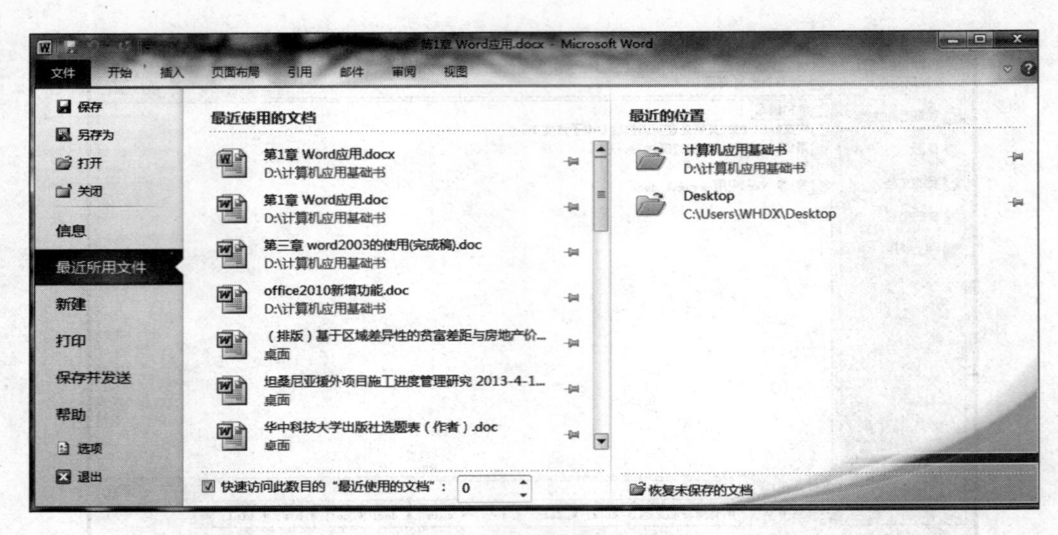

图 3-19　最近使用的文档

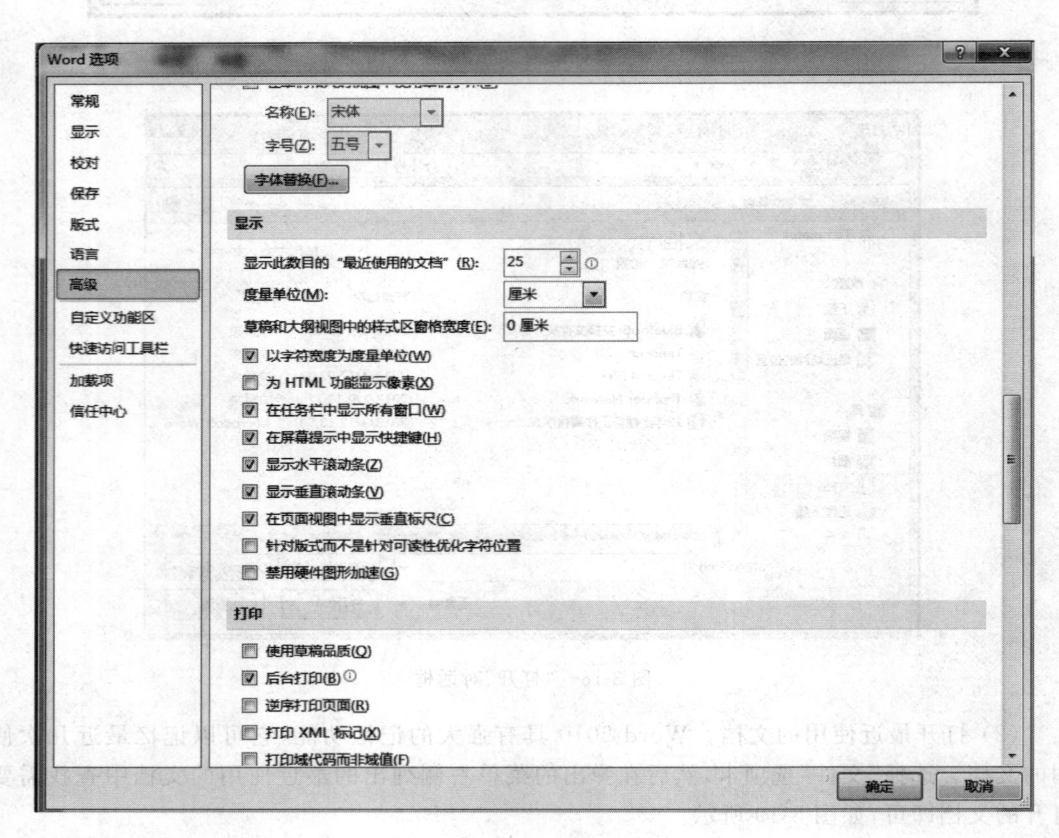

图 3-20　“Word 选项”对话框

3）保存 Word 文档

（1）保存新建文档。选择“文件”选项卡，然后在弹出的菜单中选择“保存”命令，弹出“另存为”对话框，如图 3-21 所示。在该对话框中的“保存位置”下拉列表中选择要保存文件的文件夹位置。在“文件名”下拉列表中输入文件名；在保存类型下拉列表中选择保存文件的格式，设置完成后单击“保存”按钮。

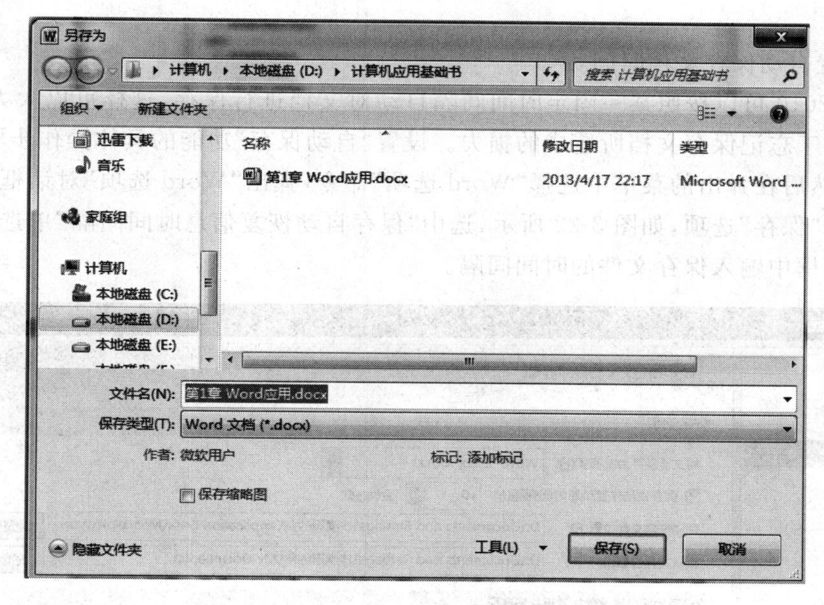

图 3-21 “另存为”对话框

(2) 另存为文档。如果需要将已有的文档保存到其他的文件夹中，可在修改完文档之后，选择“文件”选项卡，然后在弹出的菜单中选择“保存”命令，弹出“另存为”对话框，如图 3-21 所示。在该对话框中的“保存”下拉列表中重新选择文件的位置；在文件名下拉列表中输入文件的名称；在保存类型下拉列表中选择文件的保存类型；单击“保存”按钮。

4) 关闭 Word 窗口

文档编辑完成后就可以关闭该文档。关闭 Word 2010 文档的方法有以下 3 种。

(1) 单击按钮 W ，然后在弹出的菜单中选择“关闭”命令。

(2) 选择“文件”选项卡，然后在弹出的菜单中选择“退出”命令。

(3) 单击标题栏右侧的“关闭”按钮。

6. 常用的基本操作

1) 改变文档显示的比例

默认的情况下，Word 按照 100％的比例显示文档中的内容，如果显示的文字太小或太大，可以增大或缩小比例，使文档以比较适合于观看的效果进行显示。

可以通过“视图”菜单中的“显示比例”对话框中选择一个比例值，或者直接在其中输入一个比例值的方法来改变文档显示的比例。

2) 显示/隐藏(标尺/网格线)

标尺和网格线都可用于确定文档在屏幕和纸张中的位置，默认情况下，工作界面中并不显示它们。如果需要使用标尺和网格线，在“视图”菜单中有“标尺”和“网格线”选项，选中√可以显示/隐藏(标尺/网格线)。

3) 撤消操作

在使用 Word 过程中，难免会出现一些失误。例如，由于一不小心将刚输入的一段文字删除了,利用提供的撤消功能,就可以立即还原被删除的文字。方法是单击快速访问工具栏的撤消按钮 。实际上可以从撤消按钮的下拉列表框中依次选择撤消最近的若干步操作。

4)设置自动保存文档时间

Word 2010 可以按照某一固定时间间隔自动对文档进行保存,这样可以大大减少断电或死机时由于忘记保存文档所造成的损失。设置"自动保存"功能的具体操作步骤:选择文件选项卡,然后在弹出的菜单中选择"Word 选项"命令,弹出"Word 选项"对话框,在该对话框左侧选择"保存"选项,如图 3-22 所示,选中"保存自动恢复信息时间间隔"单选按钮,并在其后的微调框中输入保存文件的时间间隔。

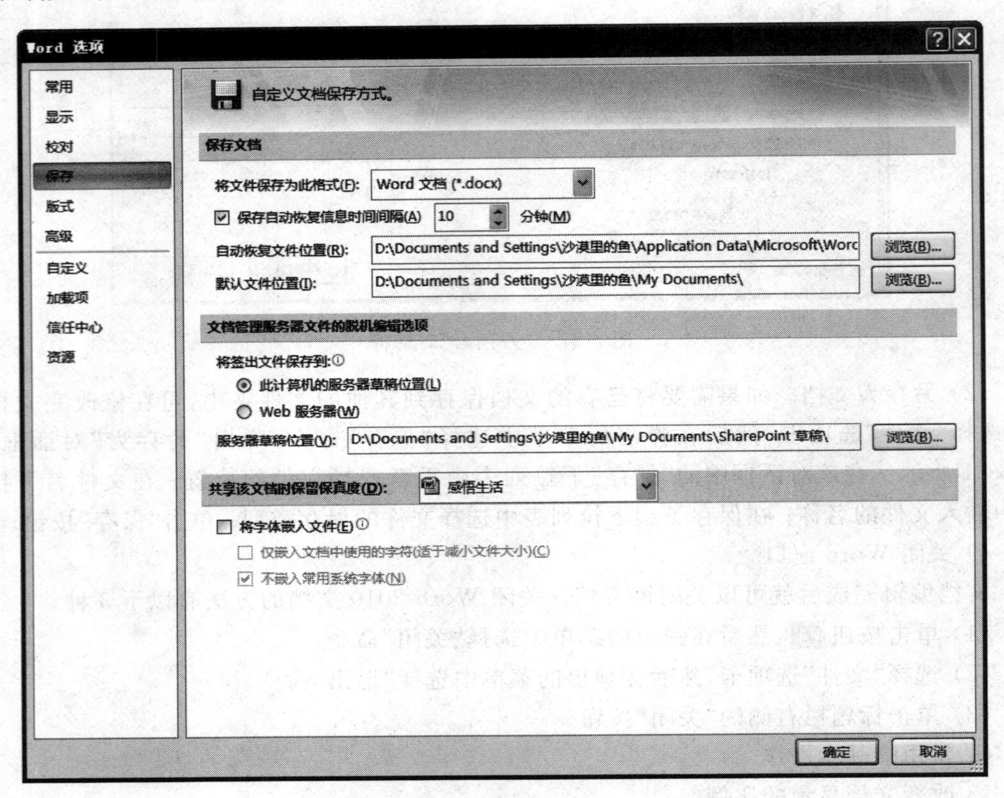

图 3-22 设置自动保存选项卡

注意:Word 2010 中自动保存的时间间隔并不是越短越好。在默认状态下,自动保存时间间隔为 10 分钟,一般 5～15 分钟较为合适,这需要根据计算机的性能及运行程序的稳定性来定。如果时间太长,发生意外时就会造成重大损失;而时间间隔太短,Word 2010 频繁地自动保存又会干扰正常的工作。

3.1.2 文本录入与编辑

1. 实例要求

录入如图 3-23 所示样文中的文本,以"放假通知"为文件名保存。

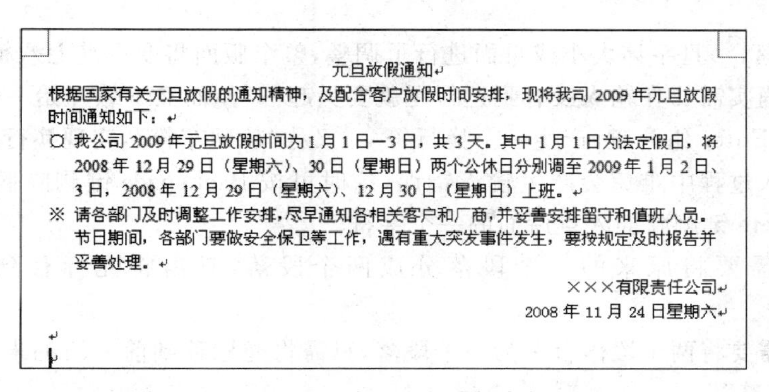

元旦放假通知↵

根据国家有关元旦放假的通知精神，及配合客户放假时间安排，现将我司 2009 年元旦放假时间通知如下：↵

○ 我公司 2009 年元旦放假时间为 1 月 1 日—3 日，共 3 天。其中 1 月 1 日为法定假日，将 2008 年 12 月 29 日（星期六）、30 日（星期日）两个公休日分别调至 2009 年 1 月 2 日、3 日，2008 年 12 月 29 日（星期六）、12 月 30 日（星期日）上班。↵

※ 请各部门及时调整工作安排，尽早通知各相关客户和厂商，并妥善安排留守和值班人员。节日期间，各部门要做安全保卫等工作，遇有重大突发事件发生，要按规定及时报告并妥善处理。↵

×××有限责任公司↵

2008 年 11 月 24 日星期六↵

图 3-23　文本录入与编辑实例

2. 文本录入

文本录入是编辑文档的基本操作，在 Word 2010 中可以输入普通文本、插入符号和特殊符号以及插入日期和时间等。在建立的空白文档编辑区的左上角有一个不停闪烁的竖线——插入点。输入文本时，文本将显示在插入点处，插入点自动向右移动，如图 3-24 所示为创建的新的文档编辑窗口。

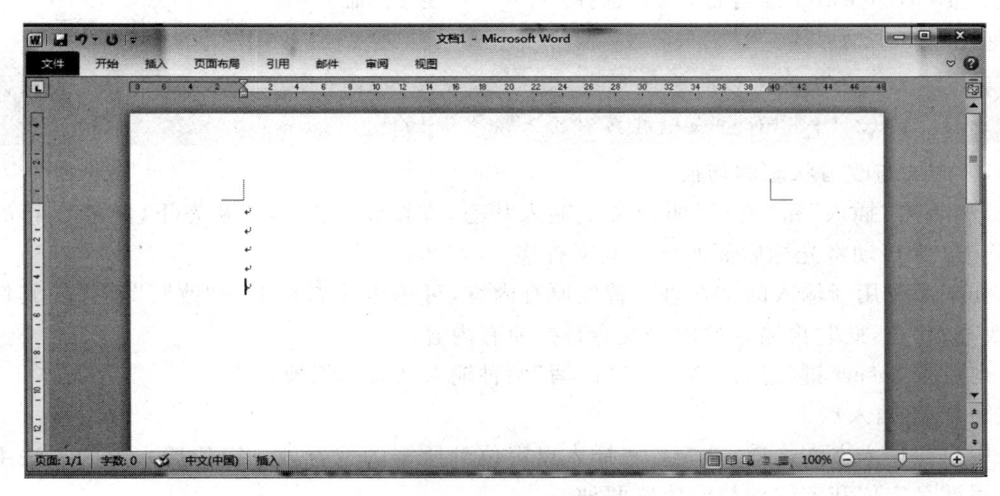

图 3-24　新的文档编辑窗口

1）文字输入

汉字、数字、英文、标点符号等文字的输入比较简单，在文档的当前光标处直接输入就可以了。在进行文本录入时，需要注意以下几点。

（1）中文的段落一般使用首行缩进 2 个字符格式，但是在输入时不要采用输入 2 个空格的方式来实现缩进。方法一是按 Tab 键；方法二是顶行输入，待录入完成后通过格式设置来实现首行缩进。

（2）Word 文档中，文本是以“段落”为基本组织单位的。一个段落输入完毕，按 Enter 键结束。在 Word 中，每按一次 Enter 键，Word 将在光标处插入一个“硬回车符”↵作为段落的结束标志，并自动在下方产生一个新的段落，且将光标移入新段落。

（3）对于由多行文字构成的段落，所有文字一定要连续输入，让 Word 自动换行，不要在每行的后面按 Enter 键换行。如果在每行后面按 Enter 键换行，实际上是将一个段落分成了若干个段落，一旦字体大小或页面进行了调整，整个版面将变得乱七八糟。

(4) 如果确实需要在输入没有到达行尾就要另起一行，而又不想开始一个新的段落，此时可按 Shift＋Enter 组合键，产生一个换行符↓，又称“软回车符”，实现换行操作。

(5) 在输入过程中难免会产生输入错误，这时可按 Backspace 键删除插入点前面的一个字符，按 Delete 键删除插入点后面的一个字符。

(6) 如果需要将原来的一个段落分成两个段落，只需将光标移到分割位置，按 Enter 键。

(7) 如果需要将两个段落合并为一个段落，只需将光标移到前一段的末尾处，按 Delete 键删除“硬回车符”。

(8) 如果需要在原文档最前面或中间插入新段落，只需将光标移到插入处按 Enter 键。

(9) 一般情况下，不需要考虑分页问题，因为每当输入的文本占满一页时，Word 会自动将光标移到下一页。极少情况下，可能需要强制分页(例如想使每一章都从新的一页开始)，这时可通过在文档中插入“分页符”来实现，操作方法是：按 Ctrl＋Enter 组合键，或者选择“插入”→“分页”命令，如图 3-25 所示。

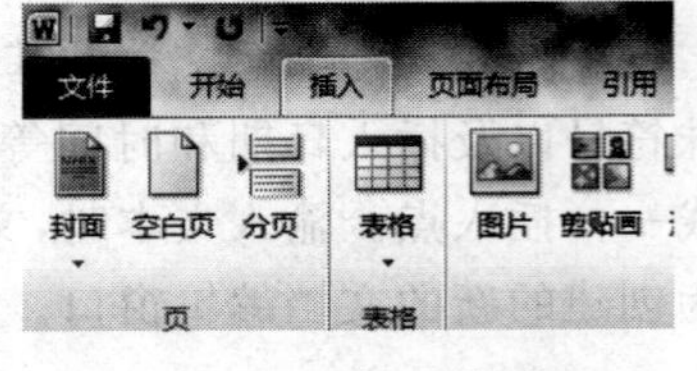

图 3-25　插入分页

技巧：文本输入时可以随时使用输入法菜单或按“Ctrl＋空格”组合键在中英文状态间进行切换；按 Ctrl＋Shift 组合键在各种输入法之间切换。

2) 插入与改写状态的切换

Word 有“插入”和“改写”两种文字输入状态，在默认的“插入”状态下，随着字符的录入，Word 会自动将光标后面的已有文字右移。

如果需要用新输入的文本直接替换原有内容，可单击状态栏上的“改写”字样使其切换到“改写”状态，此时再输入的内容就会替换原有内容。

也可按 Insert 键，进行“插入”和“改写”两种输入状态的切换。

3) 定位插入点

用户在输入文本之前，首先要将插入点定位到所需的位置处。定位插入点的方法主要有使用键盘定位和定位到特定位置两种。

(1) 使用键盘定位插入点：除了使用鼠标来定位插入点外，还可以使用键盘定位插入点。表 3-1 为定位插入点的快捷键列表。

表 3-1　定位插入点的快捷键列表

快捷键	移动方式	快捷键	移动方式
↑	上移一行	Home	移至行首
↓	下移一行	End	移至行尾
←	左移一个字符	Ctrl＋Home	移至文档的开头
→	右移一个字符	Ctrl＋End	移至文档的末尾
Ctrl＋↑	上移一段	PageUp	上移一屏
Ctrl＋↓	下移一段	PageDown	下移一屏
Ctrl＋←	左移一个单词	Ctrl＋PageUp	上移一页
Ctrl＋→	右移一个单词	Ctrl＋PageDown	下移一页

(2) 定位到特定位置：在功能区用户界面中的“开始”选项卡中的“编辑”组中选择“查找”选项，在弹出的下拉菜单中选择“转到”选项，弹出“查找和替换”对话框，默认情况下打开“定位”选项卡。在“定位目标”列表框中选择所需的定位对象，例如选择“页”选项。在“输入页号”文本框中输入具体的页号，例如输入 5，如图 3-26 所示，单击“定位”按钮，插入点将移至第 5 页的第一行的起始位置。单击“关闭”按钮，关闭对话框。

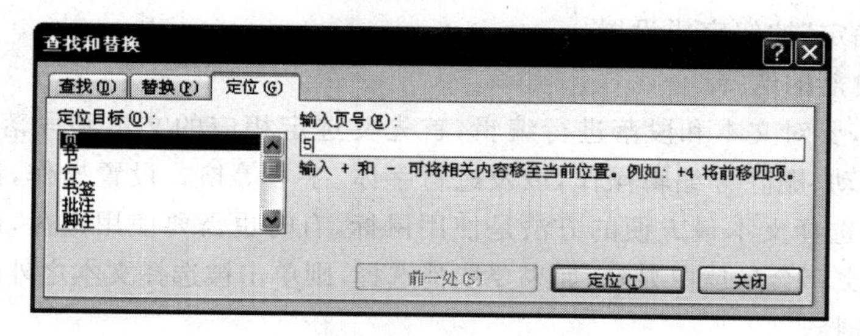

图 3-26 “定位”选项卡

4) 输入特殊符号和字符

在输入文本的过程中，有时需要插入一些键盘上没有的特殊符号，例如实例中的符号¤，其具体操作步骤如下。

(1) 把插入点置于文档中要插入特殊符号的位置。

(2) 在功能区用户界面中的“插入”选项卡中的“符号”组中选择“符号”选项，在弹出的下拉菜单中选择，如图 3-27 所示。

(3) 从列表框中选择一种所需的特殊符号，然后单击“确定”按钮，即可在文档中的插入点处插入特殊符号。

5) 插入日期和时间

用户可以直接在文档中插入日期和时间，也可以使用 Word 2010 提供的插入日期和时间功能，具体操作步骤如下。

(1) 将插入点定位在要插入日期和时间的位置。

(2) 在功能区用户界面中的“插入”选项卡中的“文本”组中选择“日期和时间”选项，弹出“日期和时间”对话框，如图 3-28 所示。

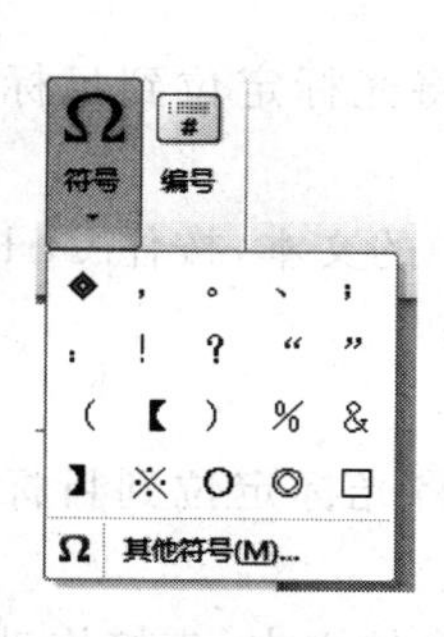

图 3-27 选择符号

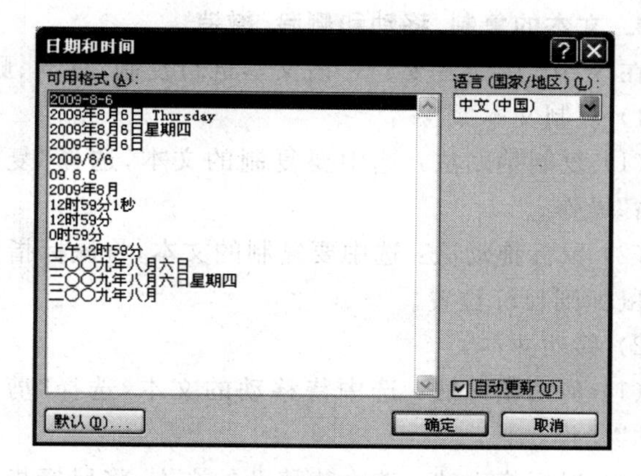

图 3-28 “日期和时间”对话框

（3）用户可根据需要在“语言（国家/地区）”下拉列表中选择一种语言；在“可用格式”下拉列表中选择一种日期和时间格式。

（4）如果选中“自动更新”复选框，则以域的形式插入当前的日期和时间。该日期和时间是一个可变的数值，它可根据打印的日期和时间的改变而改变。取消选中“自动更新”复选框，则可将插入的日期和时间作为文本永久地保留在文档中。

（5）单击“确定”按钮完成设置。

3. 文本和段落的选择

在 Word 中，要对文本和段落进行编辑，首先要选定相应的文本和段落。例如，要对某部分文本进行移动、删除等编辑操作，以及进行字体、字号等格式设置操作，都必须先选择需要操作的文本。选择文本最方便的方法是使用鼠标，有时也需要使用键盘，还可以两者组合使用。被选择的文字会呈反白显示，如果要取消选择，则单击被选择文本之外的任意处即可。

1）用鼠标选择

（1）拖动选择：按住鼠标左键并拖动，选择需要选定的文本的范围，然后释放鼠标左键；或者在所选内容的开始处单击，然后按住 Shift 键，并在所选内容结尾处单击，可选定任意数量的文本。

（2）使用选定栏：在文档页面最左边的空白区域称为选定栏，专用于通过鼠标选择文本。当鼠标指针移入该栏内时会变为向右指向的箭头。此时单击可选中鼠标指针箭头所指向的一行文本；双击可选中鼠标指针箭头所指向的整个段落；三击则选中全文；在选定栏中拖动鼠标可选中连续的若干行。

2）用键盘选择

将光标定位到要选择区域的起点后，按住 Shift 键的同时不断按四个方向键移动光标就可向不同方向选择文本，选择完成后松开 Shift 键。

3）键盘和鼠标选择

（1）一般区域选择：先将光标定位到要选择区域的起点，按住 Shift 键后，将鼠标指针移动到待选择区域的终点（必要时可结合使用滚动条），单击，此时两点间的区域被选中。

（2）矩形区域选择：按住 Alt 键和鼠标后，将鼠标指针移动到待选择矩形区域的一个对角位置，拖动鼠标至矩形区域的另一个对角后再松开 Alt 键和鼠标，此时一个矩形区域被选中。

4. 文本的复制、移动和删除、撤消

在 Word 中经常要对一段文本进行复制、移动、删除等操作。

1）复制文本

（1）复制粘贴法：选中要复制的文本，选择“复制”操作，将光标定位到目标位置执行“粘贴”操作。

（2）鼠标拖动法：选中要复制的文本，将鼠标指针指向选中的文本，按住 Ctrl 键的同时拖动鼠标到目标位置。

2）移动文本

（1）剪切粘贴法：选中待移动的文本，选择“剪切”操作，将光标定位到目标位置执行“粘贴”操作。

（2）鼠标拖动法：选中待移动的文本，将鼠标指针指向选中的文本，直接拖动鼠标到目标位置。

3）删除文本

选中待删除的文本一按 Delete 键，或使用菜单“编辑”→“清除”。

4）撤消和恢复

（1）撤消：如果不小心删除了不该删除的内容，可直接单击“常用”工具栏中的“撤消”按钮来撤消操作。如果要撤消刚进行的多次操作，可单击工具栏中的“撤消”按钮右侧的下三角按钮，从下拉列表中选择要撤消的操作。

（2）恢复：恢复操作是撤消操作的逆操作，可直接单击“常用”工具栏中的“恢复”按钮选择恢复操作。

注意：按 Ctrl＋Z 组合可执行撤消操作；按 Ctrl＋Y 组合键可选择恢复操作。如果对文档没有进行过修改，那么就不能选择撤消操作。同样，如果没有选择过撤消操作，将不能选择恢复操作。此时的“撤消”和“恢复”按钮均显示为不可用状态。

3.1.3 字符和段落格式设置

1. 实例要求

录入如图 3-29 所示的文本，以“公司面试通知书”为文件名保存。

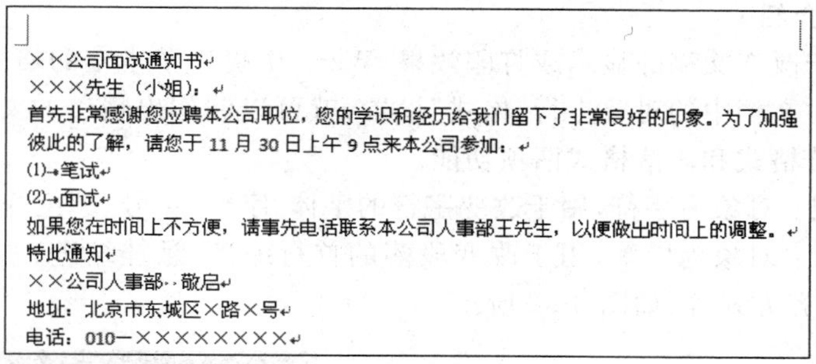

××公司面试通知书

×××先生（小姐）：

首先非常感谢您应聘本公司职位，您的学识和经历给我们留下了非常良好的印象。为了加强彼此的了解，请您于 11 月 30 日上午 9 点来本公司参加：

(1)→笔试

(2)→面试

如果您在时间上不方便，请事先电话联系本公司人事部王先生，以便做出时间上的调整。

特此通知

××公司人事部··敬启

地址：北京市东城区×路×号

电话：010－××××××××

图 3-29　公司面试通知书

按照图 3-30 所示的样式进行格式设置，要求如下。

1）字符格式设置

（1）标题“××公司面试通知书”为隶书二号，加粗，倾斜，加下划线，加底纹。

（2）正文部分的中文字体设置为微软雅黑，小四。

（3）11 月 30 日上午 9 点 为小四加边框底纹。

2）段落格式设置

（1）第一段落首行缩进 2 个字符。

（2）标题居中对齐。

（3）第一段落设置为单倍行距，段前后间距设置为 0.5 行，两端对齐。

3）格式刷的使用

将 11 月 30 日上午 9 点 用格式刷将该格式应用到(1)笔试中。

4）查找替换

利用查找替换功能将正文中的先生替换为女士。

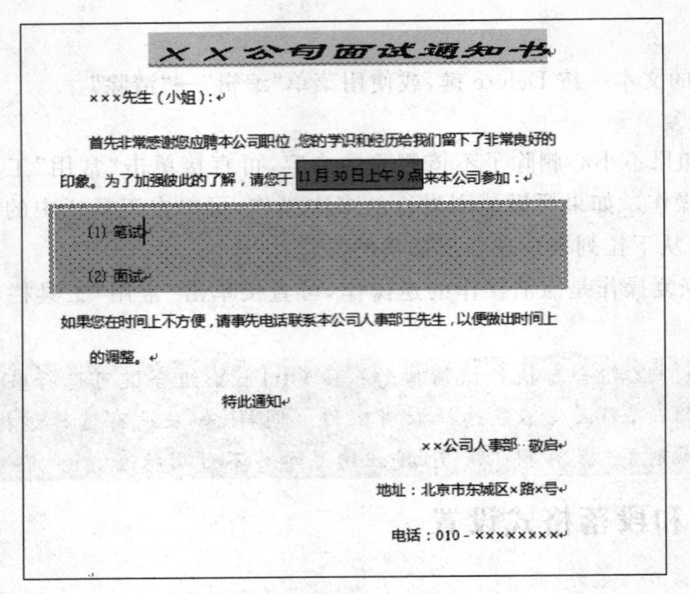
×× 公司面试通知书
×××先生（小姐）：
首先非常感谢您应聘本公司职位，您的学识和经历给我们留下了非常良好的印象。为了加强彼此的了解，请您于11月30日上午9点来本公司参加：
(1) 笔试
(2) 面试
如果您在时间上不方便，请事先电话联系本公司人事部王先生，以便做出时间上的调整。
特此通知
××公司人事部 敬启
地址：北京市东城区×路×号
电话：010－××××××××

图 3-30 格式设置实例

2. 格式设置介绍

格式设置用于改变文稿的显示或打印效果，Word 中提供了丰富的格式设置功能，适当地使用这些功能对文档中的对象进行"格式"设置，就可以制作出精美的文稿。最常用的格式设置功能是字符格式和段落格式两项功能。

（1）字符格式：对象为字符，用于改变字符的字体、字形、字号、颜色等，如图 3-31 所示。

（2）段落格式：对象为段落，用于改变段落的首行缩进、悬挂缩进、左右缩进、行间距、段前段后间距、对齐方式等，如图 3-32 所示。

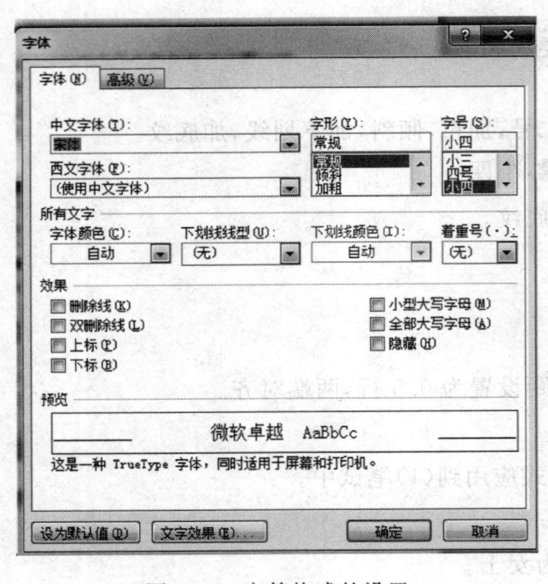

图 3-31 字符格式的设置

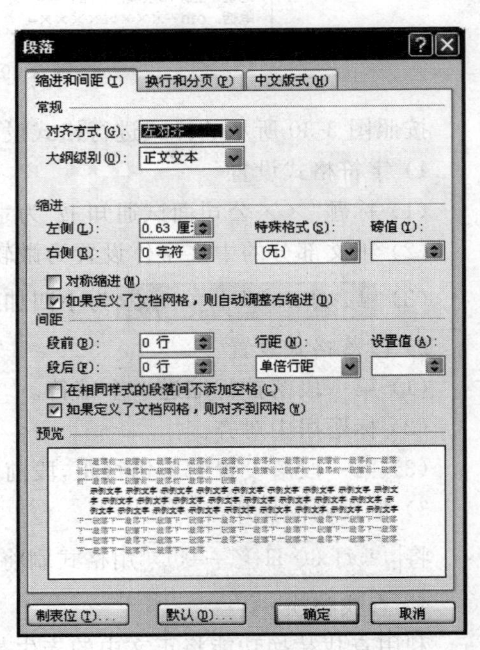

图 3-32 段落格式的设置

（3）使用格式刷：格式刷能够将某个地方设置好的格式应用到其他地方，相当于进行格式复制，这对于在同一文档中有多处需要设置相同格式的情况非常有用。格式刷既可以用于字符格式复制，也可以用于段落格式复制，如图 3-33 所示。

（4）使用查找替换：Word 提供的查找替换功能主要用于查找所需要的文字或将文档中的某些文字替换成其他文字，但也可以使用它快速地将文中多处相同的文字设置为一定的格式，如图 3-34 所示。

图 3-33　格式刷

图 3-34　查找替换

3. 字符格式设置

Word 2010 中提供了丰富的字符格式，通过选用不同的格式可以使所编辑的文本显得更加美观和与众不同，字符格式的基本操作包括字体、字号、字体颜色、特殊格式、字符缩放等。

1）设置字体

Word 2010 提供了许多种字体，并且可添加更多其他的字体。如“宋体”“楷体”“仿宋”“黑体”等中文字体，以及 Times New Roman、Arial 等英文字体。Word 默认的中文字体是“宋体”，字形是“常规”字形，字号是五号字，英文字体为 Times New Roman。设置字体的具体操作步骤如下。

（1）在文档中选中需要设置字体的文本。

（2）在功能区用户界面中的“开始”选项卡中，单击“字体”组中的“字体”下拉列表右侧的下三角按钮 ▾，弹出如图 3-35 所示的“字体”下拉列表。

（3）在该下拉列表中选择所需的字体，效果如图 3-36 所示。

图 3-35　“字体”下拉列表

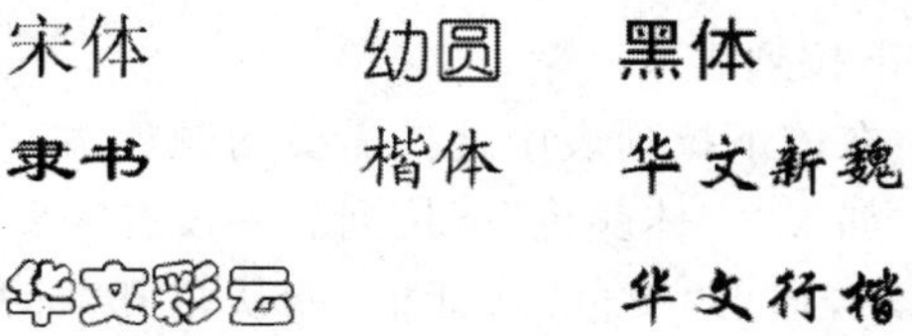

宋体　幼圆　黑体

隶书　楷体　华文新魏

华文彩云　华文行楷

图 3-36　设置文本字体效果

用户还可以选择“格式”→“字体”命令，弹出“字体”对话框，在默认状态下打开“字体”选项卡，如图 3-37 所示。在该选项卡中的“中文字体”下拉列表中选择所需的中文字体，在“西文字体”下拉列表中选择所需的西文字体，单击“确定”按钮。

图 3-37 “字体”选项卡

2）设置字号

字号是指字体的大小。我国国家标准规定字体大小的计量单位是“号”，而西方国家的计量单位是“磅”。“磅”与“号”之间的换算关系是：9 磅字相当于五号字。如果在文章中使用不同的字号，例如标题比正文字号大一些，使整篇文章具有层次感，更加方便阅读。设置字号的具体操作步骤如下。

（1）在文档中选中需要设置字号的文本。

（2）在功能区用户界面的“开始”选项卡中，单击“字体”组中的“字号”下拉列表右侧的下三角按钮，在弹出的“字号”下拉列表中选择所需的字号，或者在“字体”选项卡中的“字号”列表框中选择需要的字号。

3）设置字体颜色

在文本设置过程中，可为文本设置不同的颜色来突出显示某一部分。设置字体颜色的具体操作步骤如下。

（1）在文档中选中需要设置字体颜色的文本。

（2）在功能区用户界面中的“开始”选项卡的“字体”组中单击“字体颜色”按钮右侧的下三角按钮，弹出如图 3-38 所示的“字体颜色”下拉列表。

（3）在该下拉列表中选择需要的颜色。

（4）如果“字体颜色”下拉列表中没有需要的颜色，可选择“其他颜色”选项，弹出“颜色”对话框，默认打开“标准”选项卡，如图 3-39 所示。

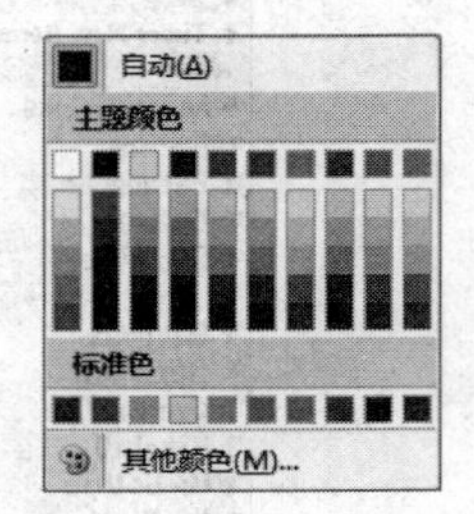

图 3-38 “字体颜色”下拉列表

(5) 在该选项卡中选择需要的颜色,单击“确定”按钮。

(6) 还可在“颜色”对话框中打开“自定义”选项卡,如图 3-40 所示,在该选项卡中设置自定义颜色,单击“确定”按钮完成字体颜色的设置。

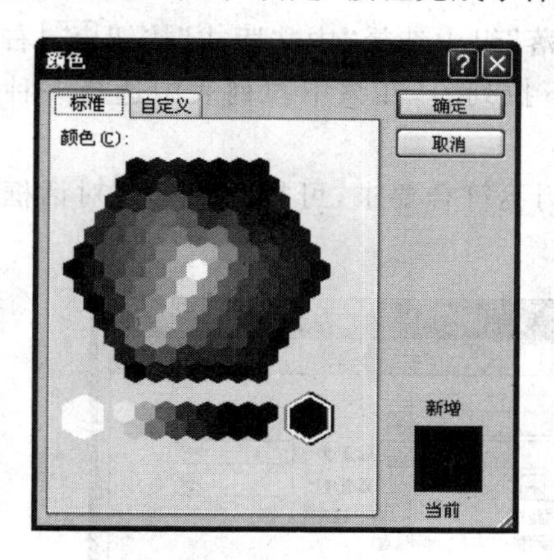

图 3-39 “颜色”对话框

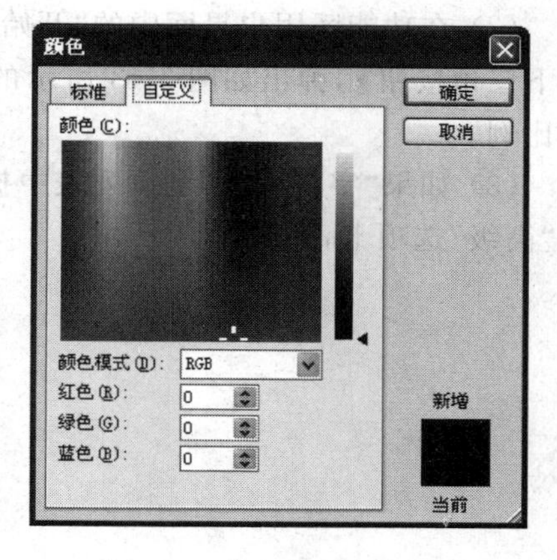

图 3-40 “自定义”选项卡

4) 设置特殊格式

有时为了强调某些文本,经常需要设置特殊格式,主要包括加粗、倾斜、下划线等。设置特殊格式的具体操作步骤如下。

(1) 在文档中选中需要设置特殊格式的文本。

(2) 在功能区用户界面的“开始”选项卡的“字体”组中选择“字体颜色”选项,单击“格式”工具栏中的“加粗”按钮 B 加粗文本,加强文本的渲染效果;单击“倾斜”按钮 I 倾斜文本;单击“下划线”按钮 U 为文本添加下划线。单击“下划线”按钮右侧的下三角按钮,弹出“下划线”下拉列表,如图 3-41 所示。

(3) 在该下拉列表中选择“其他下划线”选项,可弹出“字体”对话框,并打开“字体”选项卡,在该选项卡中的“下划线线型”下拉列表中可设置其他类型的下划线;选择“下划线颜色”选项,弹出如图 3-42 所示的“下划线颜色”下拉列表。在该列表框中可设置下划线的颜色。

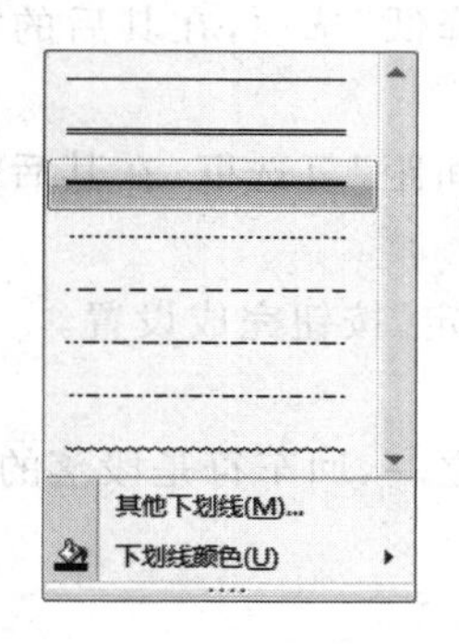

图 3-41 “下划线”下拉列表

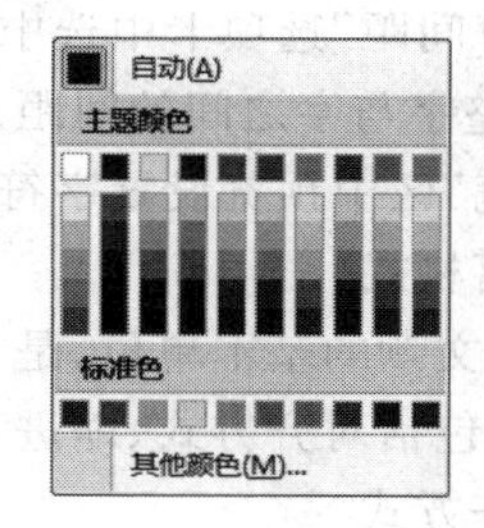

图 3-42 “下划线颜色”下拉列表

注意:加粗、倾斜和下划线按钮都是双向开关,即单击一次可对文本进行设置,再次单击则取消设置。

5）设置字符缩放

设置字符缩放的具体操作步骤如下。

（1）在文档中选中需要设置字符缩放的文本。

（2）在功能区用户界面中的“开始”选项卡的“段落”组中选择“中文版式”按钮右侧的下三角按钮，弹出如图 3-43 所示的“字符缩放”下拉列表，在该下拉列表中选择一种缩放比例。

（3）如果“字符缩放”下拉列表中提供的缩放比例不符合要求，可打开“字体”对话框中的“高级”选项卡，如图 3-44 所示。

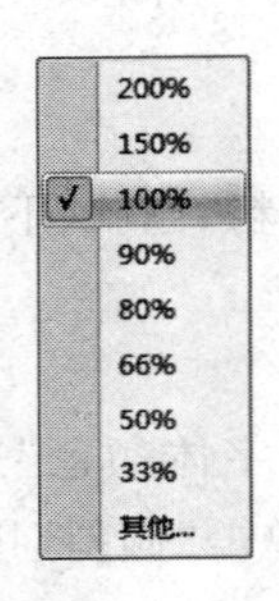

图 3-43 “字符缩放”下拉列表

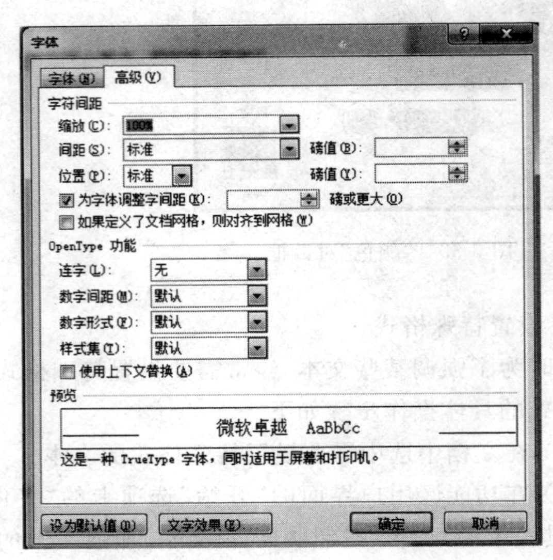

图 3-44 “高级”选项卡

（4）在该选项卡中的“缩放”下拉列表中选择需要的缩放比例。

（5）在“间距”下拉列表中选择“标准”“加宽”或“紧缩”选项，在其后的“磅值”微调框中输入相应的数值。

（6）在“位置”下拉列表中选择“标准”“提升”或“降低”选项，在其后的“磅值”微调框中输入相应的数值。

（7）在“字符间距”选项卡中选中“为字体调整字间距”复选框，在其后的微调框中输入相应的数值，调整字与字之间的间距。

（8）在“预览”区中预览设置字符的效果，单击“确定”按钮完成设置。

4. 设置段落格式

段落是划分文章的基本单位，是文章的重要格式之一，回车符是段落的结束标记。段落格式的设置主要包括对齐方式、缩进、行间距、段间距。

1）段落对齐方式

段落对齐是指段落相对于某一个位置的排列方式。段落的对齐方式有“文本左对齐”“居中”“文本右对齐”“两端对齐”“分散对齐”等。其中，“两端对齐”是系统默认的对齐方式。用户可以在功能区用户界面中的“开始”选项卡的“段落”组中设置段落的对齐方式。

（1）单击“文本左对齐”按钮，选定的文本沿页面的左边对齐。

(2) 单击"居中"按钮，选定的文本居中对齐。

(3) 单击"文本右对齐"按钮，选定的文本沿页面的右边对齐。

(4) 单击"两端对齐"按钮，选定的文本沿页面的左右边对齐。

(5) 单击"分散对齐"按钮，选定的文本均匀分布。

段落对齐方式也可以通过菜单命令来进行设置。在功能区用户界面中的"开始"选项卡的"段落"组中单击对话框启动器按钮，弹出"段落"对话框，如图 3-45 所示，在该对话框中的"常规"选区中可设置段落的对齐方式，还可以在"大纲级别"下拉列表中设置段落的级别。

提示：用户可以将插入点移到需要设置对齐方式的段落中，按 Ctrl＋J 组合键设置两端对齐；按 Ctrl＋E 组合键设置居中对齐；按 Ctrl＋R 组合键设置右对齐；按 Ctrl＋Shift＋J 组合键设置分散对齐。

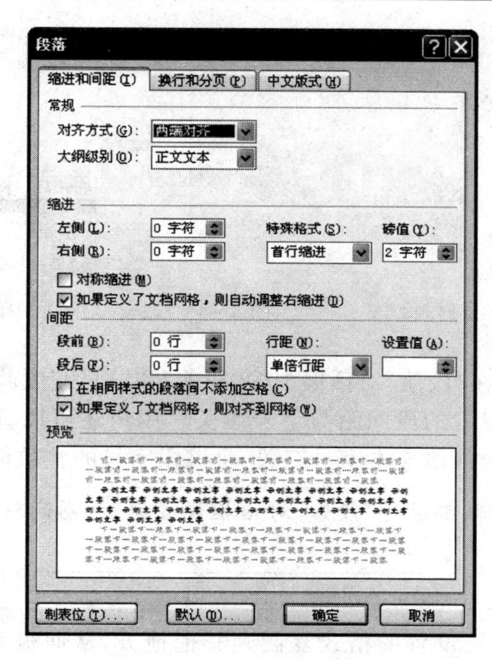

图 3-45 对齐方式的设定

2) 段落缩进

段落缩进是指文本与页边距之间的距离。页边距是指文档与页面边界之间的距离。

(1) 使用水平标尺设置段落缩进。

使用水平标尺是进行段落缩进最方便的方法。水平标尺上有首行缩进、悬挂缩进、左缩进和右缩进 4 个滑块，如图 3-46 所示。选定要缩进的一个或多个段落，用鼠标拖动这些滑块即可改变当前段落的缩进位置。

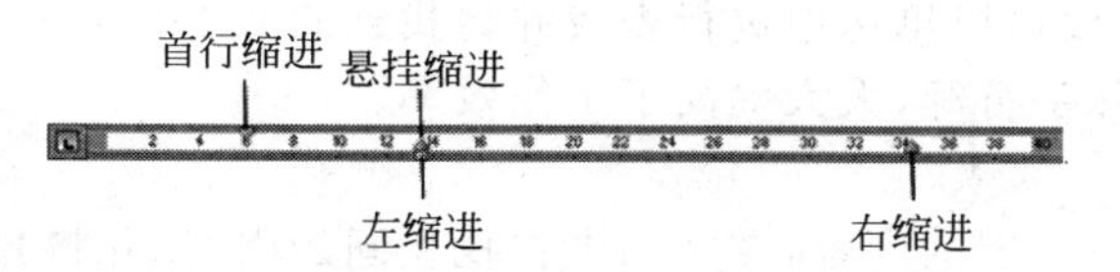

图 3-46 "段落"对话框的首行缩进、悬挂缩进、左缩进、右缩进

（2）使用“段落”对话框设置段落缩进。

在功能区用户界面中的“开始”选项卡的“段落”组中单击对话框启动器按钮，弹出“段落”对话框。在该对话框中的“缩进”选区中可设置段落的左缩进、右缩进、悬挂缩进和首行缩进，在其后的微调框中设置具体的数值。

3）段落的行间距和段落间距

行间距和段落间距是指文档中各行或各段落之间的间隔距离。Word 2010 默认的行间距为 1 个行高，段落间距为 0 行。

（1）设置行间距的具体操作步骤：选定要设置行间距的文本。在功能区用户界面的“开始”选项卡中的“段落”组中单击“行距”按钮，弹出的“行距”下拉列表，如图 3-47 所示。在该下拉列表中选择合适的行距，或者选择“行距选项”选项，在弹出的“段落”对话框的“间距”选区的“行距”下拉列表中设置段落行间距，如图 3-48 所示。

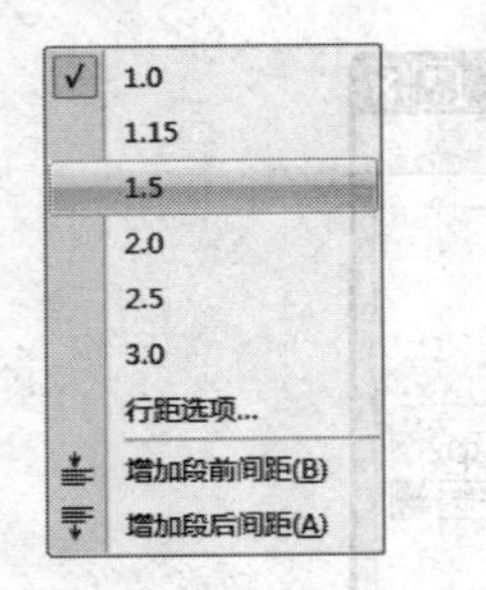

图 3-47 “行距”下拉列表

图 3-48 “段落”对话框中的“行距”下拉列表

（2）设置段落间距。在“段落”对话框中的“段前”和“段后”微调框中分别设置距前段距离以及段后距离，此方法设置的段间距与字号无关。用户还可以直接按 Enter 键设置段落间隔距离，此时的段间距与该段文本字号有关，是该段字号的整数倍。

提示：如果相邻的两段都通过“段落”对话框设置间距，则两段间距是前一段的“段后”值和后一段的“段前”值之和。

5. 格式刷的使用

格式刷的作用是将一处设置的格式复制到其他地方，从而极大地简化格式设置工作。如果文档中有多处使用相同的格式，则只需设置好一处，然后使用格式刷将该处的格式复制到其他地方即可。

格式刷不仅可以复制字符格式，同样可以用来复制段落格式、项目符号和编号纹等其他格式。

练习：将 11 月 30 日上午 9 点 用格式刷将该格式应用到(1)笔试中。

6. 使用查找替换进行格式设置

在编辑文档的过程中，有时需要查找某些文本，并对其进行替换操作。Word 2010 提供的查找与替换功能，不仅可以迅速地进行查找并将找到的文本替换为其他文本，还能够查找指定的格式和其他特殊字符等，大大提高了工作效率。

1）查找文本

查找是指根据用户指定的内容，在文档中查找相同的内容，并将光标定位在此。查找文本的具体操作步骤如下。

(1) 在功能区用户界面中的“开始”选项卡的“编辑”组中选择“查找”选项,在弹出的下拉菜单中选择“查找”选项,弹出“查找和替换”对话框,默认打开“查找”选项卡,如图 3-49 所示。

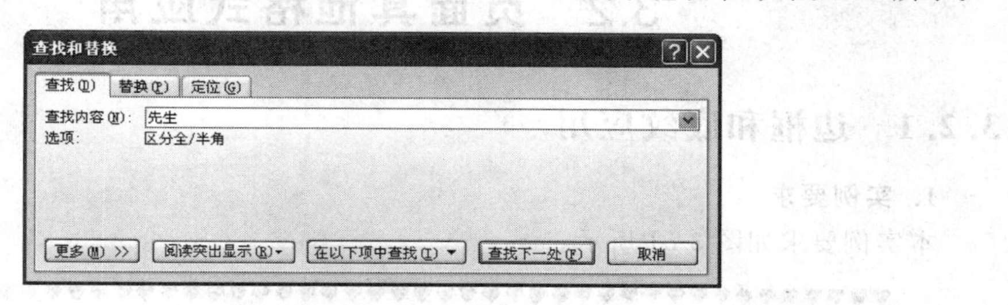

图 3-49 “查找”选项卡

(2) 在该选项卡中的“查找内容”下拉列表中输入要查找的文字,单击“查找下一处”按钮,Word 将自动查找指定的字符串,并以反白显示。

(3) 如果需要继续查找,单击“查找下一处”按钮,Word 2010 将继续查找下一个文本,直到文档的末尾。查找完毕后,系统将弹出提示框,提示用户 Word 已经完成对文档的搜索。

2) 替换文本

替换是指先查找所需要替换的内容,再按照指定的要求给予替换。替换文本的具体操作步骤如下。

(1) 在功能区用户界面中的“开始”选项卡中的“编辑”组中选择“替换”选项,弹出“查找和替换”对话框,默认打开“替换”选项卡。

(2) 在该选项卡中的“查找内容”下拉列表中输入要查找的内容;在“替换为”下拉列表中输入要替换的内容。

(3) 单击“替换”按钮,即可将文档中的内容进行替换。

(4) 如果要一次性替换文档中的全部被替换对象,可单击“全部替换”按钮,系统将自动替换全部内容,替换完成后,系统弹出提示框。

(5) 单击“替换”选项卡中的“更多”按钮,将打开“替换”选项卡的高级形式,如图 3-50 所示。在该选项卡中单击“格式”按钮可对替换文本的字体、段落格式等进行设置。

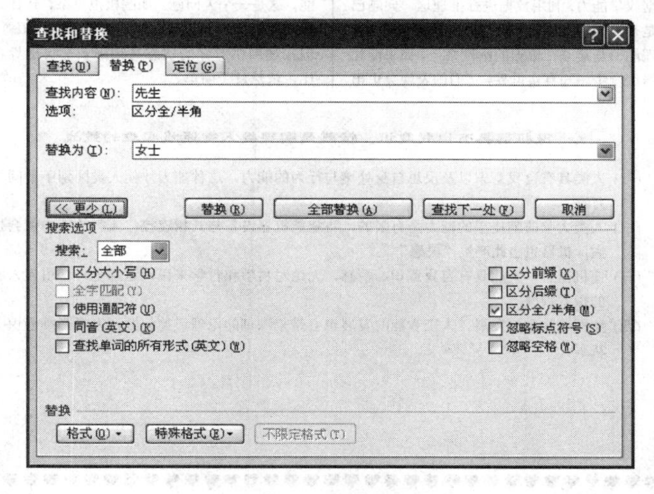

图 3-50 “替换”选项卡的高级形式

3.2 页面其他格式应用

3.2.1 边框和底纹应用

1. 实例要求

本实例要求如图 3-51 所示。

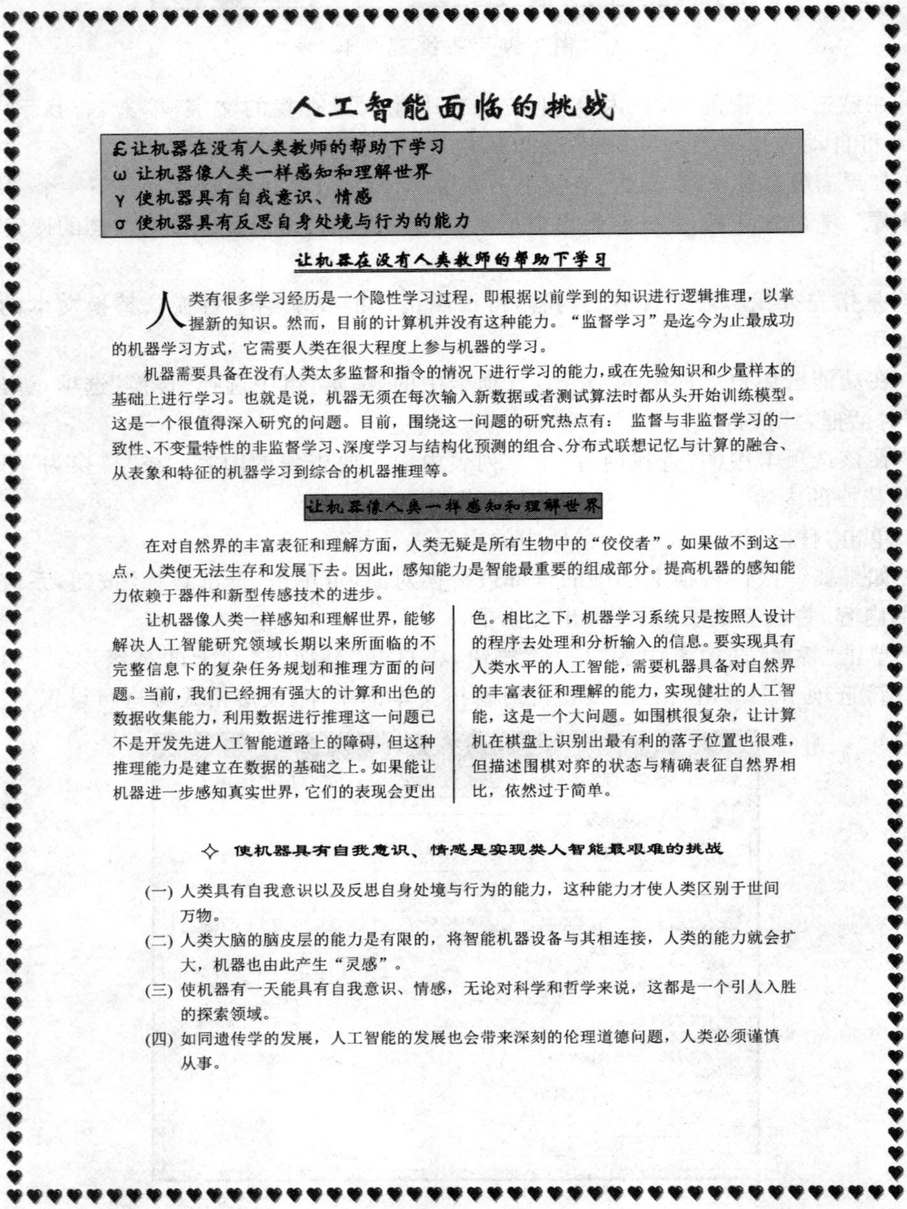

人工智能面临的挑战

£让机器在没有人类教师的帮助下学习
ω 让机器像人类一样感知和理解世界
γ 使机器具有自我意识、情感
σ 使机器具有反思自身处境与行为的能力

让机器在没有人类教师的帮助下学习

人类有很多学习经历是一个隐性学习过程，即根据以前学到的知识进行逻辑推理，以掌握新的知识。然而，目前的计算机并没有这种能力。“监督学习”是迄今为止最成功的机器学习方式，它需要人类在很大程度上参与机器的学习。

机器需要具备在没有人类太多监督和指令的情况下进行学习的能力，或在先验知识和少量样本的基础上进行学习。也就是说，机器无须在每次输入新数据或者测试算法时都从头开始训练模型。这是一个很值得深入研究的问题。目前，围绕这一问题的研究热点有：监督与非监督学习的一致性、不变量特性的非监督学习、深度学习与结构化预测的组合、分布式联想记忆与计算的融合、从表象和特征的机器学习到综合的机器推理等。

让机器像人类一样感知和理解世界

在对自然界的丰富表征和理解方面，人类无疑是所有生物中的“佼佼者”。如果做不到这一点，人类便无法生存和发展下去。因此，感知能力是智能最重要的组成部分。提高机器的感知能力依赖于器件和新型传感技术的进步。

让机器像人类一样感知和理解世界，能够解决人工智能研究领域长期以来所面临的不完整信息下的复杂任务规划和推理方面的问题。当前，我们已经拥有强大的计算和出色的数据收集能力，利用数据进行推理这一问题已不是开发先进人工智能道路上的障碍，但这种推理能力是建立在数据的基础之上。如果能让机器进一步感知真实世界，它们的表现会更出色。相比之下，机器学习系统只是按照人设计的程序去处理和分析输入的信息。要实现具有人类水平的人工智能，需要机器具备对自然界的丰富表征和理解的能力，实现健壮的人工智能，这是一个大问题。如围棋很复杂，让计算机在棋盘上识别出最有利的落子位置也很难，但描述围棋对弈的状态与精确表征自然界相比，依然过于简单。

✧ 使机器具有自我意识、情感是实现类人智能最艰难的挑战

(一) 人类具有自我意识以及反思自身处境与行为的能力，这种能力才使人类区别于世间万物。

(二) 人类大脑的脑皮层的能力是有限的，将智能机器设备与其相连接，人类的能力就会扩大，机器也由此产生“灵感”。

(三) 使机器有一天能具有自我意识、情感，无论对科学和哲学来说，这都是一个引人入胜的探索领域。

(四) 如同遗传学的发展，人工智能的发展也会带来深刻的伦理道德问题，人类必须谨慎从事。

图 3-51 实例格式的应用

2. 段落边框和底纹

在 Word 2010 中，不仅可以格式化文本和段落，还可以给文本和段落加上边框和底纹，进而突出显示这些文本和段落。

1）为文本或段落添加边框

为文本或段落添加边框的具体操作步骤如下。

（1）选定需要添加边框的文本或段落。

（2）在功能区用户界面中的“开始”选项卡的“段落”组中单击“下框线”按钮，在弹出的下拉列表中选择“边框和底纹”选项，弹出“边框和底纹”对话框，默认打开“边框”选项卡，如图 3-52 所示。

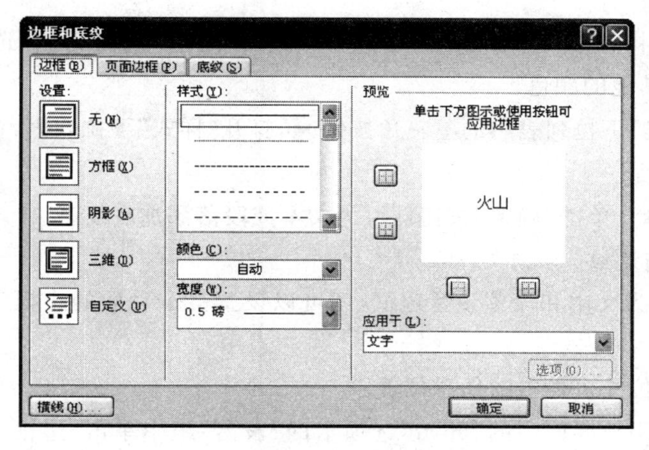

图 3-52　“边框和底纹”对话框

（3）在该对话框中的“设置”选区中选择边框类型；在“样式”列表框中选择边框的线型。

（4）单击“颜色”下拉列表后的下三角按钮，打开“颜色”下拉列表，如图 3-53 所示。在该下拉列表中选择需要的颜色。

（5）如果在“颜色”下拉列表中没有用户需要的颜色，可选择“其他颜色”选项，弹出“颜色”对话框，如图 3-54 所示。在该对话框中选择需要的标准颜色或者自定义颜色。

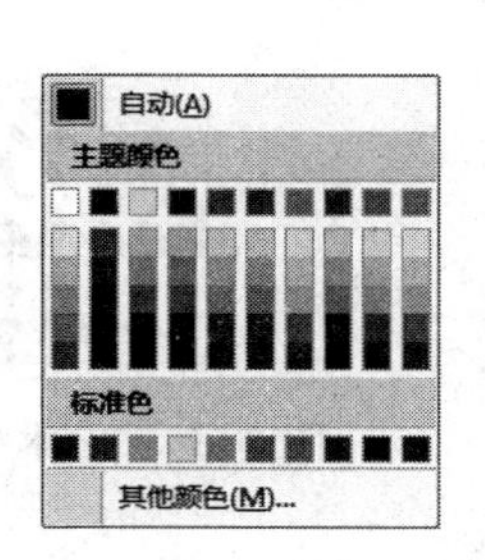

图 3-53　“颜色”下拉列表

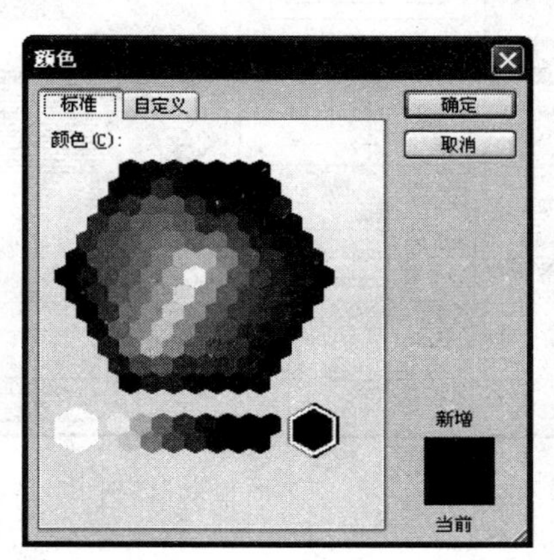

图 3-54　“颜色”对话框

（6）在“宽度”下拉列表中选择边框的宽度。

（7）在“应用于”下拉列表中选择边框的应用范围。

（8）设置完成后，单击“确定”按钮即可为文本或段落添加边框。

2）为文本或段落添加底纹

为文本或段落添加底纹的具体操作步骤如下。

（1）选定需要添加底纹的文本或段落。

（2）在功能区用户界面中的“开始”选项卡的“段落”组中单击“边框和底纹”按钮，在弹出的下拉列表中选择“边框和底纹”选项，弹出“边框和底纹”对话框，打开“底纹”选项卡。

（3）在该选项卡中的“填充”选区中的下拉列表中选择“其他颜色”选项，在弹出的“颜色”对话框中选择其他的颜色。

（4）单击“样式”下拉列表后的下三角按钮，打开“样式”下拉列表，在该下拉列表中选择底纹的样式比例。

（5）设置完成后，单击“确定”按钮即可为文本或段落添加底纹。

3. 页面边框与底纹

用户不但可以为文本和段落设置边框，还可以设置整个页面的边框。其具体操作步骤如下。

（1）将光标定位在页面中的任意位置。

（2）在功能区用户界面中的“开始”选项卡的“段落”组中单击“边框和底纹”按钮，在弹出的下拉列表中选择“边框和底纹”选项，弹出“边框和底纹”对话框，打开“页面边框”选项卡，如图 3-55 所示。

（3）该选项卡中的设置与“边框”选项卡中的设置类似，不同的是多了一个“艺术型”下拉列表，如图 3-56 所示。在该下拉列表中选择所需要的边框类型。

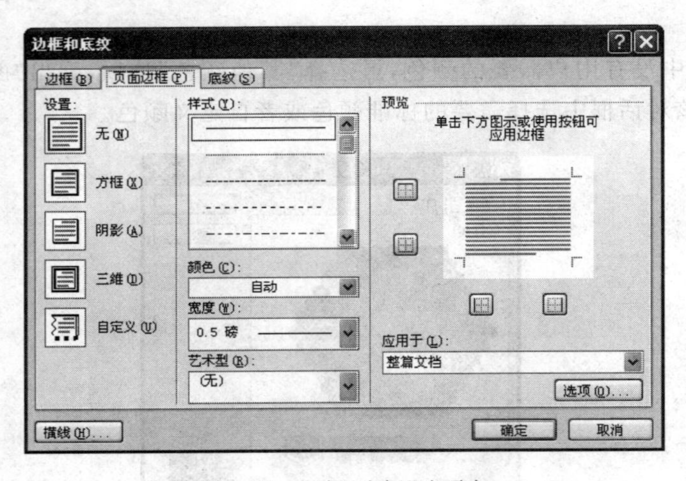

图 3-55 “页面边框”选项卡

图 3-56 “艺术型”下拉列表

（4）设置完成后，单击“确定”按钮即可设置整个页面的边框。

3.2.2 设置分栏和首字下沉

1. 设置分栏

分栏可以将一段文本分为并排的几栏显示在一页中。分栏的具体操作步骤如下。

(1) 在功能区用户界面中的"页面布局"选项卡的"页面设置"组中单击"分栏"按钮"分栏",弹出"分栏"下拉列表,如图 3-57 所示。

(2) 在该下拉列表中选择需要的分栏样式,如果不能满足用户的需要,可在该下拉列表中选择"更多分栏"选项,弹出"分栏"对话框,如图 3-58 所示。

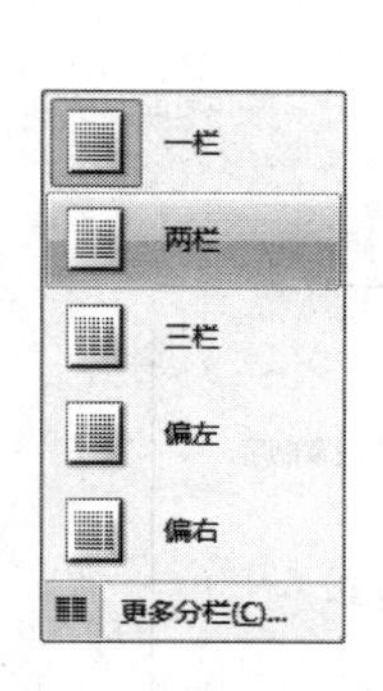

图 3-57 "分栏"下拉列表

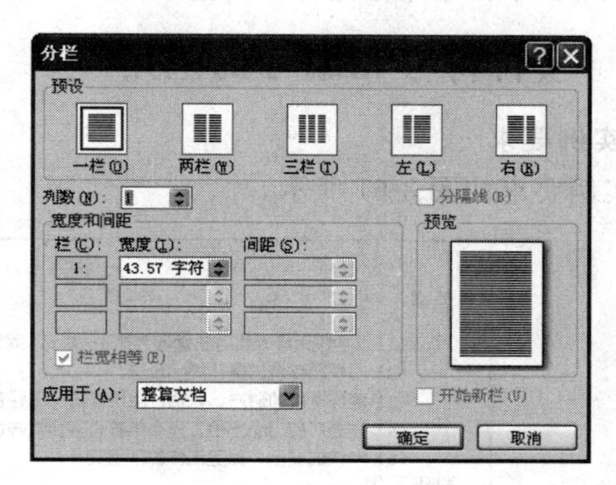

图 3-58 "分栏"对话框

(3) 在该对话框中的"预设"选区中选择分栏模式;在"列数"微调框中设置分列数;在"宽度"选区中设置相应的参数。

(4) 设置完成后,单击"确定"按钮。

2. 设置首字下沉

首字下沉经常出现在一些报刊、杂志上,一般位于段落的首行。要设置首字下沉,其具体操作步骤如下。

(1) 将光标置于要设置首字下沉的段落中。

(2) 在功能区用户界面中的"插入"选项卡的"文本"组中选择"首字下沉"选项,弹出"首字下沉"下拉列表,如图 3-59 所示。

(3) 在该下拉列表中选择需要的格式,或者选择"首字下沉"选项,弹出"首字下沉"对话框,如图 3-60 所示。

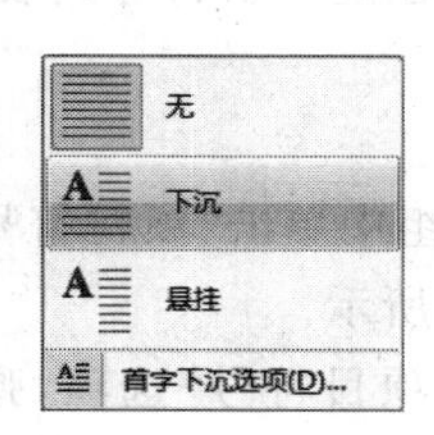

图 3-59 "首字下沉"下拉列表

图 3-60 "首字下沉"对话框

（4）在该对话框中的“位置”选项组中选择一种首字下沉的样式；在“选项”选项组的“字体”下拉列表中选择一种所需要字体；在“下沉行数”微调框中根据需要调整下沉的行数；在“距正文”微调框中根据需要设置距正文的距离。

（5）设置完成后，单击“确定”按钮。

如果要取消首字下沉，其具体操作步骤如下。

（1）选中段落中设置的首字下沉。

（2）在功能区用户界面中的“插入”选项卡的“文本”组中选择“首字下沉”选项，在弹出的“首字下沉”下拉菜单中选择“无”选项，即可取消首字下沉。

3.2.3　项目符号和编号的应用

1. 实例要求

本实例要求如图 3-61 所示。

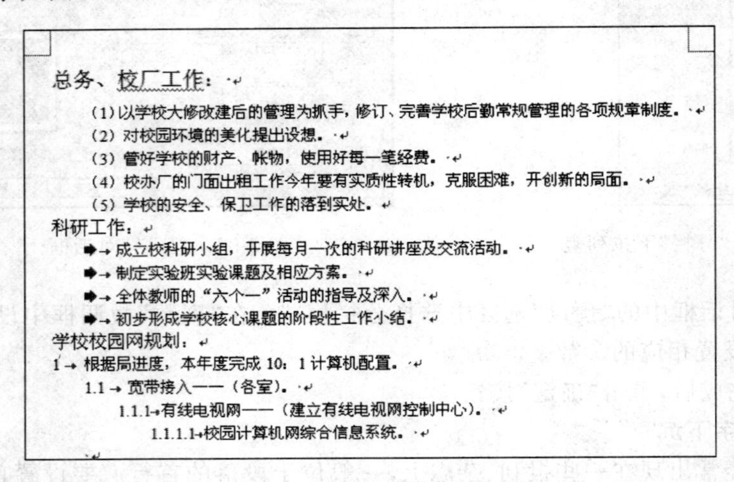

总务、校厂工作：

(1) 以学校大修改建后的管理为抓手，修订、完善学校后勤常规管理的各项规章制度。
(2) 对校园环境的美化提出设想。
(3) 管好学校的财产、帐物，使用好每一笔经费。
(4) 校办厂的门面出租工作今年要有实质性转机，克服困难，开创新的局面。
(5) 学校的安全、保卫工作的落到实处。

科研工作：

➧ 成立校科研小组，开展每月一次的科研讲座及交流活动。
➧ 制定实验班实验课题及相应方案。
➧ 全体教师的“六个一”活动的指导及深入。
➧ 初步形成学校核心课题的阶段性工作小结。

学校校园网规划：

1 根据局进度，本年度完成 10：1 计算机配置。
1.1 宽带接入——（各室）。
1.1.1 有线电视网——（建立有线电视网控制中心）。
1.1.1.1 校园计算机网综合信息系统。

图 3-61　项目符号和编号应用实例

2. 项目符号和编号概述

为使文档更加清晰易懂，用户可以在文本前添加项目符号或编号。Word 2010 为用户提供了自动添加编号和项目符号的功能。在添加项目符号或编号时，可以先输入文字内容，再给文字添加项目符号或编号；也可以先创建项目符号或编号，然后输入文字内容，自动实现项目的编号，不必手工编号。

3. 创建项目符号列表

项目符号就是放在文本或列表前用以添加强调效果的符号。使用项目符号的列表可将一系列重要的条目或论点与文档中其余的文本区分开。创建项目符号列表的具体操作步骤如下。

（1）将光标定位在要创建列表的开始位置。

（2）在功能区用户界面中的“开始”选项卡的“段落”组中单击“项目符号”按钮 右侧的下三角按钮，弹出“项目符号库”下拉列表，如图 3-62 所示。

（3）在该下拉列表中选择项目符号，或选择“定义新项目符号”选项，弹出“定义新项目符号”对话框，如图 3-63 所示。

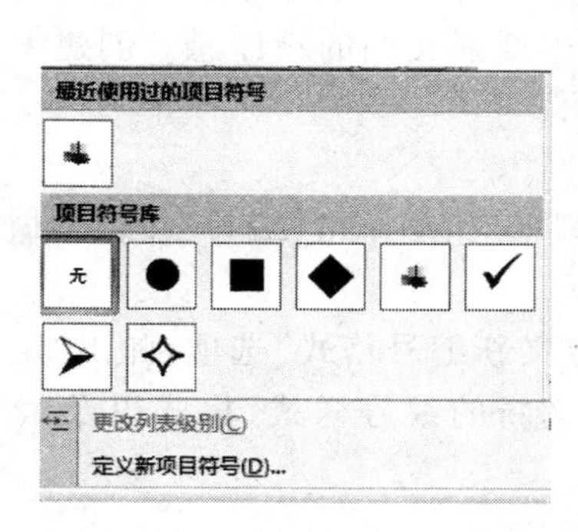

图 3-62 “项目符号库”下拉列表

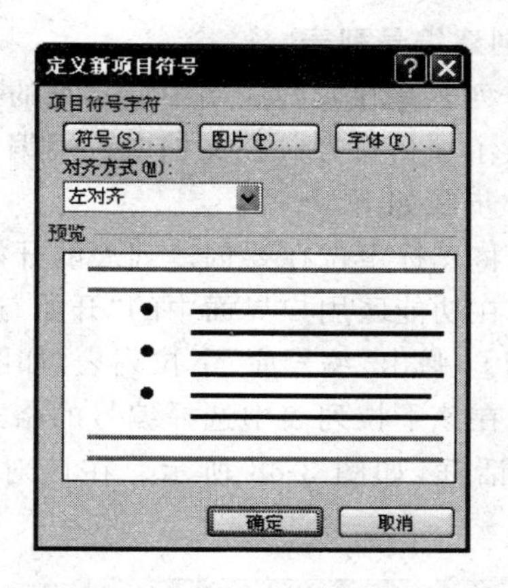

图 3-63 “定义新项目符号”对话框

（4）在该对话框中的“项目符号字符”选区中单击“符号”按钮，在弹出的如图 3-64 所示的“符号”对话框中选择需要的符号；单击“图片”按钮，在弹出的如图 3-65 所示的“图片项目符号”对话框中选择需要的图片符号；单击“字体”按钮，在弹出的“字体”对话框中设置项目符号中的字体格式。

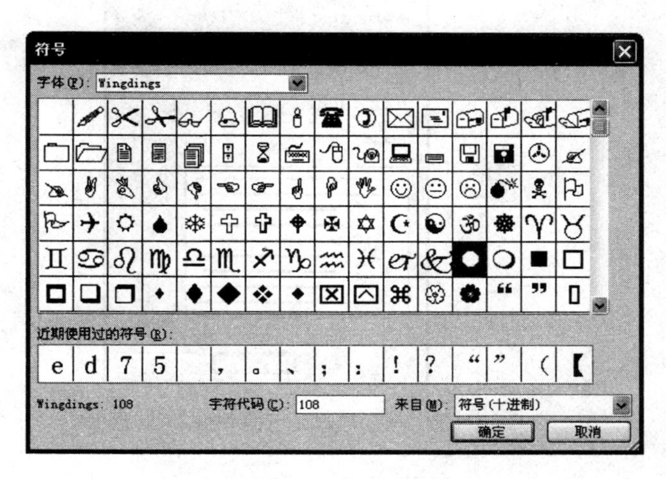

图 3-64 “符号”对话框

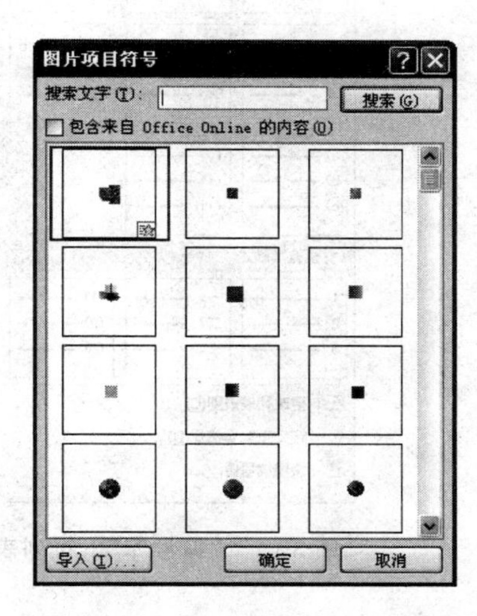

图 3-65 “图片项目符号”对话框

（5）设置完成后，单击“确定”按钮，为文本添加项目符号，效果如图 3-66 所示。

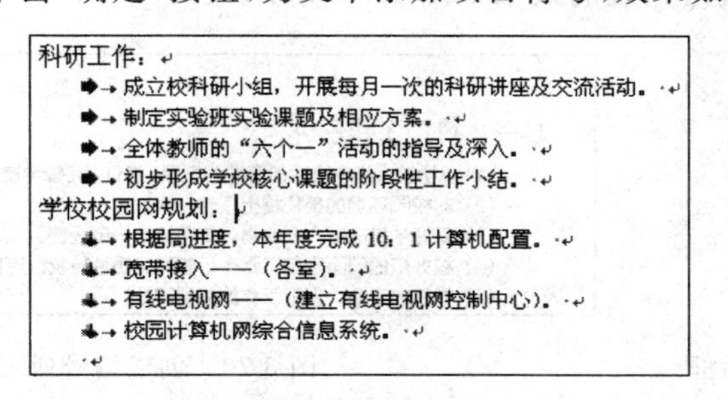

科研工作：

- 成立校科研小组，开展每月一次的科研讲座及交流活动。
- 制定实验班实验课题及相应方案。
- 全体教师的“六个一”活动的指导及深入。
- 初步形成学校核心课题的阶段性工作小结。

学校校园网规划：

- 根据局进度，本年度完成 10：1 计算机配置。
- 宽带接入——（各室）。
- 有线电视网——（建立有线电视网控制中心）。
- 校园计算机网综合信息系统。

图 3-66 创建项目符号列表效果

4. 创建编号列表

编号列表是在实际应用中最常见的一种列表，它和项目符号列表类似，只是编号列表用数字替换了项目符号。在文档中应用编号列表，可以增强文档的顺序感。创建编号列表的具体操作步骤如下。

（1）将光标定位在要创建列表的开始位置。

（2）在功能区用户界面中的“开始”选项卡的“段落”组中单击“编号”按钮 右侧的下三角按钮，弹出“编号库”下拉列表，如图 3-67 所示。

（3）在该下拉列表中选择编号的格式，选择“定义新编号格式”选项，弹出“定义新编号格式”对话框，如图 3-68 所示。在该对话框中定义新的编号样式、格式以及编号的对齐方式。

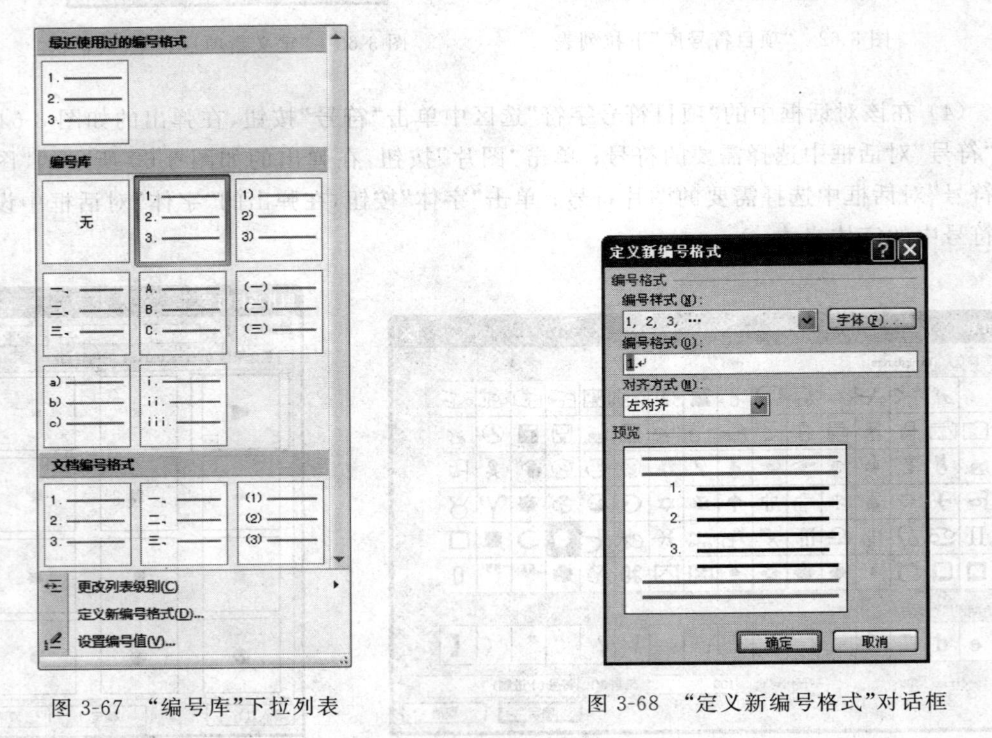

图 3-67 “编号库”下拉列表

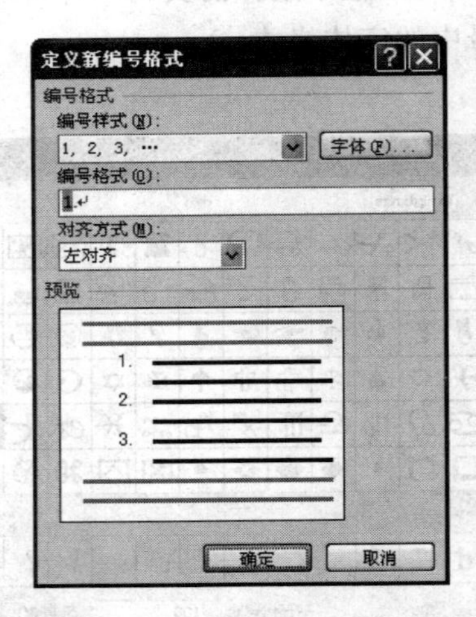

图 3-68 “定义新编号格式”对话框

（4）在图 3-67 中选择“设置编号值”选项，弹出“起始编号”对话框，如图 3-69 所示。在该对话框中设置起始编号的具体值。

（5）为文本创建编号列表的效果如图 3-70 所示。

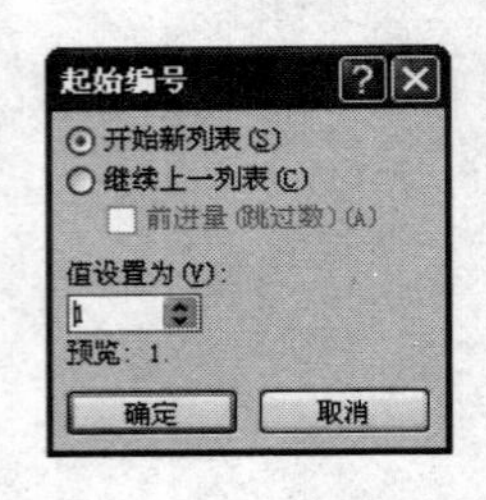

图 3-69 “起始编号”对话框

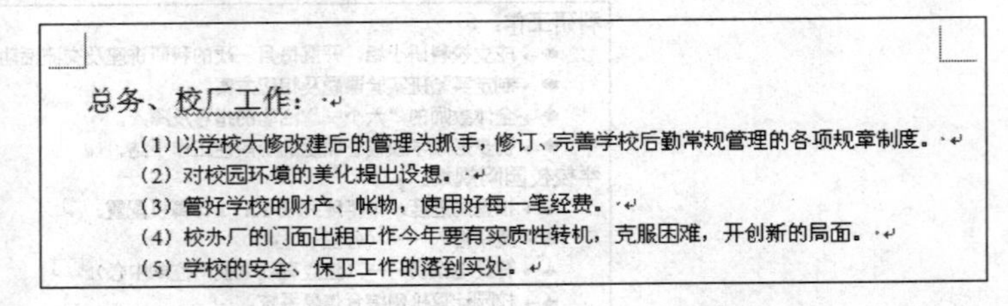

总务、校厂工作：

（1）以学校大修改建后的管理为抓手，修订、完善学校后勤常规管理的各项规章制度。

（2）对校园环境的美化提出设想。

（3）管好学校的财产、帐物，使用好每一笔经费。

（4）校办厂的门面出租工作今年要有实质性转机，克服困难，开创新的局面。

（5）学校的安全、保卫工作的落到实处。

图 3-70 创建编号列表效果

3.2.4 设置中文版式

Word 2010 提供了一些特殊的中文版式，如文字方向、拼音指南等版式。应用这些版式可以设置不同的版面格式，下面分别对其进行介绍。

1. 文字方向

文本中的文字可以是水平的，也可以设置成其他的方向。具体操作步骤如下。

(1) 选中文档中要改变文字方向的文本。

(2) 在功能区用户界面中的“页面布局”选项卡的“页面设置”组中选择“文字方向”选项，弹出“文字方向”下拉列表，如图 3-71 所示。

(3) 在该下拉列表中选择需要的文字方向格式，或者选择“文字方向选项”选项，弹出“文字方向-主文档”对话框，如图 3-72 所示。

(4) 在该对话框中的“方向”选项组中根据需要选择一种文字方向；在“应用于”下拉列表中选择“整篇文档”，在“预览”框中可以预览其效果。

(5) 单击“确定”按钮，即可完成文字方向的设置。

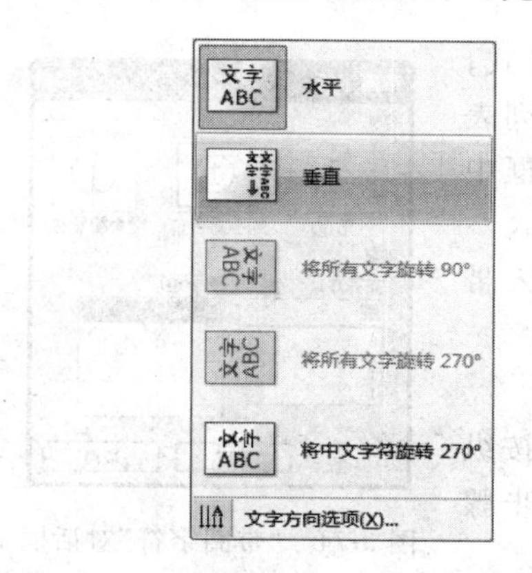

图 3-71 “文字方向”下拉列表

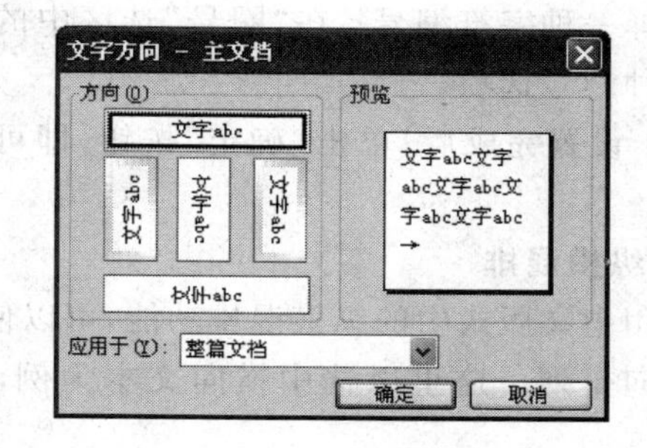

图 3-72 “文字方向-主文档”对话框

2. 拼音指南

利用 Word 2010 提供的拼音指南功能，可以自动为文本中的汉字标注拼音。具体操作步骤如下。

(1) 选中文本中要添加拼音的文本。

(2) 在功能区用户界面中的“开始”选项卡的“字体”组中单击“拼音指南”按钮，弹出“拼音指南”对话框，如图 3-73 所示。

(3) 在该对话框中的“对齐方式”下拉列表中选择拼音与文字的对齐方式；在“偏移量”微调框中设置所标注的拼音与文本内容的距离；在“字体”下拉列表中选择标注拼音的字体；在“字号”下拉列表中选择标注拼音的字号。

(4) 设置完成后，单击“确定”按钮。

3. 带圈字符

利用 Word 2010 提供的中文版式功能，还可以在文档中插入带圈字符。具体操作步骤如下。

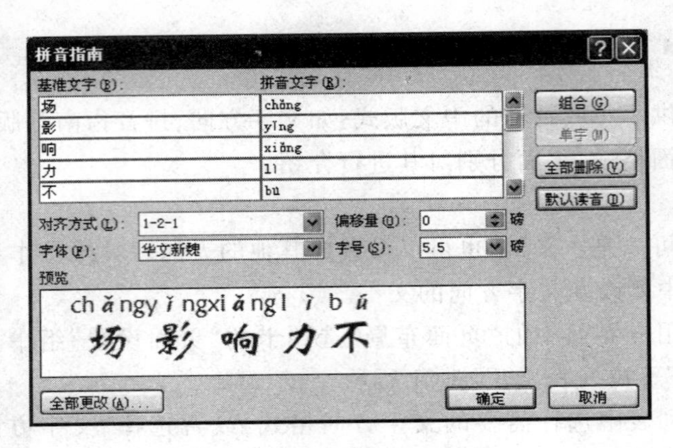

图 3-73 “拼音指南”对话框

（1）将光标置于文档中要插入带圈字符的位置。

（2）在功能区用户界面中的“开始”选项卡的“字体”组中单击“带圈字符”按钮，弹出“带圈字符”对话框，如图 3-74 所示。

（3）在该对话框的“样式”选区中选择一种带圈字符样式；在“圈号”选区中的“文字”文本框中输入字符编号，或在其列表框中选择一种字符编号；在“圈号”选区中的“圈号”列表框中选择一种圈号选项。

（4）设置完成后，单击“确定”按钮，即可在文档中插入带圈字符。

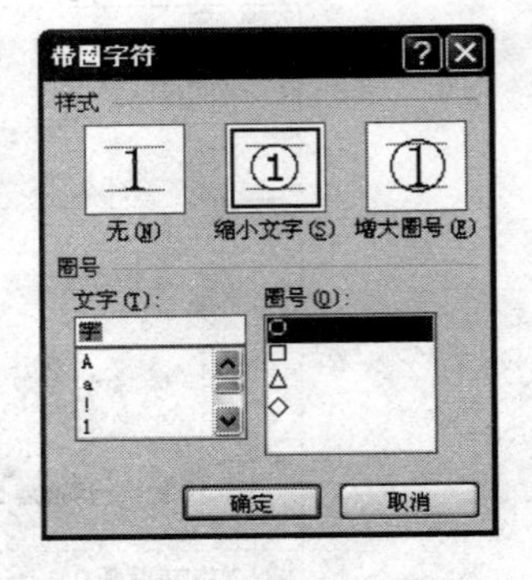

图 3-74 “带圈字符”对话框

4. 纵横混排

使用中文版式中的纵横混排功能，可以使选中的文本按纵向或横向排列。这里以选中横向文本为例，其具体操作步骤如下。

（1）选定文本中要进行纵横混排的文字。

（2）在功能区用户界面中的“开始”选项卡的“段落”组中单击“中文版式”按钮，在弹出的下拉列表中选择“纵横混排”选项，弹出“纵横混排”对话框，如图 3-75 所示。

（3）如果选中“适应行宽”复选框，则纵向排列的文字宽度将与行宽适应。这里不选中此复选框，则纵向排列的文字会按自身的大小排列。

（4）单击“确定”按钮，即可设置文本的纵横混排效果。

（5）如果要取消设置的纵横混排，选中要取消纵横混排的文字，然后单击“删除”按钮即可。

5. 双行合一

利用 Word 2010 提供的双行合一功能，可以实现将两行文本与其他文本在水平上保持一致的效果。具体操作步骤如下。

（1）选中文本中要实现双行合一的文本。

（2）在功能区用户界面中的“开始”选项卡的“段落”组中单击“中文版式”按钮，在弹出的下拉列表中选择“双行合一”选项，弹出“双行合一”对话框，如图 3-76 所示。

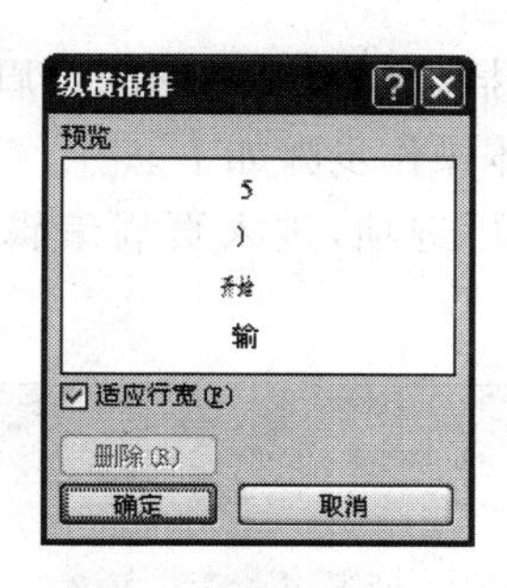

图 3-75 "纵横混排"对话框

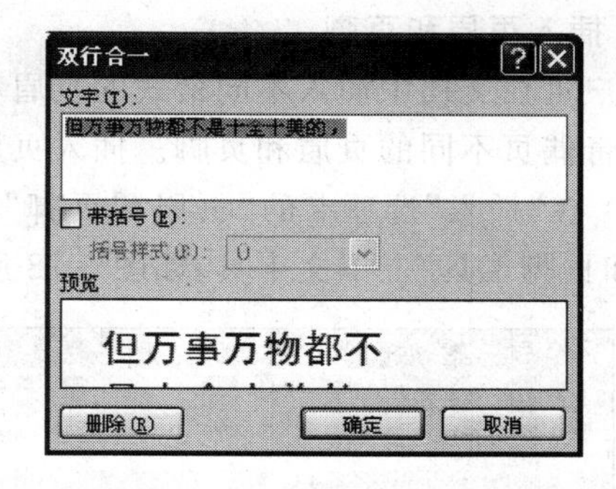

图 3-76 "双行合一"对话框

(3) 在"文字"文本框中显示了选中的文本。

(4) 在"预览"框中可以看见其预览效果。

3.2.5 设置页眉页脚

1. 实例要求

本实例要求如图 3-77 所示。

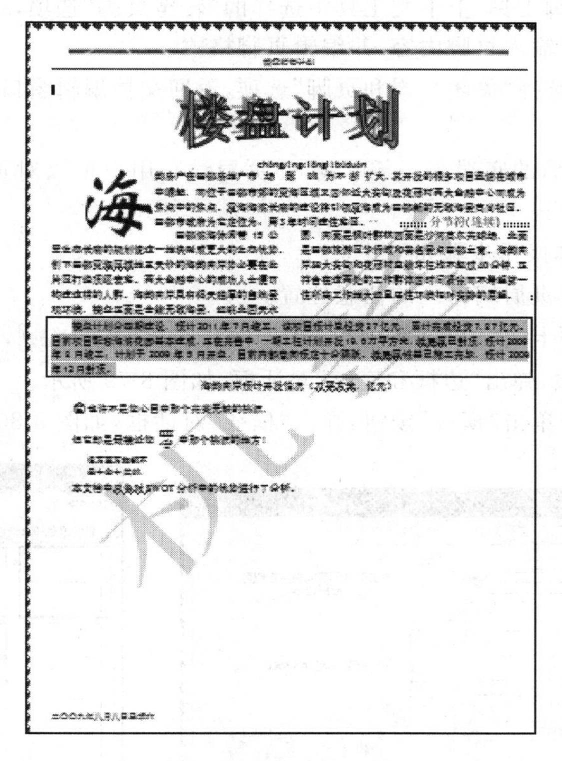

图 3-77 页眉、页脚的设置

页眉与页脚不属于文档的文本内容，它们用于显示标题、页码、日期等信息。页眉位于文档中每页的顶端，页脚位于文档中每页的底端。页眉和页脚的格式化与文档内容的格式化方法相同。

2. 插入页眉和页脚

用户可在文档中插入不同格式的页眉和页脚,例如可插入与首页不同的页眉和页脚,或者插入奇偶页不同的页眉和页脚。插入页眉和页脚的具体操作步骤如下。

(1) 在“插入”选项卡的“页眉和页脚”组中选择“页眉”选项,进入页眉编辑区,并打开“页眉和页脚工具”上下文工具,如图 3-78 所示。

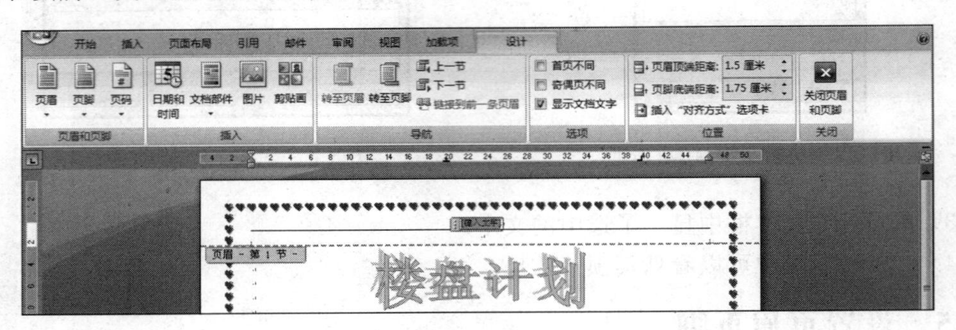

图 3-78 “页眉和页脚工具”的上下文工具

(2) 在页眉编辑区中输入页眉内容,并编辑页眉格式。

(3) 在“页眉和页脚工具”上下文工具中选择的“转至页脚”选项,切换到页脚编辑区。

(4) 在页脚编辑区输入页脚内容,并编辑页脚格式。

(5) 设置完成后,选择“关闭页眉和页脚”选项,返回文档编辑窗口。

3. 插入页眉线

在默认状态下,页眉的底端有一条单线,即页眉线。用户可以对页眉线进行设置、修改和删除。

插入页眉线的具体操作步骤如下。

(1) 将光标定位在页眉编辑区的任意位置。

(2) 在“开始”选项卡的“段落”组中单击“边框和底纹”按钮 ,在弹出的下拉列表中选择“边框和底纹”选项,弹出“边框和底纹”对话框,如图 3-79 所示。

(3) 在该对话框中单击“横线”按钮,弹出“横线”对话框,如图 3-80 所示。

图 3-79 “边框和底纹”对话框

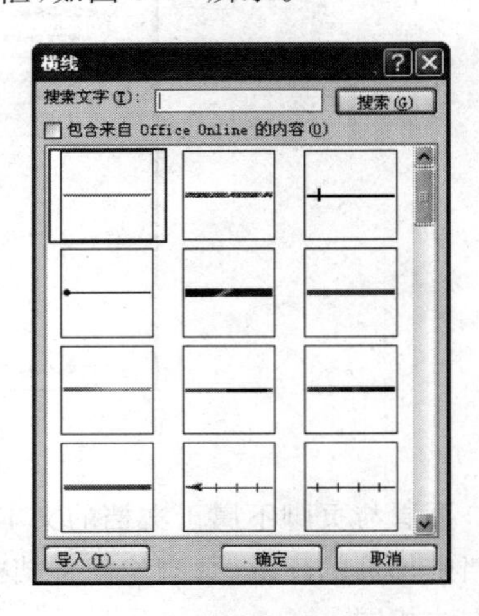

图 3-80 “横线”对话框

(4) 在该对话框中选择一种横线,单击“确定”按钮,即可在页眉编辑区中插入一条特殊的页眉线。

(5) 设置完成后,选择“关闭页眉和页脚”选项返回文档编辑窗口,效果如图 3-81 所示。

技巧: 在页眉或页脚处双击,即可进入页眉或页脚编辑区;在页眉或页脚外的其他地方双击,即可返回文档编辑窗口。

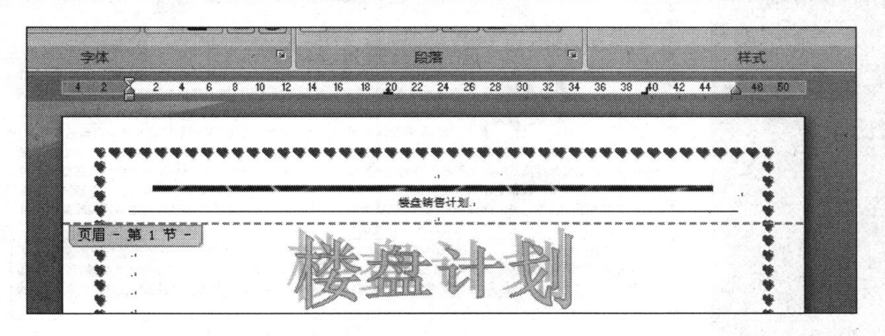

图 3-81 插入页眉线效果

4. 插入页码

有些文章有许多页,这时就可为文档插入页码,这样便于整理和阅读。在文档中插入页码的具体操作步骤如下。

(1) 在“插入”选项卡的“页眉和页脚”组的“页码”选项下拉列表中选择“设置页码格式”选项,弹出“页码格式”对话框,如图 3-82 所示。

(2) 在该对话框中可设置所插入页码的格式。

(3) 设置完成后,单击“确定”按钮,即可在文档中插入页码。

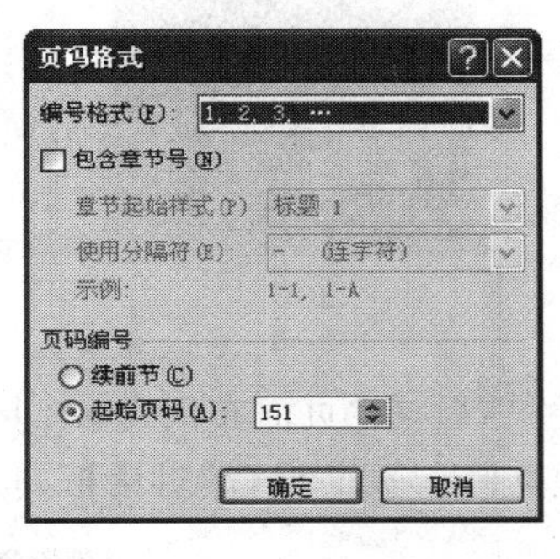

图 3-82 “页码格式”对话框

3.2.6 页面设置和打印

在建立新的文档时,Word 已经自动设置默认的页边距、纸型、纸张的方向等页面属性。但是在打印之前,用户必须根据需要对页面属性进行设置。

1. 设置页边距

页边距是页面周围的空白区域。设置页边距能够控制文本的宽度和长度,还可以留出装订边。用户可以使用标尺快速设置页边距,也可以使用对话框来设置页边距。

使用标尺设置页边距:在页面视图中,用户可以通过拖动水平标尺和垂直标尺上的页边距线来设置页边距。具体操作步骤如下。

(1) 在页面视图中,将鼠标指针指向标尺的页边距线,此时鼠标指针变为↕形状。

(2) 按住鼠标左键并拖动,出现的虚线表明改变后的页边距位置,如图 3-83 所示。

(3) 将鼠标拖动到需要的位置后释放鼠标左键。

提示: 在使用标尺设置页边距时按住 Alt 键,将显示出文本区和页边距的量值。

使用对话框设置页边距:如果需要精确设置页边距,或者需要添加装订线等,就必须使用对话框来进行设置。具体操作步骤如下。

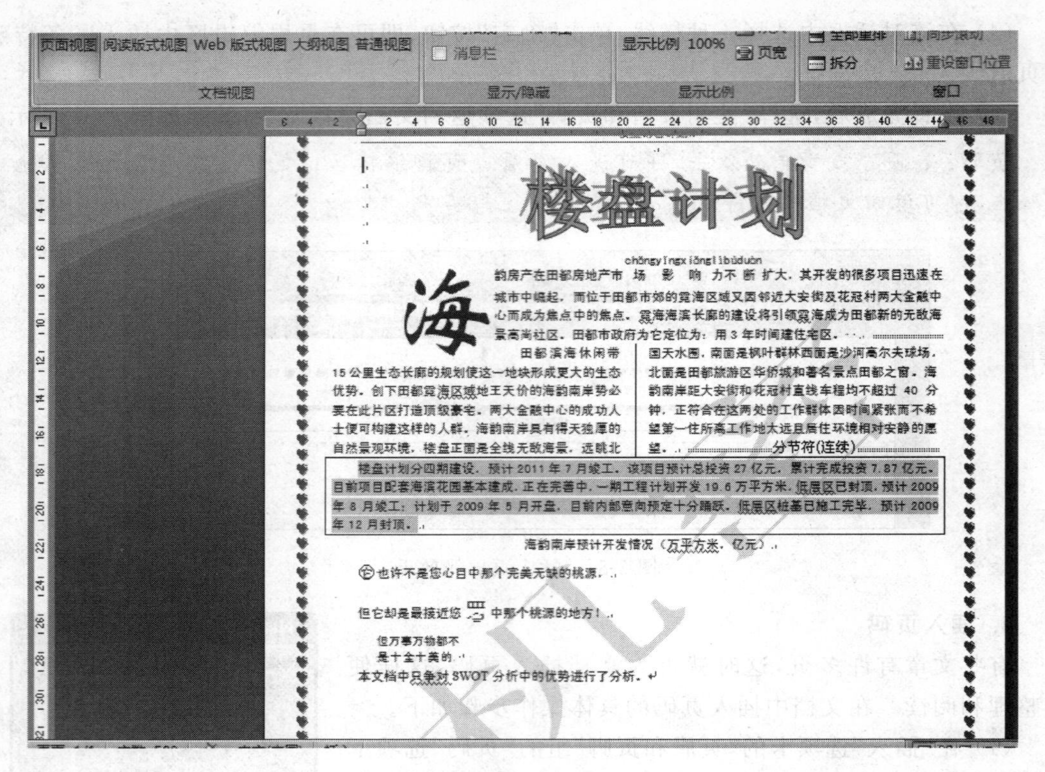

图 3-83　使用标尺设置页边距

（1）在“页面布局”选项卡的“页面设置”组的“页边距”下拉列表中选择“自定义边距”选项，弹出“页面设置”对话框，打开“页边距”选项卡，如图 3-84 所示。

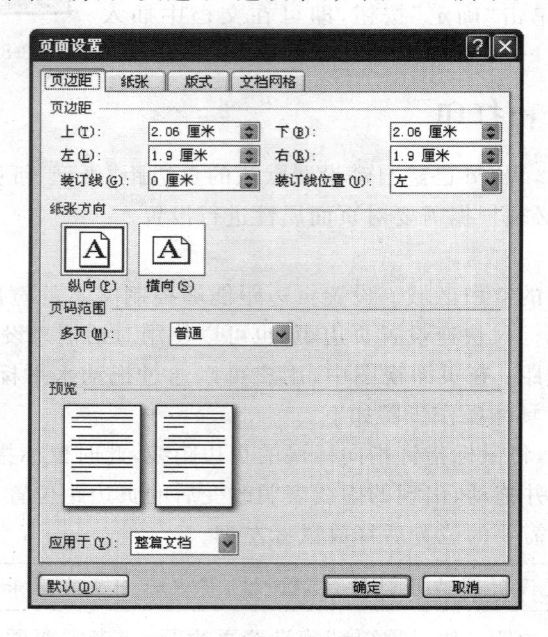

图 3-84　“页边距”选项卡

(2) 在该选项卡的"页边距"选区的"上""下""左""右"微调框中分别输入页边距的数值；在"装订线"微调框中输入装订线的宽度值；在"装订线位置"下拉列表中选择"左"或"上"选项。

(3) 在"纸张方向"选区中选择"纵向"或"横向"选项来设置文档在页面中的方向。

(4) 在"页码范围"选区中单击"多页"下拉列表右侧的下三角按钮，在弹出的下拉列表中选择相应的选项，可设置页码范围类型。

(5) 在"预览"选区的"应用于"下拉列表中选择要应用新页边距设置的文档范围；在后边的预览区中即可看到设置的预览效果。

(6) 设置完成后，单击"确定"按钮。

2. 设置纸张类型

Word 2010 默认的打印纸张为 A4，其宽度为 210 毫米，高度为 297 毫米，且页面方向为纵向。如果实际需要的纸型与默认设置不一致，就会造成分页错误，此时必须重新设置纸张类型。

设置纸张类型的具体操作步骤如下。

(1) 在"页面布局"选项卡的"页面设置"组的"纸张大小"下拉列表中选择"其他页面大小"选项，弹出"页面设置"对话框，打开"纸张"选项卡，如图 3-85 所示。

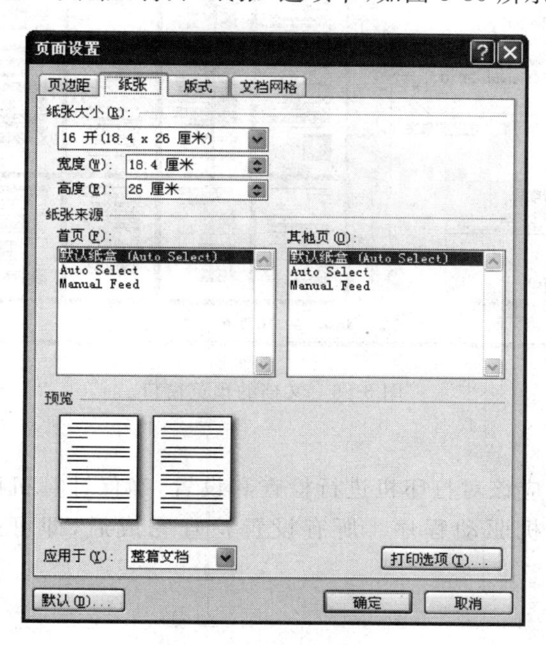

图 3-85 "纸张"选项

(2) 在该选项卡中单击"纸张大小"下拉列表右侧的下三角按钮，在打开的下拉列表中选择一种纸型。用户还可在"宽度"和"高度"微调框中设置具体的数值，自定义纸张的大小。

(3) 在"纸张来源"选区中设置打印机的送纸方式；在"首页"列表框中选择首页的送纸方式；在"其他页"列表框中设置其他页的送纸方式。

(4) 在"应用于"下拉列表中选择当前设置的应用范围。

(5) 单击"打印选项"按钮,可在弹出的"Word 选项"对话框的"打印选项"选区中进一步设置打印属性。

(6) 设置完成后,单击"确定"按钮。

3. 打印输出

创建、编辑和排版文档的最终目的是将其打印出来,Word 2010 具有强大的打印功能,在打印前用户可以使用 Word 中的"打印预览"功能在屏幕上观看即将打印的效果,如果不满意还可以对文档进行修改。

1) 打印预览

在打印文档之前,必须对文档进行预览,查看是否有错误或不足之处,以免造成不可挽回的错误。选择文件选项卡,然后在弹出的菜单中选择"打印"打开文档的预览窗口,如图 3-86 所示。

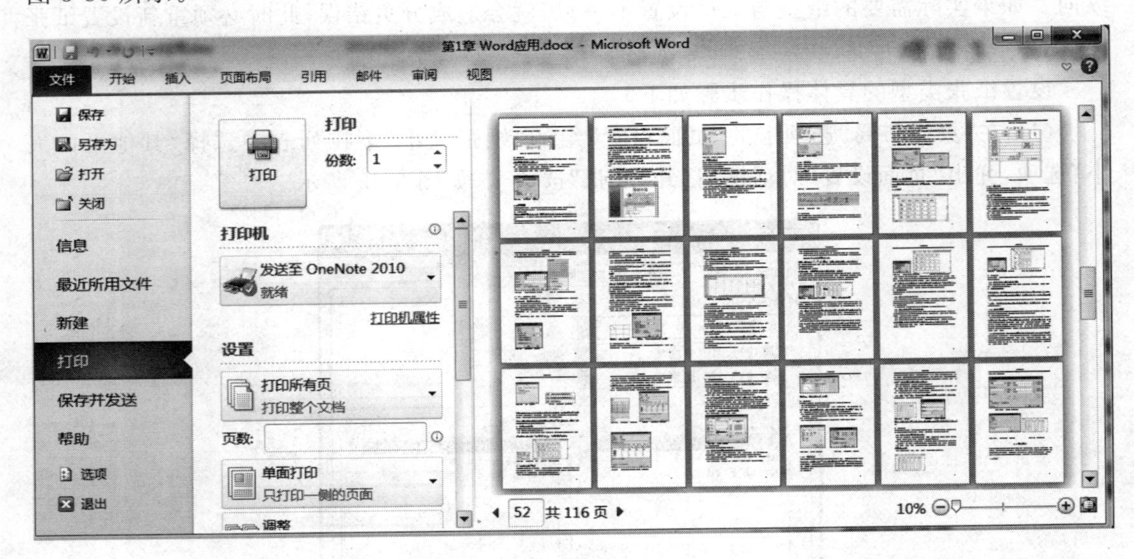

图 3-86 文档的预览窗口

2) 打印文档

在打印文档之前,应该对打印机进行检查和设置,确保计算机已正确连接了打印机,并安装了相应的打印机驱动程序。所有设置检查完成后,即可进行打印文档的具体操作。

3.3 任务: 表格制作

表格是工作和生活中常用的信息表示工具,文档处理中也常常离不开表格,为此 Word 提供了强大的表格制作功能。利用这些功能,用户可以方便地制作出各种表格。

实例要求见表 3-2 和表 3-3。

表 3-2 简单表格实例

2008 年北京奥运会金牌榜

国　家	金　牌	银　牌	铜　牌
中国	51	21	28
美国	36	38	36
俄罗斯	23	21	28
英国	19	13	15
德国	16	10	15
澳大利亚	14	15	17
韩国	13	10	8

表 3-3 复杂表格实例

个人履历表

<table>
<tr><td>姓名</td><td></td><td>性别</td><td></td><td>政治面貌</td><td></td><td rowspan="3">贴照片</td></tr>
<tr><td>曾用名</td><td></td><td>出生年月</td><td></td><td>本人成分</td><td></td></tr>
<tr><td>籍贯</td><td colspan="3"></td><td>民族</td><td></td></tr>
<tr><td>何时何地参加工作</td><td colspan="6"></td></tr>
<tr><td>何时何地入党(团)</td><td colspan="3"></td><td colspan="2">学制及授予何种学位</td><td></td></tr>
<tr><td>所学专业及研究方向</td><td colspan="3"></td><td colspan="2">导师姓名及职称(学位)</td><td></td></tr>
<tr><td>毕业论文题目</td><td colspan="6"></td></tr>
<tr><td>会何种外语及熟悉程度</td><td colspan="3"></td><td>有何特长</td><td colspan="2"></td></tr>
<tr><td colspan="7">学习或工作业绩</td></tr>
<tr><td>日期</td><td colspan="4">论文或著作名称</td><td colspan="2">获奖情况</td></tr>
<tr><td></td><td colspan="4"></td><td colspan="2"></td></tr>
</table>

3.3.1 插入表格

在 Word 2010 中，可以从一组预先设好格式的表格（包括示例数据）中选择，或通过选择需要的行数和列数来插入表格，也可以将表格插入文档中或将一个表格插入其他表格中以创建更复杂的表格。

1. 使用表格模板

可以使用表格模板插入一组预先设好格式的表格。表格模板包含有示例数据，便于用户理解添加数据时的正确位置使用按钮，插入表格的具体操作步骤如下。

（1）选中所要建立表格模板的表格。

（2）在"插入"选项卡的"表格"组中选择"表格"选项，在弹出下拉列表中选择"快速表格"→"将所选内容保存到快速表格库"命令，弹出"新建构建基块"对话框，如图 3-87 所示。

（3）在该对话框中设置表格模板的名称、类别、说明、保存位置以及插入的位置，单击"确定"按钮，即可使用所需的数据替换模板中的数据。

2. 使用表格菜单

使用表格菜单插入表格的具体操作步骤如下。

（1）将光标定位在需要插入表格的位置。

（2）在"插入"选项卡的"表格"组中选择"表格"选项，然后在弹出的下拉列表中拖动光标选择需要的行数和列数，如图 3-88 所示。

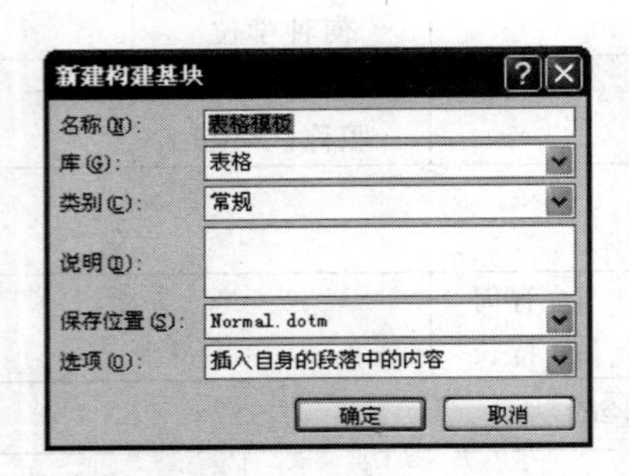

图 3-87 "新建构建基块"对话框

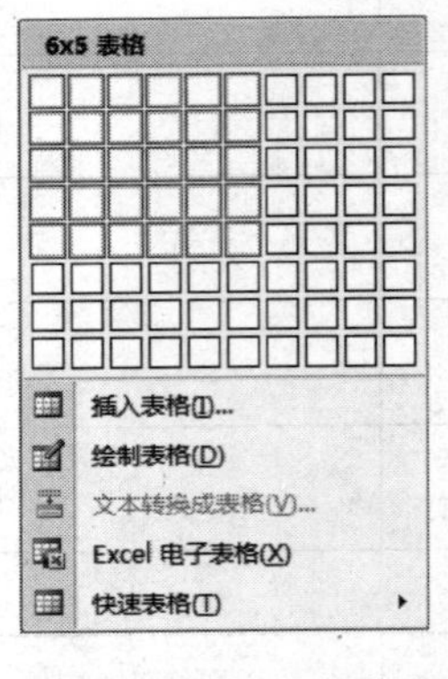

图 3-88 选择表格的行数和列数

3. 使用"插入表格"命令

使用"插入表格"命令插入表格，可以让用户在将表格插入文档之前，选择表格尺寸和格式。具体操作步骤如下。

（1）将光标定位在需要插入表格的位置。

（2）在"插入"选项卡的"表格"组中选择"表格"选项，然后在弹出的下拉列表中选择"插入表格"选项，弹出"插入表格"对话框，如图 3-89 所示。

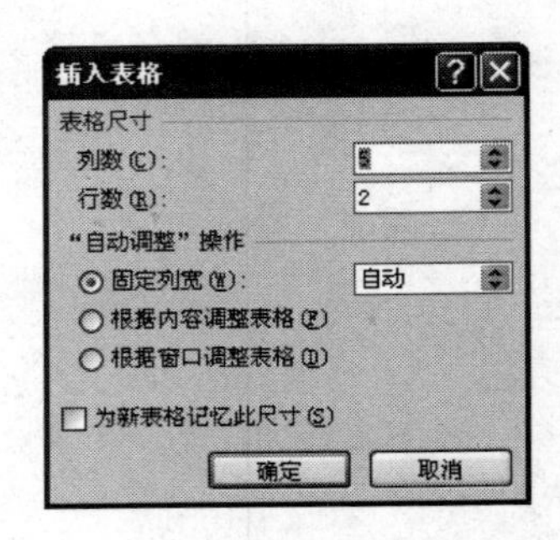

图 3-89 "插入表格"对话框

（3）在该对话框中的"表格尺寸"选区中的"列数"和"行数"微调框中输入具体的数值；在"'自动调整'操作"选区中选中相应的单选按钮，设置表格的列宽。

（4）设置完成后，单击“确定”按钮，插入相应的表格。

4. 绘制表格

在 Word 文档中，用户可以绘制复杂的表格。例如，绘制包含不同高度的单元格的表格或每行的列数不同的表格。绘制表格的具体操作步骤如下。

（1）将光标定位在需要插入表格的位置。

（2）在“插入”选项卡的“表格”组中选择“表格”选项，然后在弹出的下拉列表中选择“绘制表格”选项，此时光标变为形状，将光标移动到文档中需要插入表格的定点处。

（3）按住鼠标左键并拖动，当到达合适的位置后释放鼠标左键，即可绘制表格边框。

（4）用鼠标继续在表格边框内自由绘制表格的横线、竖线或斜线，绘制出表格的单元格。手绘表格效果见表 3-4。

表 3-4　手绘表格效果

（5）如果要擦除单元格边框线，可在“表格工具”上下文工具中的“设计”选项卡的“绘图边框”组中选择“擦除”选项，此时光标变为形状，按住鼠标左键并拖动经过要删除的线，即可删除表格的边框线。

5. 文本转换成表格

在 Word 2010 中，可以将用段落标记、逗号、制表符、空格或者其他特定字符隔开的文本转换成表格，具体操作步骤如下。

（1）将光标定位在需要插入表格的位置。

（2）选定要转换成表格的文本，在“插入”选项卡的“表格”组中选择“表格”选项，然后在弹出的下拉列表中选择“文本框转换成表格”选项，弹出“将文字转换成表格”对话框，如图 3-90 所示。

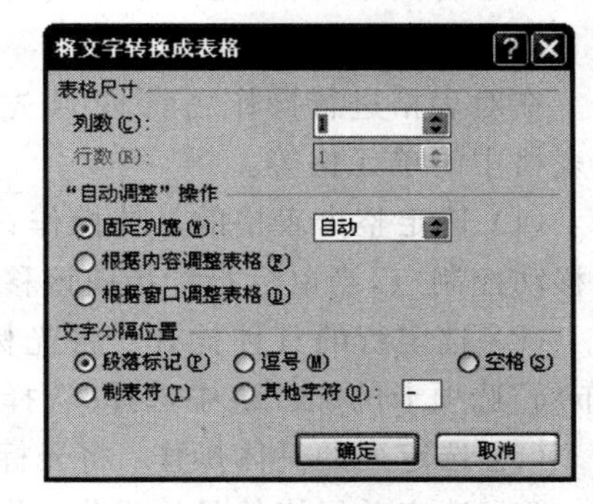

图 3-90　“将文字转换成表格”对话框

（3）在该对话框中的“表格尺寸”选区的“列数”微调框中的数值为 Word 自动检测出的列数。用户可以根据情况，在“‘自动调整’操作”选区中选择所需的选项，在“文字分隔位置”选区中选择或者输入一种分隔符。

（4）设置完成后，单击“确定”按钮，即可将文本转换成表格。

6. 插入 Excel 电子表格

在 Word 2010 中，不但可以插入普通表格，而且还可以插入 Excel 电子表格。插入 Excel 电子表格具体操作步骤如下。

（1）将光标定位在需要插入电子表格的位置。

（2）选定要转换成表格的文本，在“插入”选项卡的“表格”组中选择“表格”选项，然后在弹出的下拉列表中选择“Excel 电子表格”选项，即可在文档中插入一个电子表格，如图 3-91 所示。

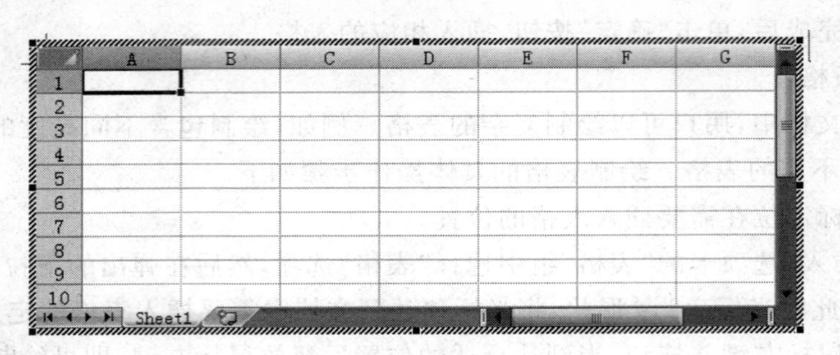

图 3-91　插入 Excel 电子表格

(3) 在示意网格上按住鼠标左键并拖动到合适的位置，释放鼠标。

(4) 在插入的 Excel 电子表格中输入内容，编辑完成后单击电子表格以外的空白处。

注意：Excel 电子表格插入后，将被视为图片对象，而不再是普通电子表格。如果要继续对插入的 Excel 电子表格进行编辑，可在插入的 Excel 电子表格处双击，使其处于编辑状态。

3.3.2　表格编辑

在文档中插入表格后，可对表格进行各种编辑操作，主要包括信息的输入与编辑、插入与删除单元格、合并与拆分单元格、拆分表格、调整表格大小等。

1. 信息的输入与编辑

创建好表格后，可在单元格中输入文本，并对其进行各种编辑，像在普通文档中一样。在“开始”选项卡的“字体”组中单击对话框启动器，弹出“字体”对话框，在该对话框中的“字体”和“字符间距”两个选项卡中可对表格中的文字进行格式编辑。

2. 选定表格

在对表格进行操作之前，必须先选定表格，主要包括选定整个表格、选定行、选定列和选定表格中的单元格等。

(1) 选定整个表格的具体操作：将光标定位在表格中的任意位置。表格左上角出现一个移动控制点，当鼠标指针指向该移动控制点时，鼠标指针变成✥，单击。

(2) 选定行的具体操作：将光标定位在表格中需要选定的某一行。或者在功能区的“布局”选项卡的“表”组中选择“选择”→“选择行”命令。

(3) 选定列的具体操作：将光标定位在表格中需要选定的某一列。

(4) 选定单元格的具体操作：将光标定位在表格中需要选定的单元格中。

在功能区的“布局”选项卡的“表”组中选择“选择”→“选择单元格”命令。或者将鼠标指针定位在要选定的单元格中，当鼠标指针变成 I 字形状时单击，即可选定所需的单元格。

提示：当鼠标指针变为↗、⬇或◤形状时，单击并且拖动鼠标，可选定表格中的多行、多列或多个连续的单元格。按住 Shift 键可选定连续的行、列和单元格；按住 Ctrl 键可选定不连续的行、列和单元格。

3. 插入单元格、行或列

制作表格时，可根据需要在表格中插入单元格、行或列。

（1）插入单元格。将光标定位在需要插入单元格的位置。在功能区“布局”选项卡中的“行和列”组中单击对话框启动器，弹出“插入单元格”对话框，如图 3-92 所示。在该对话框中选择相应的单选按钮，例如选中“活动单元格右移”单选按钮，单击“确定”按钮，即可插入单元格，效果如图 3-93 所示。

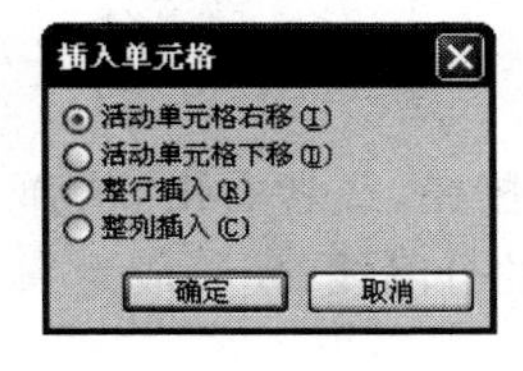

图 3-92 “插入单元格”对话框

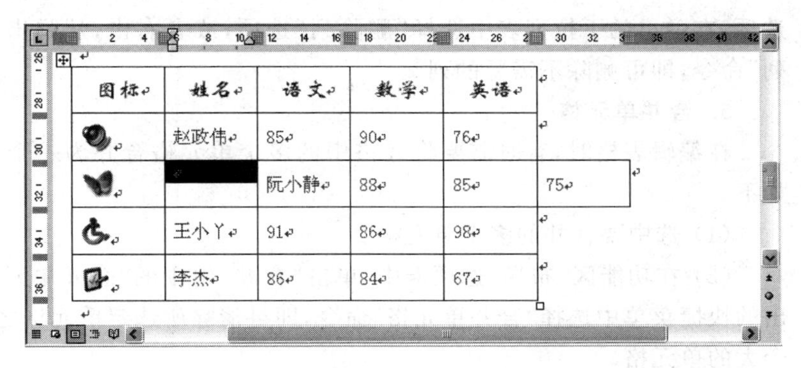

图 3-93 插入单元格效果

（2）插入行。将光标定位在需要插入行的位置，在功能区“布局”选项卡中的“行和列”组中选择“在上方插入”或“在下方插入”选项，或者右击，从弹出的快捷菜单中选择“插入”→“在上方插入行”或“在下方插入行”命令，即可在表格中插入所需的行。

（3）插入列：将光标定位在需要插入列的位置，在功能区“布局”选项卡中的“行和列”组中选择“在左侧插入”或“在右侧插入”选项，或者右击，从弹出的快捷菜单中选择“插入”→“在左侧插入列”或“在右侧插入列”命令，即可在表格中插入所需的列。

4. 删除单元格、行或列

（1）删除单元格。将光标定位在需要删除的单元格中，在功能区的“布局”选项卡中的“行和列”组中选择“删除”选项，在弹出的下拉列表中选择“删除单元格”选项，或者右击，从弹出的快捷菜单中选择“删除单元格”命令，弹出“删除单元格”对话框，如图 3-94 所示。在该对话框中选择相应的单选按钮，例如选中“右侧单元格左移”单选按钮，单击“确定”按钮，即可删除单元格，效果如图 3-95 所示。

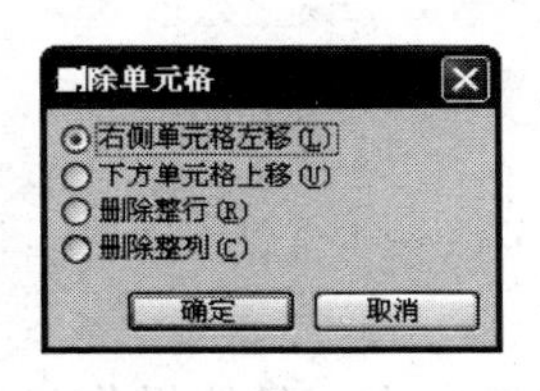

图 3-94 “删除单元格”对话框

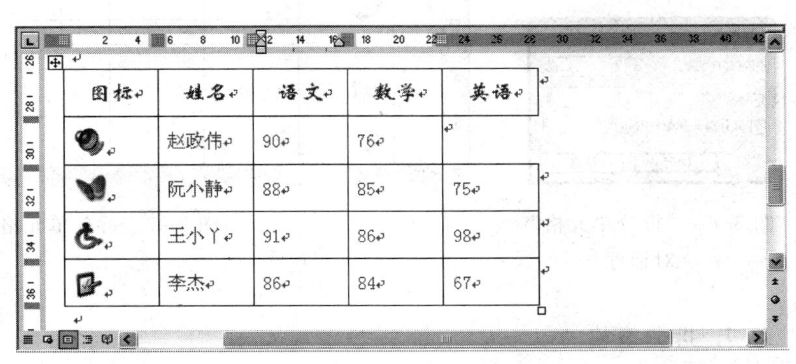

图 3-95 删除单元格效果

（2）删除行。选中要删除的行，在功能区“布局”选项卡的“行和列”组中选择“删除”选项，在弹出的下拉列表中选择“删除行”选项，或者右击，从弹出的快捷菜单中选择“删除行”命令，即可删除不需要的行。

（3）删除列。选中要删除的列，在功能区“布局”选项卡中的“行和列”组中选择“删除”选项，在弹出的下拉列表中选择“删除列”选项，或者右击，从弹出的快捷菜单中选择“删除列”命令，即可删除不需要的列。

5. 合并单元格

在编辑表格时，有时需要将表格中的多个单元格合并为一个单元格，其具体操作步骤如下。

（1）选中要合并的多个单元格。

（2）在功能区“布局”选项卡中，单击“合并”组中的“合并单元格”按钮，或者右击，从弹出的快捷菜单中选择“合并单元格”命令，即可清除所选定单元格之间的分隔线，使其成为一个大的单元格。

6. 拆分单元格

用户可以将一个单元格拆分成多个单元格，其具体操作步骤如下。

（1）选定要拆分的一个或多个单元格。

（2）在功能区“布局”选项卡的“合并”组中单击“拆分单元格”按钮，或者右击，从弹出的快捷菜单中选择“拆分单元格”命令，弹出“拆分单元格”对话框，如图 3-96 所示。

（3）在该对话框中的“列数”和“行数”微调框中输入相应的列数和行数。

（4）如果希望重新设置表格，可选中“拆分前合并单元格”复选框；如果希望将所设置的列数和行数分别应用于所选的单元格，则不选中该复选框。

（5）设置完成后，单击“确定”按钮，即可将选中的单元格拆分成等宽的小单元格，效果如图 3-97 所示。

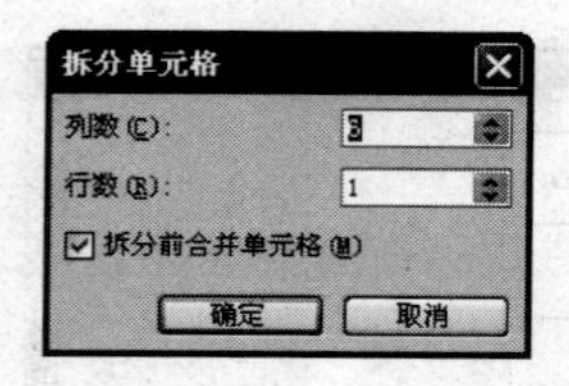

图 3-96 “拆分单元格”对话框

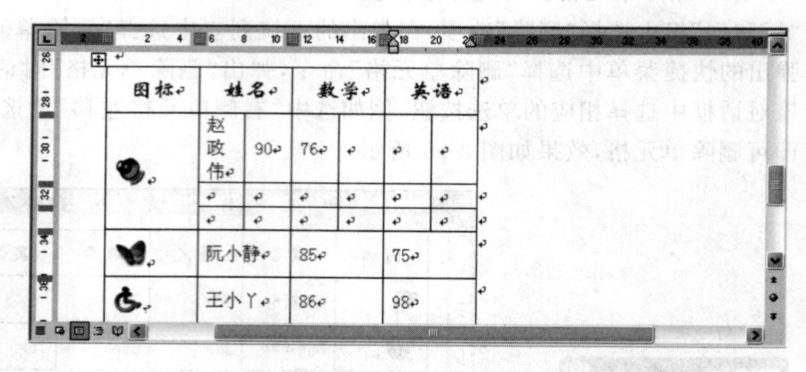

图 3-97 拆分单元格效果

7. 拆分表格

有时需要将一个大表格拆分成两个表格，以便在表格之间插入普通文本。具体操作步骤如下。

（1）将光标定位在要拆分表格的位置。

（2）在功能区的“布局”选项卡的“合并”组中单击“拆分表格”按钮，即可将一个表格拆分成两个表格。

3.3.3　表格格式设置

表格格式设置主要包括调整表格的行高和列宽、对齐方式、自动套用格式、边框和底纹、设置表格标题、绘制斜线表头及混合排版等操作。

1. 调整表格的行高和列宽

（1）调整表格的行高。将光标定位在需要调整行高的表格中。在功能区的“布局”选项卡的“单元格大小”组中设置表格行高和列宽，或者右击，从弹出的快捷菜单中选择“表格属性”命令，弹出“表格属性”对话框，打开“行”选项卡，如图 3-98 所示。在该选项卡中选中“指定高度”复选框，并在其后的微调框中输入相应的行高值。单击“上一行”或“下一行”按钮，继续设置相邻的行高。选中“允许跨页断行”复选框，允许所选中的行跨页断行。设置完成后，单击“确定”按钮。

（2）调整表格的列宽。将光标定位在需要调整列宽的表格中。在功能区“布局”选项卡的“单元格大小”组中设置表格行高和列宽，或者右击，从弹出的快捷菜单中选择“表格属性”命令，弹出“表格属性”对话框，打开“列”选项卡，在该选项卡中选中“指定宽度”复选框，并在其后的微调框中输入相应的列宽值。单击“前一列”或“后一列”按钮，继续设置相邻的列宽。设置完成后，单击“确定”按钮。

（3）自动调整表格。选定要调整的表格或表格中的某部分。在功能区“布局”选项卡的“单元格大小”组中选择“自动调整”选项，弹出如图 3-99 所示的级联菜单。在该级联菜单中选择相应的选项，对表格进行调整。

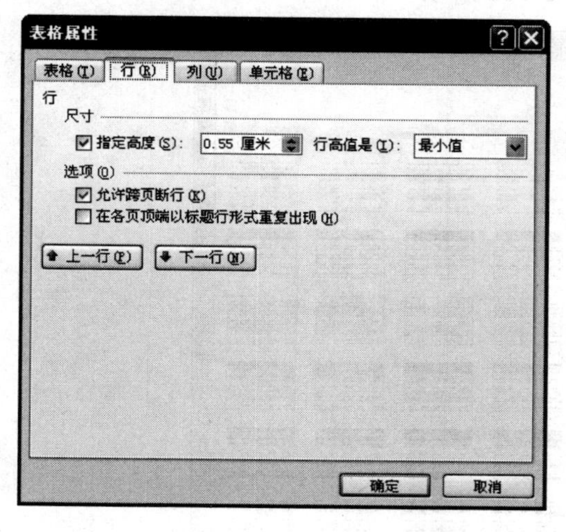

图 3-98　“行”选项卡

图 3-99　“自动调整”级联菜单

注意： 将鼠标指针移动到要调整的行或列的边框线上，当光标变为 或 形状时，拖动光标到合适的位置后释放鼠标，也可调整表格的行高和列宽。

2. 表格的对齐方式

对表格中的文本可设置其对齐方式，具体操作步骤如下。

（1）选定要设置对齐方式的区域。

（2）在功能区的“布局”选项卡中的“对其方式”组设置文本的对齐方式，如图 3-100 所示。例如，单击“水平居中”按钮。效果如图 3-101 所示。

图 3-100 “对齐方式”组

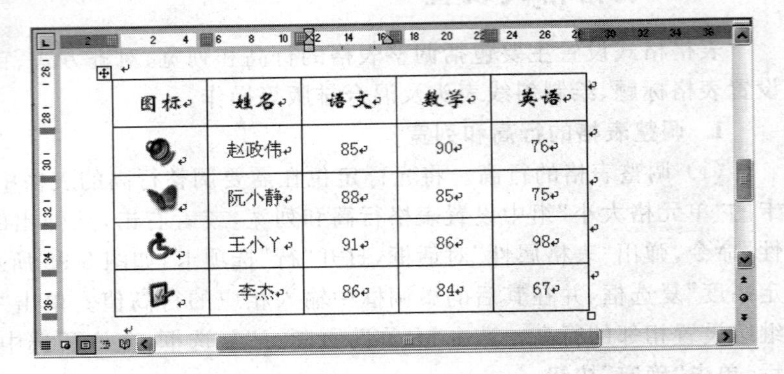

图 3-101 水平居中效果

3. 表格的自动套用格式

Word 2010 为用户提供了一些预先设置好的表格样式，这些样式可供用户在制作表格时直接套用，可省去许多调整表格细节的时间，而且制作出来的表格更加美观。使用表格自动套用格式的具体操作步骤如下。

（1）将光标定位在需要套用格式的表格中的任意位置。

（2）在“表格工具”的上下文工具的“设计”选项卡中的“表样式”组中设置，在弹出的“表格样式”下拉列表中选择表格的样式，如图 3-102 所示。

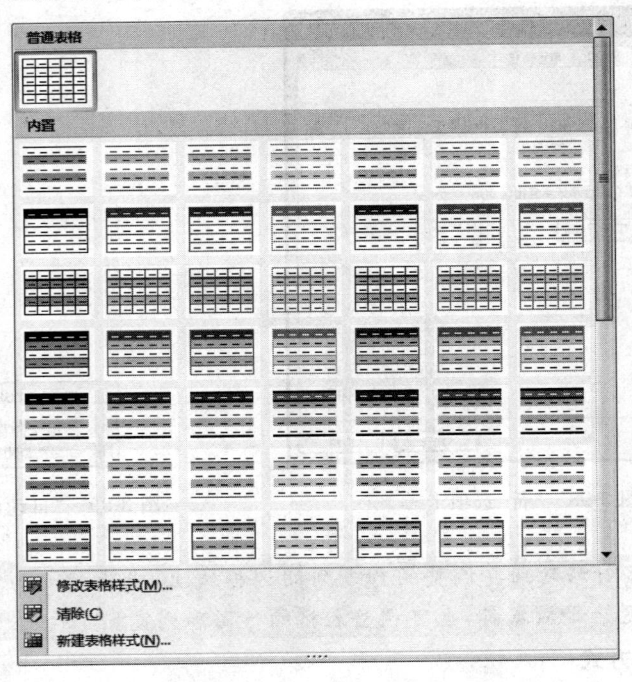

图 3-102 “表格样式”下拉列表

(3) 在该下拉列表中选择“修改表格样式”选项，弹出“修改样式”对话框，如图 3-103 所示。在该对话框中可修改所选表格的样式。

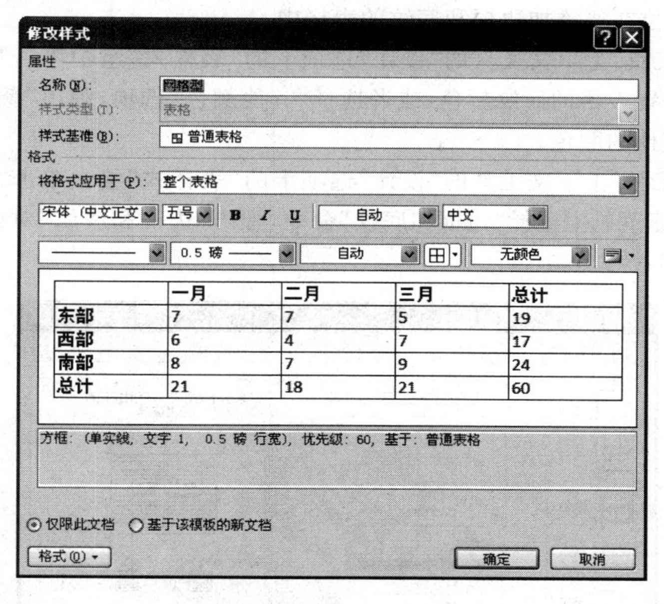

图 3-103 “修改样式”对话框

(4) 在该下拉列表中选择“新建表格样式”选项，弹出“根据格式设置创建新样式”对话框，如图 3-104 所示，在该对话框中新建表格样式。

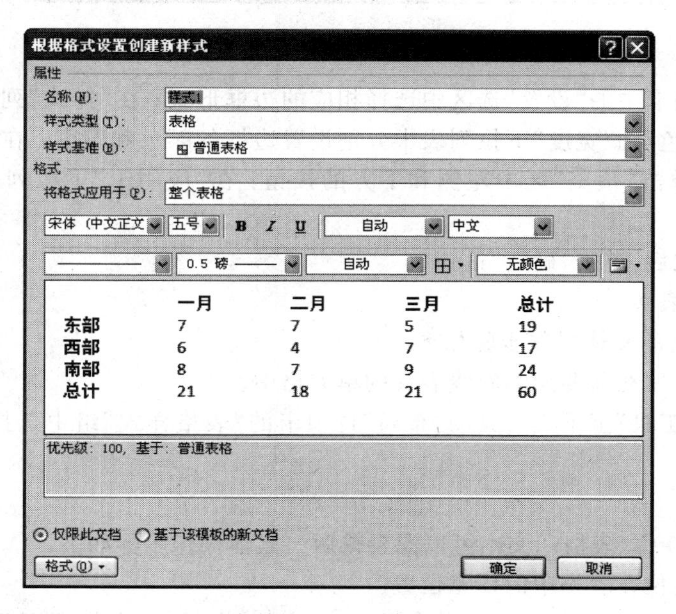

图 3-104 “根据格式设置创建新样式”对话框

4. 表格的边框和底纹

为表格添加边框和底纹，类似于为字符、段落添加边框和底纹。在表格中添加边框和底纹，使表格中的内容更加突出和醒目，使文档的外观效果更加美观。

设置表格边框和底纹的具体操作步骤如下。

(1) 将光标定位在要添加边框和底纹的表格中。

(2) 在"表格工具"上下文工具的"设计"选项卡的"表样式"组中单击"底纹"按钮，在弹出的下拉列表中设置表格的底纹颜色，或者选择"其他颜色"选项，弹出"颜色"对话框，在该对话框中可选择其他的颜色。

(3) 在"表格工具"上下文工具的"设计"选项卡的"表样式"组中单击"边框"按钮，或者右击，从弹出的快捷菜单中选择"边框和底纹"命令，弹出"边框和底纹"对话框，打开"边框"选项卡，如图 3-105 所示。

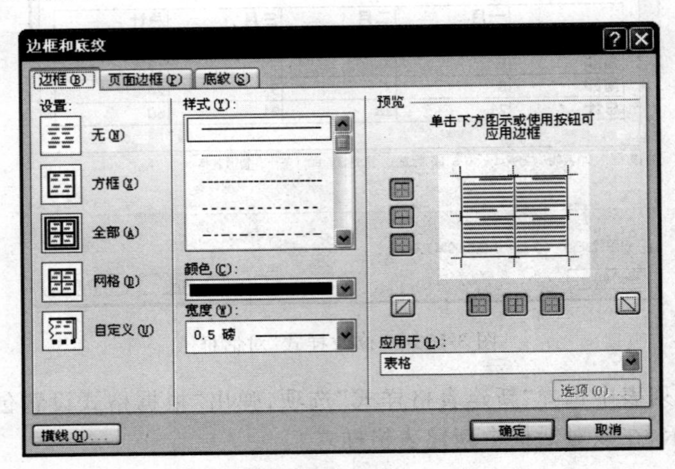

图 3-105 "边框"选项卡

(4) 在该选项卡中的"设置"选区中选择相应的边框形式；在"样式"列表框中设置边框线的样式；在"颜色"和"宽度"下拉列表中分别设置边框的颜色和宽度；在"预览"区中设置相应的边框或者单击"预览"区中左侧和下方的按钮；在"应用于"下拉列表中选择应用的范围。

(5) 设置完成后，单击"确定"按钮。

5. 绘制斜线表头

绘制斜线表头的具体操作步骤如下。

(1) 将光标定位在需要绘制斜线表头的单元格中。

(2) 在"表格工具"上下文工具的"布局"选项卡的"表格样式"组中选择"边框"选项，如图 3-106 所示。

6. 混合排版

在 Word 2010 中，表格和文本可以混合排版。具体操作步骤如下。

(1) 将光标定位在表格中的任意位置。

(2) 在"表格工具"上下文工具的"布局"选项卡的"表"组中单击"属性"按钮，或者右击，从弹出的快捷菜单中选择"表格属性"命令，弹出"表格属性"对话框，打开"表格"选项卡，如图 3-107 所示。

(3) 在该选项卡中的"对齐方式"选区中选择一种表格与文字的对齐方式；在"文字环

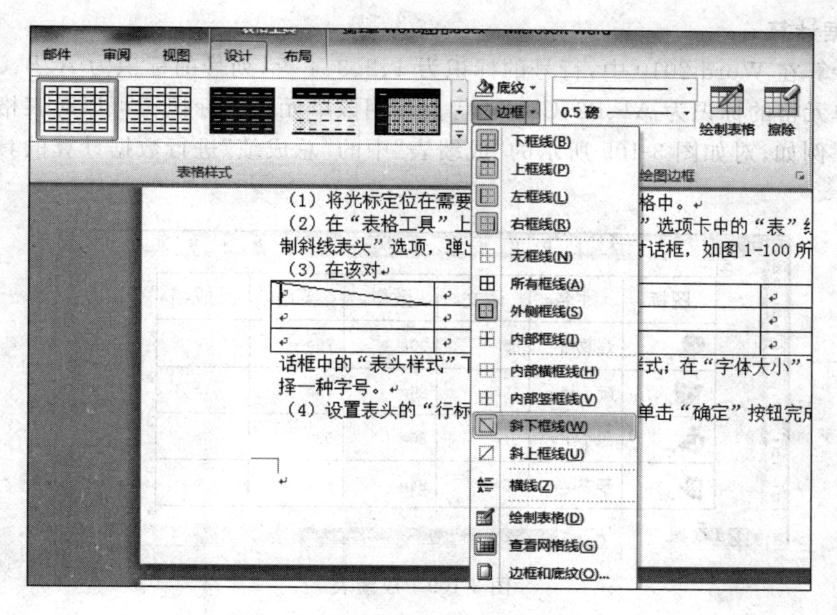

图 3-106 “表格样式”组中“边框”选项

绕”选区中选择环绕方式，单击“选项”按钮，弹出“表格选项”对话框，如图 3-108 所示。

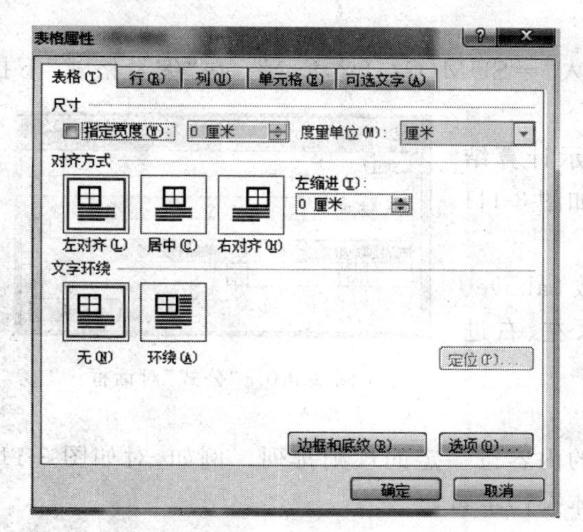

图 3-107 “表格”选项卡

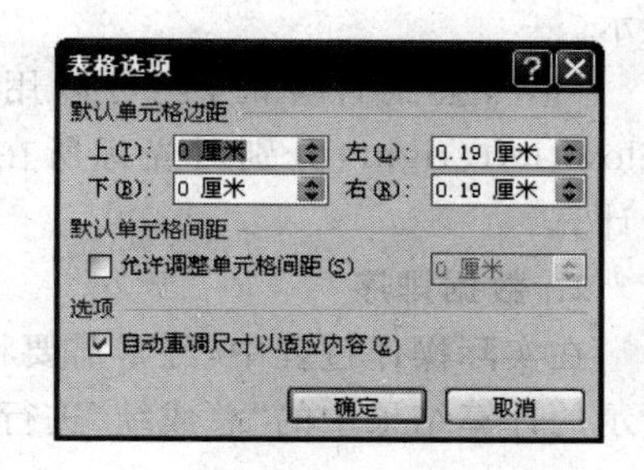

图 3-108 “表格选项”对话框

(4) 在该对话框中设置相应的参数，设置完成后，单击“确定”按钮。

3.3.4 表格公式应用

计算和排序属于表格处理功能，这方面微软提供了另外一个功能强大的电子表格处理软件，即本书下一单元要介绍的 Excel。为了方便用户能在制作 Word 文档时直接对一些简单表格进行排序和计算，Word 也提供了简单的计算和排序功能，但在易用性和功能性方面要逊色得多，因此这里只做简单介绍，更多的内容请参阅下一单元。

1. 数据计算

数据计算在 Word 2010 中，行号的标识为 1、2、3、4 等，列号的标识为 A、B、C、D 等，所以对应的单元格的标识为 A1、B2、C3、D4 等。利用该单元格的标识符可以对表格中的数据进行计算。例如，对如图 3-109 所示的“成绩表”中的“总成绩”进行数据计算的具体操作步骤如下。

图标	姓名	语文	数学	英语	总成绩
	赵政伟	85	90	76	
	阮小静	88	85	75	
	王小丫	91	86	98	
	李杰	86	84	67	

图 3-109　成绩表

(1) 将光标定位在“总成绩”下方的单元格中。

(2) 在“表格工具”上下文工具的“布局”选项卡的“数据”组中单击“公式”按钮，弹出“公式”对话框，如图 3-110 所示。

(3) 在该对话框中的“公式”文本框中输入“＝SUM(C2,D2,E2)”；在“编号格式”下拉列表中选择一种合适的计算结果格式。

(4) 单击“确定”按钮，即可在表格中显示计算结果。以此类推，计算表格中的其他数据，效果如图 3-111 所示。

另外，公式计算时，还可以用 4 个参数(above、below、left、right)分别对光标所在的上、下、左、右进行计算。

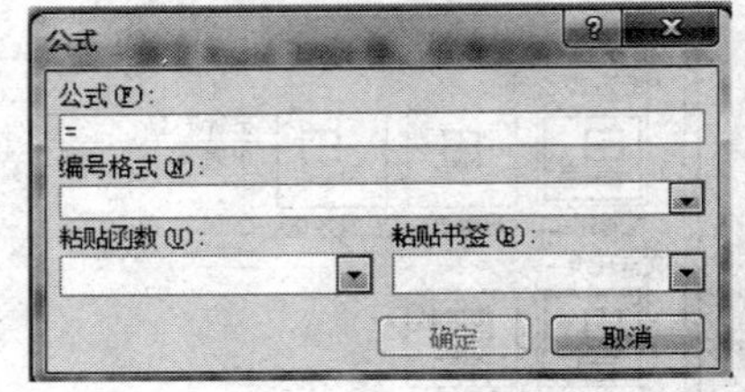

图 3-110　“公式”对话框

2. 数据排序

在实际操作过程中，经常需要将表格中的内容按一定的规则排列。例如，对如图 3-111 所示的计算结果中的“总成绩”进行排序，具体操作步骤如下。

图标	姓名	语文	数学	英语	总成绩
	赵政伟	85	90	76	251
	阮小静	88	85	75	248
	王小丫	91	86	98	275
	李杰	86	84	67	237

图 3-111　计算结果

（1）将光标定位在需要排序的表格中。

（2）在“表格工具”上下文工具的“布局”选项卡中，选择“数据”组中的“排序”选项，弹出“排序”对话框，如图 3-112 所示。

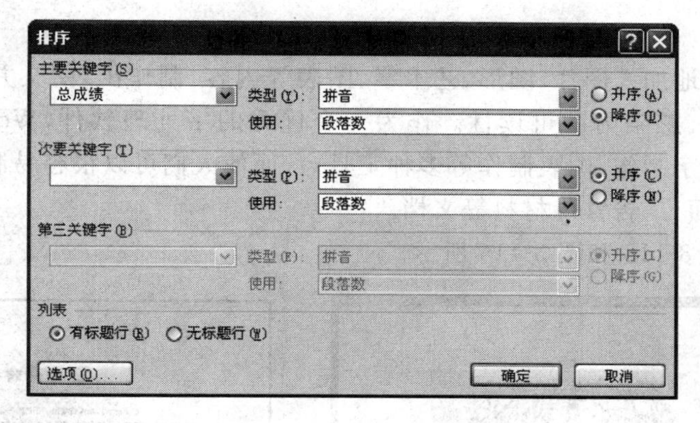

图 3-112　“排序”对话框

（3）在该对话框中的“主要关键字”下拉列表中选择一种排序依据，这里选择“总成绩”；在“类型”下拉列表中选择一种排序类型；选中“降序”单选按钮。

（4）单击“选项”按钮，在弹出的如图 3-113 所示的“排序选项”对话框中可设置排序选项。

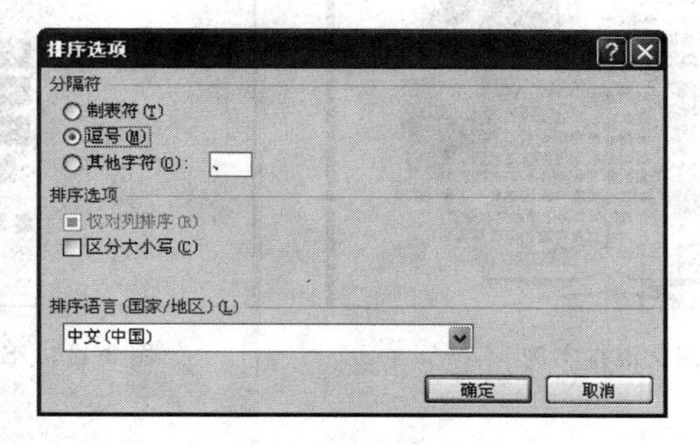

图 3-113　“排序选项”对话框

（5）设置完成后，单击“确定”按钮，效果如图 3-114 所示。

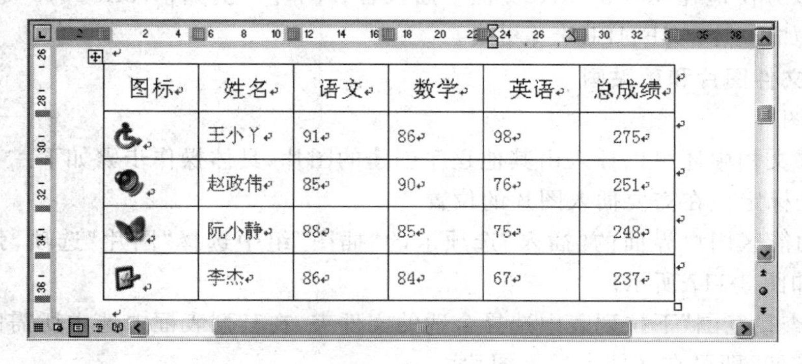

图标	姓名	语文	数学	英语	总成绩
	王小丫	91	86	98	275
	赵政伟	85	90	76	251
	阮小静	88	85	75	248
	李杰	86	84	67	237

图 3-114　排序结果

3.4 任务：图文混排

在文档中适当地加入图片、图形、艺术字、图表等内容，制作出“图文并茂”的文档，可以使文档更具表现力、感染力和可读性。作为一个优秀的字处理软件，Word 提供了图片处理、图形绘制、艺术字制作、图表制作等多种工具，从而使人们可以很容易制作出美观漂亮的个人简历、论文封面、广告宣传材料等文档。

实例要求如图 3-115 和图 3-116 所示。

图 3-115 图文混排实例

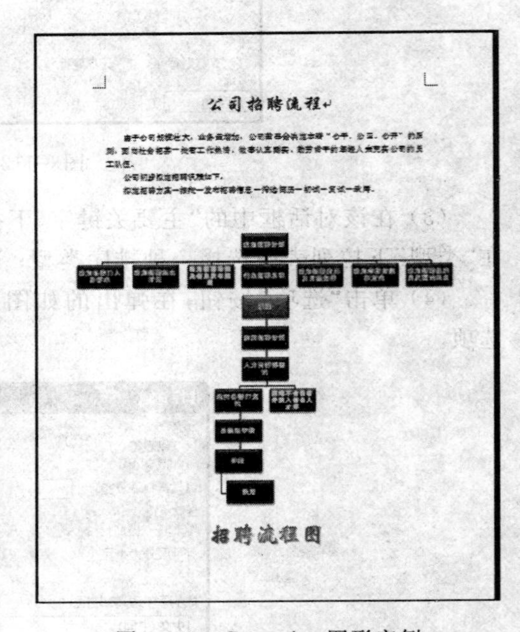

图 3-116 SmartArt 图形实例

3.4.1 图片的插入和编排

用户可以方便地在 Word 2010 文档中插入各种图片。例如，Word 2010 提供的剪贴画和图形文件（如 BMP、GIF、JPEG 等格式）。

1. 插入文件图片和剪贴画

1）插入图片

在 Word 文档中还可以插入由其他程序创建的图片，具体操作步骤如下。

（1）将光标定位在需要插入图片的位置。

（2）在功能区用户界面的“插入”选项卡的“插图”组中选择“图片”选项，弹出“插入图片”对话框，如图 3-117 所示。

（3）在“查找范围”下拉列表中选择合适的文件夹，在其列表框中选中所需的图片文件，单击“插入”按钮，即可在文档中插入图片。

图 3-117 “插入图片”对话框

2）插入剪贴画

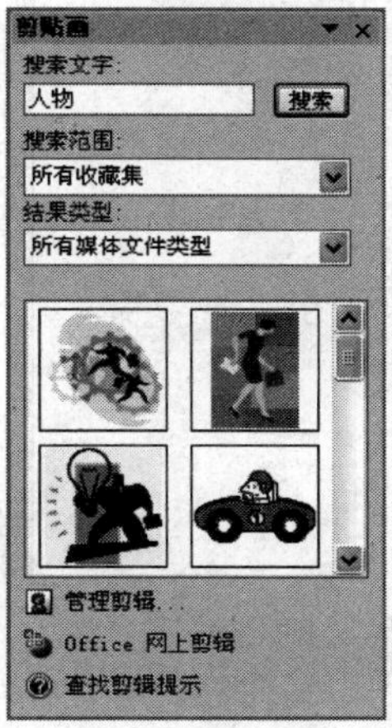

剪贴画是一种表现力很强的图片，使用它可以在文档中插入各种具有特色的图片。例如，人物图片、动物图片、建筑类图片等。在文档中插入剪贴画的具体操作步骤如下。

（1）将光标定位在需要插入剪贴画的位置。

（2）在功能区用户界面的“插入”选项卡的“插图”组中选择“剪贴画”选项，打开“剪贴画”任务窗格，如图 3-118 所示。

（3）在“搜索文字”文本框中输入剪贴画的相关主题或类别；在“搜索范围”下拉列表中选择要搜索的范围；在“结果类型”下拉列表中选择文件类型。

（4）单击“搜索”按钮，即可在“剪贴画”任务窗格中显示查找到的剪贴画。

（5）单击要插入文件的剪贴画，即可插入文件中。

图 3-118 搜索剪贴画

2. 编辑图片

在文档中插入图片后，图片的大小、位置和格式等不一定符合要求，需要进行各种编辑才能达到令人满意的效果。选中图片，然后在上下文工具中的“格式”选项卡中对图片进行各种编辑操作。调整图片大小的方法主要有快速调整和精确调整两种。

1）快速调整图片大小

（1）选中要调整大小的图片。

（2）此时图片周围出现 8 个控制点，如图 3-119 所示。

（3）将鼠标指针移至图片周围的控制点上，此时鼠标指针变为↘或↗形状，按住鼠标左键并拖动，如图 3-120 所示。

（4）当达到合适大小时释放鼠标，即可调整图片大小。

图 3-119 选中图片

图 3-120 调整图片大小

2）精确调整图片大小

（1）在需要调整大小的图片中右击，从弹出的快捷菜单中选择“大小”命令，弹出“布局”对话框，打开“大小”选项卡，如图 3-121 所示。

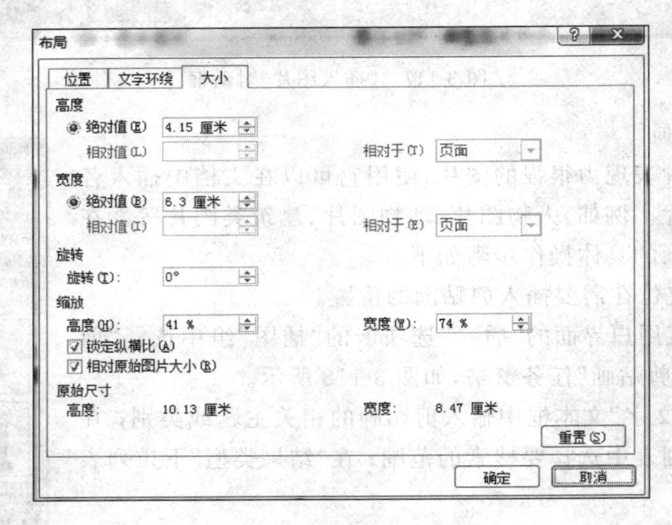

图 3-121 “布局”对话框

（2）在该选项卡中设置图片的高度、宽度和旋转角度；在缩放选区中设置图片高度和宽度的比例。

（3）选中“锁定纵横比”复选框，可使图片的高度和宽度保持相同的尺寸比例；选中“相对原始图片大小”复选框，可使图片的大小相对于图片的原始大小进行调整。

（4）设置完成后，单击“确定”按钮即可精确调整图片大小。

注意：按住 Ctrl 键并拖动图片控制点时，将从图片的中心向外垂直、水平或沿对角线缩放图片。

3）设置亮度和对比度

（1）设置图片亮度。选中图片，然后在图片工具的“格式”选项卡的“更正”组中选择“图片更正”选项，在弹出的对话框中设置图片的亮度。

（2）设置图片对比度。选中图片，然后在图片工具的“格式”选项卡的“更正”组中选择“图片更正”选项，在弹出的对话框中设置图片的对比度，如图 3-122 所示。

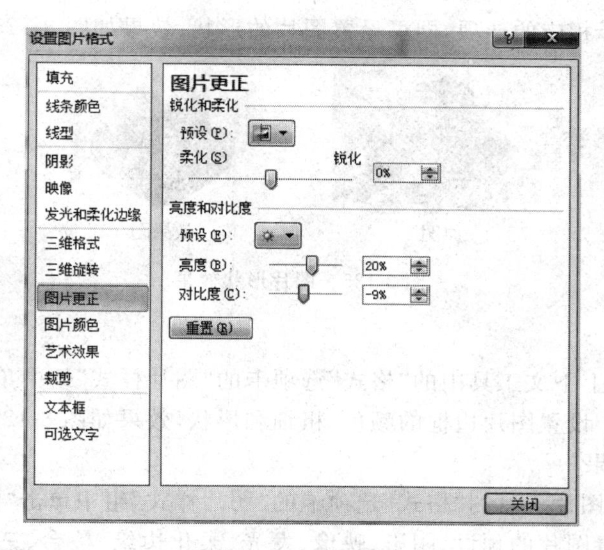

图 3-122　“图片更正”选项

4）艺术效果

选中图片，然后在图片工具的“格式”选项卡的“调整”组中单击“艺术效果”按钮，弹出其下拉列表，在该下拉列表中可对图片进行添加艺术效果。

5）压缩图片

由于图片的存储空间都很大，所以插入 Word 文档中，使文档体积也相应变大。压缩图片可减小图片存储空间，缩小文档体积，并可提高文档的打开速度。选中图片后，在图片工具中的“格式”选项卡的“调整”组中单击“压缩图片”按钮，弹出“压缩图片”对话框，如图 3-123 所示。在该对话框中选中“仅应用于所选图片”复选框，然后单击“选项”按钮，弹出“压缩设置”对话框，如图 3-124 所示。在该对话框中进行相应的设置，单击“确定”按钮，返回到“压缩图片”对话框中，单击“确定”按钮，即可对图片进行压缩设置。

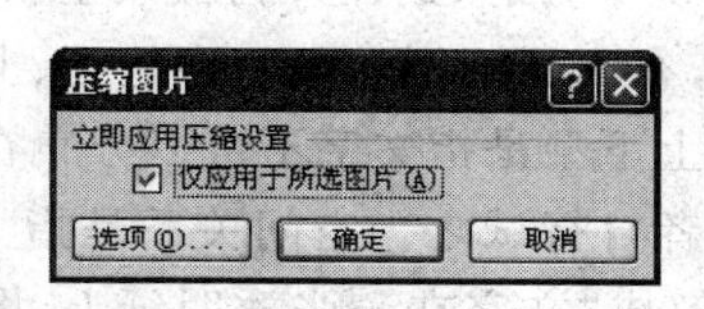

图 3-123　“压缩图片”对话框

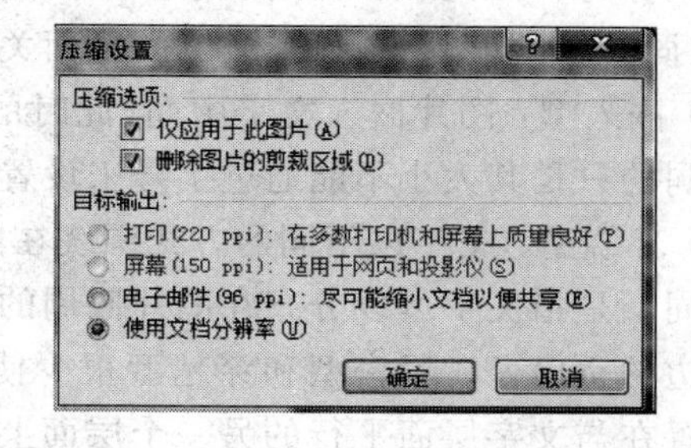

图 3-124　“压缩设置”对话框

6）重设图片

选中图片后，在上下文工具中的“格式”选项卡的“调整”组中单击“重设图片”按钮，可使图片恢复到原来的大小和格式。

7）图片形状

选中图片后，在图片工具的“格式”选项卡的“图片样式”组中单击“图片形状”按钮，在弹出的下拉列表中选择相应的选项，即可设置图片的形状，效果如图 3-125 所示。

原图

效果图

图 3-125　图片形状效果

8）图片边框

选中图片后，在上下文工具中的“格式”选项卡的“图片样式”组中单击“图片边框”按钮，在弹出的下拉列表中设置图片边框的颜色、粗细和形状，效果如图 3-126 所示。

9）图片三维效果

选中图片后，在图片工具的“格式”选项卡的“图片样式”组中单击“图片效果”按钮，在弹出的下拉列表中设置图片的预设、阴影、映像、发光、柔化边缘、棱台、三维旋转等三维效果，效果如图 3-127 所示。

原图

效果图

图 3-126　图片边框效果

原图

效果图

图 3-127　图片的三维效果

10）图片版式的设置

图片版式是指插入的图片和文档中文字之间的位置关系。在 Word 中，图片和文本之间的关系分为平面关系和空间关系。平面关系是指图片与文字位于相同的层面上，可以理解成“在同一张纸上”。图片和文字的平面关系有嵌入型和环绕型两种。

（1）嵌入型：图片嵌入文字中间，此时的图片完全可以看作一个“大字符”。与一般文字符不同的只是其大小不能通过字号来设置。默认情况下，插入的图片为嵌入型。

（2）环绕型：文字以不同的方式围绕在图片周围，有四周型、紧密型、穿越型、上下型四种。四周型是指文字可以分布在图片四周的空白处；上下型是指文字不可以分布在图片左边和右边的空白处。紧密型和穿越型很少使用，请读者自行试之。空间关系是指 Word 将图片放置在与文字层面平行的另一个层面上，可以理解成“文字在一张透明纸上，图片在另一张透明纸上，而看到的是二者叠加后的效果”。图片和文字的空间关系有浮于文字上方或衬于文字下方两种。

① 浮于文字上方：相当于将图片纸张放在文字纸张上面，图片会将文字遮住。

② 衬于文字下方：相当于将文字纸张放在图片纸张上面，文字会将图片遮住。一般用这种方式来实现给文字加背景。

图片版式的设置方法：选中图片后，在“页面布局”选项卡的“图片样式”组中单击“位置”按钮，弹出如图 3-128 所示的下拉列表。在该下拉列表中选择相应的选项，即可设置图片的环绕方式。选择“其他布局选项”选项，弹出“布局”对话框，打开“文字环绕”选项卡，如图 3-129 所示。在该对话框中可对图片的环绕方式进行精确设置。

图 3-128　“文字环绕”下拉列表

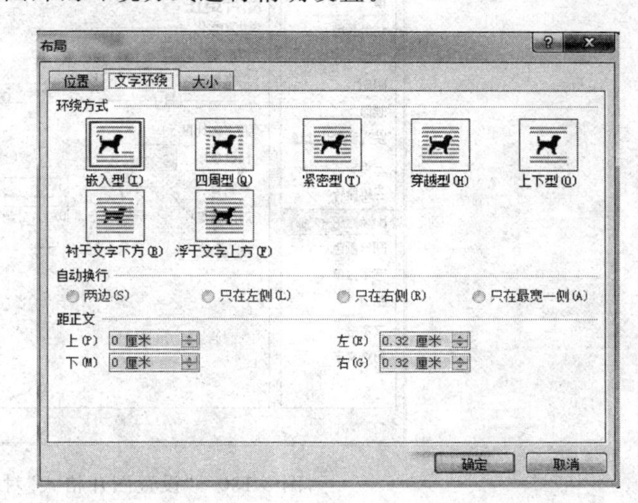

图 3-129　“文字环绕”选项卡

11）裁剪图片

选中图片后，在图片工具中的“格式”选项卡的“大小”组中选择“裁剪”选项，此时鼠标指针变为 形状，将鼠标指针移至图片的控制点上即可对图片进行裁剪。

12）旋转图片

在需要旋转的图片上右击，从弹出的快捷菜单中选择“大小”命令，弹出“大小”对话框，打开“大小”选项卡，在该选项卡的“尺寸和旋转”选区的“旋转”微调框中输入旋转的角度。

13）设置透明色

选中需要设置透明色的图片，在图片工具中的“格式”选项卡的“调整”组中单击“颜色”按钮，在弹出的下拉列表中选择“设置透明色”选项，此时鼠标指针变为 形状，将鼠标指针指向需要设置为透明色的部分，单击，即可将所选部分设置为透明色。

注意：在图片上右击，从弹出的快捷菜单中选择“设置图片格式”命令，弹出“设置图片格式”对话框，如图 3-130 所示。在该对话框中可精确设置图片的填充、线条颜色、线型、阴影、三维格式、三维旋转、图片的重新着色等选项参数。

3.4.2　艺术字的插入和编辑

在编辑文档过程中，为了使文字的字形变得更具艺术性，可以应用 Word 2010 提供的艺术字功能来绘制特殊的文字。在 Word 2010 中，艺术字是作为一种图形对象插入的，所以用户可以像编辑图形对象那样编辑艺术字，Word 2010 共有 6 组默认艺术字样张，Word 2010 不能直接拖动艺术字放大和缩小，需要字号来改变。

1. 插入艺术字

(1) 将光标定位在需要插入艺术字的位置。

(2) 在功能区用户界面的“插入”选项卡的“文本”组中选择“艺术字”选项，弹出其下拉

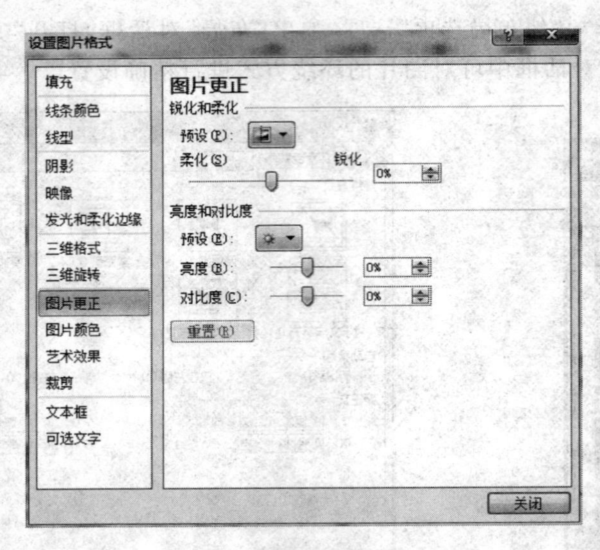

图 3-130 “设置图片格式”对话框

列表，如图 3-131 所示。

（3）在该下拉列表中选择一种艺术字样式。

（4）设置完成后，单击“确定”按钮即可在文档中插入艺术字。

2. 设置艺术字形状

在绘图“艺术字工具”的“格式”选项卡中的“艺术字样式”组单击“文本效果”按钮，弹出如图 3-132 所示的下拉列表。在该下拉列表中单击任意形状，艺术字形状将随之改变。

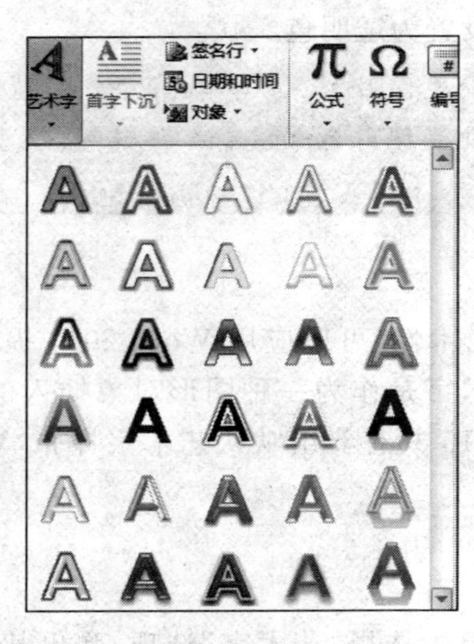

图 3-131 “艺术字”下拉列表

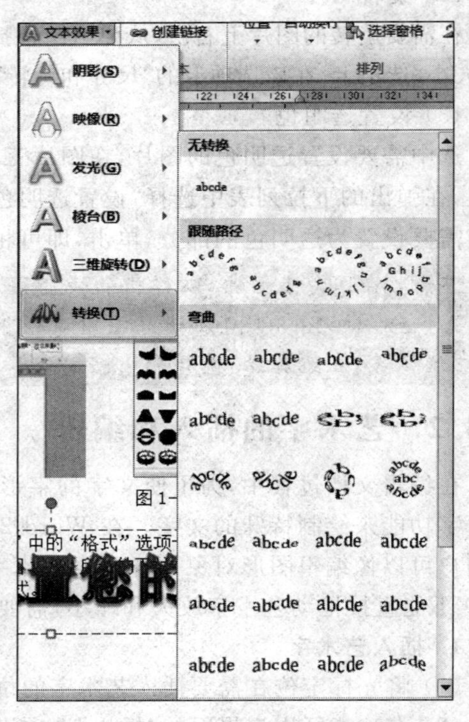

图 3-132 “艺术字形状”下拉列表

3. 设置文字环绕

在绘图工具的"格式"选项卡的"排列"组中单击"自动换行"按钮，弹出如图 3-133 所示的下拉列表。用户可根据需要在下拉列表中选择所需的文字环绕方式。

4. 设置艺术字形状轮廓

在绘图工具中的"格式"选项卡的"格式"选项卡的"形状轮廓"组中选择。

5. 设置艺术字格式

选中插入的艺术字，右击，从弹出的下拉菜单中选择"设置形状格式"命令，如图 3-134 所示。在该对话框中可对艺术字的颜色、大小、线型等进行精确的设置。

图 3-133 "文字环绕"下拉列表

图 3-134 "设置形状格式"对话框

3.4.3 文本框的应用

文本框是 Word 2010 提供的一种可以在页面上任意处放置文本的工具。使用文本框可以将段落和图形组织在一起，或者将某些文字排列在其他文字或图形周围。

1. 插入文本框

根据文本框中文字不同的排列方向，文本框可分为横排文本框和竖排文本框。插入文本框的具体操作步骤如下。

(1) 在功能区用户界面的"插入"选项卡的"文本"组中选择"文本框"选项，在弹出的下拉列表中选择"绘制文本框"选项，此时光标变为十形状。

(2) 将鼠标指针移至需要插入文本框的位置，按住鼠标左键并拖动至合适大小，松开鼠标左键，即可在文档中插入文本框。

(3) 将光标定位在文本框内，就可以在文本框中输入文字。输入完毕，单击文本框以外的任意地方即可。效果如图 3-135 所示。在功能区用户界面的"插入"选项卡的"文本"组中选择"文本框"选项，在弹出的下拉列表中选择"绘制竖排文本框"选项，即可在文档中插入竖排文本框。

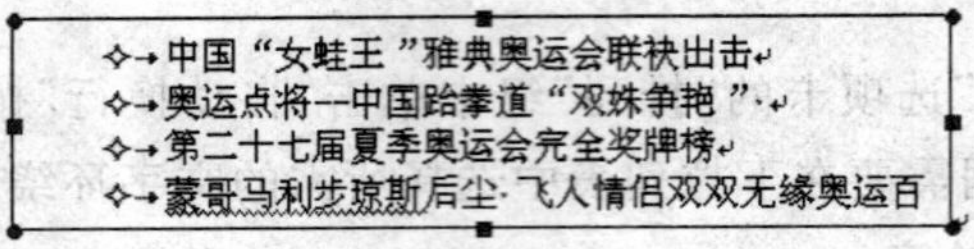

中国“女蛙王”雅典奥运会联袂出击
奥运点将--中国跆拳道“双姝争艳”
第二十七届夏季奥运会完全奖牌榜
蒙哥马利步琼斯后尘·飞人情侣双双无缘奥运百

图 3-135　插入文本框

2. 设置文本框格式

设置文本框格式的具体操作步骤如下。

(1) 选定要设置格式的文本框，右击，弹出“设置形状格式”对话框。在该对话框中可对文本框的大小进行设置。

(2) 在“设置形状格式”对话框中打开“线条颜色”选项卡，在该选项卡中可对文本框的颜色与线条进行设置，如图 3-136 所示。

设置形状格式
填充
线条颜色
线型
阴影
映像
发光和柔化边缘
三维格式
三维旋转
图片更正
图片颜色
艺术效果
裁剪
文本框
可选文字
线条颜色
无线条(N)
实线(S)
渐变线(G)
颜色(C):
透明度(T):
0%
关闭

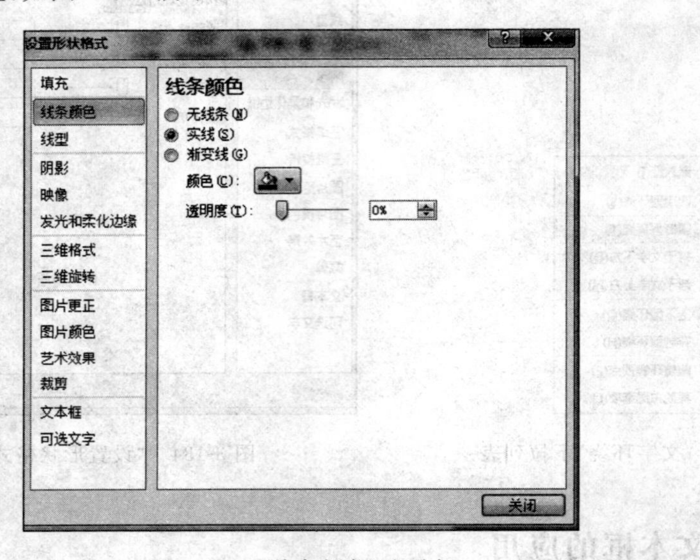

图 3-136　“线条颜色”选项卡

(3) 在“设置形状格式”对话框中打开其他的选项卡，可对文本框的其他格式进行设置。

3. 调整文字方向

(1) 选定要调整文字方向的文本框。

(2) 在“绘图工具”中的“格式”选项卡中，单击“文本”组中“文字方向”按钮，即可改变文本框中文字的方向。

4. 创建文本框链接

(1) 在文档中需要创建链接文本框的位置创建多个空白文本框。

(2) 选中第一个文本框，在“绘图工具”的“格式”选项卡的“文本”组中单击“创建链接”按钮；或者右击，从弹出的快捷菜单中选择“创建文本框链接”命令。此时鼠标指针变为形状。

(3) 将鼠标指针移至需要链接的下一个文本框中，此时鼠标指针变为形状，单击，即可将两个文本框链接起来。

(4) 选定后边的文本框，重复以上操作，直到将所有需要链接的文本框链接起来。

(5) 将光标定位在第一个文本框中，输入文本。当第一个文本框排满后，光标将自动排在后边的文本框中。

5. 断开文本框链接

在 Word 2010 中，用户可以断开文本框之间的链接。选定要断开链接的文本框，在"绘图工具"的"格式"选项卡的"文本"组中单击"断开链接"按钮；或者右击，从弹出的快捷菜单中选择"断开向前链接"命令即可。断开文本框链接后，文字将在位于断点前的最后一个文本框截止，不再向下排列，所有后续链接文本框都将为空。

6. 删除链接文本框

选定链接文本框中的所有文本框，按 Delete 或 Backspace 键，可删除链接文本框中的所有文本框和文本。

注意： 在文档中单击，即可插入一个系统默认的文本框。创建文本框链接后，所链接的各文本框的格式可独立设置。

3.4.4　绘制图形

在实际工作中，有时需要在文档中插入一些简单的图形来说明一些特殊的问题。在 Word 2010 文档中用户可以直接绘制和编辑各种图形。

在 Word 2010 文档中，用户可以插入现有的形状，例如矩形、圆、箭头、线条、流程图等符号和标注。在功能区用户界面的"插入"选项卡的"插图"组中选择"形状"选项，弹出其下拉列表，如图 3-137 所示。在该下拉列表中选择需要绘制的自选图形的形状，此时光标变为十形状，按住鼠标左键在绘图画布上拖动到适当的位置释放鼠标，即可绘制相应的自选图形。

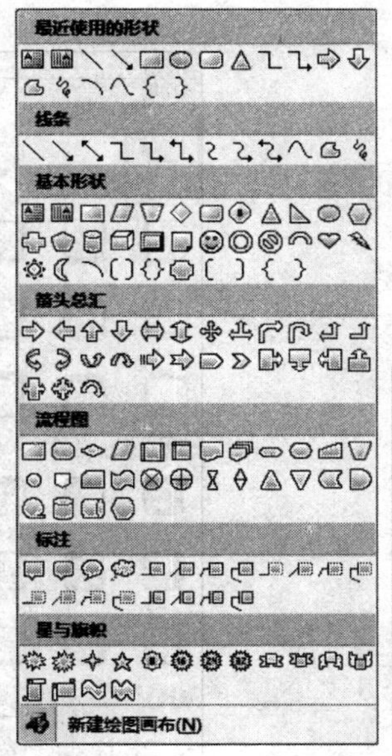

图 3-137　绘制自选图形

1. 为图形添加文本

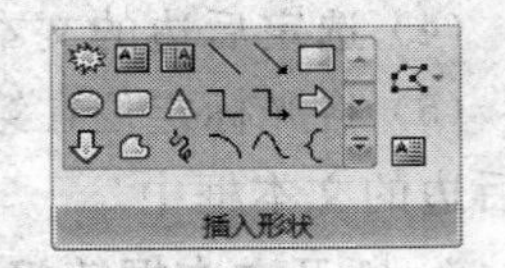

图 3-138 “插入形状”组

在图片工具的“格式”选项卡的“插入形状”组中单击“编辑文本”按钮，如图 3-138 所示，或者在插入的自选图形上右击，从弹出的快捷菜单中选择“添加文字”命令，即可输入要添加的文本。

2. 组合自选图形

对于绘制的自选图形，用户还可以对其进行组合。组合可以将不同的部分合成为一个整体，便于图形的移动和其他操作。选中需要组合的全部图形，右击，在弹出的快捷菜单中选择“组合”→“组合”命令，即可将图形组合成一个整体。

3. 设置填充效果

默认情况下，用白色填充所绘制的自选图形对象。用户还可以用颜色过渡、纹理、图案以及图片等对自选图形进行填充，具体操作步骤如下。

(1) 选定需要进行填充的自选图形，右击。

(2) 从弹出的快捷菜单中选择“设置自选图形格式”命令，弹出“设置形状格式”对话框，打开“填充”选项卡，如图 3-139 所示。

(3) 在该选项卡的“填充”选区的“颜色”下拉列表中选择“其他颜色”选项，在弹出的“颜色”对话框中设置填充颜色。

4. 设置阴影效果

给自选图形设置阴影效果，可以使图形对象更具深度和立体感。并且可以调整阴影的位置和颜色，而不影响图形本身。

(1) 选定需要设置阴影效果的图形。

(2) 在上下文工具的“格式”选项卡的“阴影效果”组中选择“阴影效果”选项，弹出其下拉列表，如图 3-140 所示。

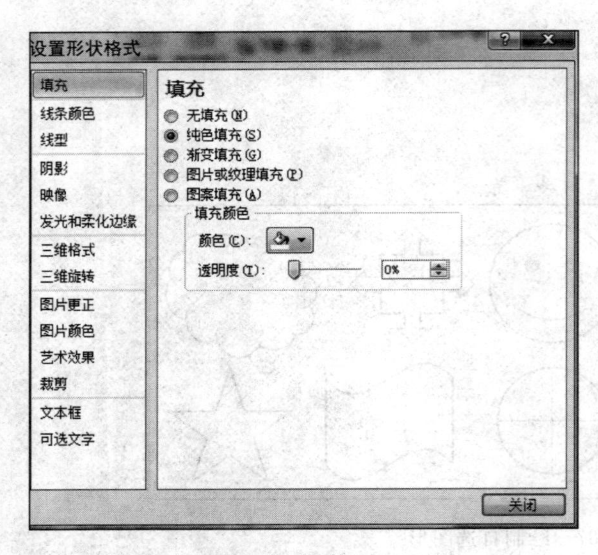

图 3-139 “填充”选项卡

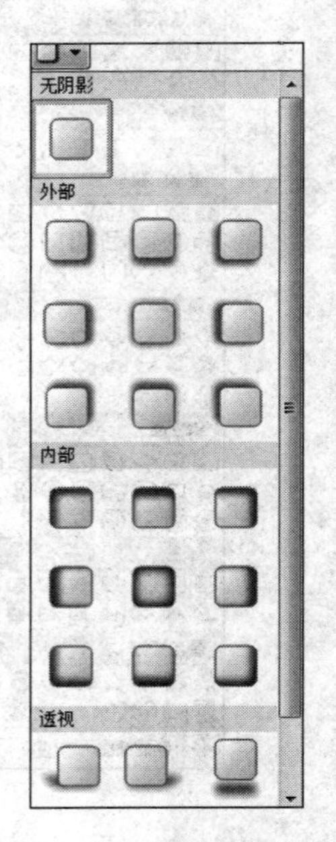

图 3-140 “阴影样式”下拉列表

(3) 在该下拉列表中选择一种阴影样式，即可为图形设置阴影效果；选择“阴影颜色”选项，在弹出的子菜单中可设置图形阴影的颜色。

(4) 用户还可以在“阴影效果”选项后对图形阴影的位置进行调整。

5. 设置三维效果

(1) 选定需要设置三维效果的图形。

(2) 在上下文工具的“格式”选项卡的“形状效果”组中选择“三维旋转”选项，弹出其下拉列表。

(3) 在该下拉列表中选择一种三维样式，即可为图形设置三维效果，并可在该下拉列表中设置图形三维效果的颜色、方向等参数。

6. 设置叠放次序

当绘制的图形与其他图形位置重叠时，就会遮盖图片的某些重要内容，此时必须调整叠放次序，具体操作步骤如下。

(1) 选定需要调整叠放次序的图片，右击。

(2) 在弹出的快捷菜单中选择“叠放次序”命令，弹出其子菜单。

(3) 在该子菜单中根据需要选择相应的命令。

3.4.5 SmartArt 图形的使用

SmartArt 图形是信息和观点的可视化表现形式，它是 Word 2010 新增的一个突出亮点。使用 SmartArt 图形能轻松制作出精美的文档和具有设计师水准的插图，特别是在制作组织结构图、产品生产流程图和采购流程图等图形时，只需单击几下鼠标，即可创建具有设计师水准的插图。Word 2010 中提供了 7 种不同的 SmartArt 图形，如列表、流程图、循环图、层次结构图、关系图、矩阵图和棱锥图。

1. 插入 SmartArt 图形

创建 SmartArt 图形时，系统将提示用户选择一种 SmartArt 图形类型，例如“流程”“层次结构”“循环”或“关系”。类型类似于 SmartArt 图形类别，而且每种类型包含几个不同的布局。在文档中插入 SmartArt 图形的具体操作步骤如下。

(1) 将光标定位在需要插入 SmartArt 图形的位置。

(2) 在功能区用户界面的“插入”选项卡的“插图”组中选择 SmartArt 选项，弹出“选择 SmartArt 图形”对话框，如图 3-141 所示。

(3) 在该对话框左侧的列表框中选择 SmartArt 图形的类型；在中间的“列表”列表框中选择子类型；在右侧将显示 SmartArt 图形的预览效果。

(4) 设置完成后，单击“确定”按钮，即可在文档中插入 SmartArt 图形，如图 3-142 所示。

(5) 如果需要输入文字，可在写有“文本”字样处单击，即可输入文字。

(6) 选中输入的文字，即可像普通文本一样进行格式化编辑。

2. 编辑 SmartArt 图形

(1) 在 Word 文档中插入 SmartArt 图形后，还可以对其进行编辑操作。在上下文工具“SmartArt 工具”的“设计”选项卡中可对 SmartArt 图形的布局、颜色、样式等进行设置，如图 3-143 所示。

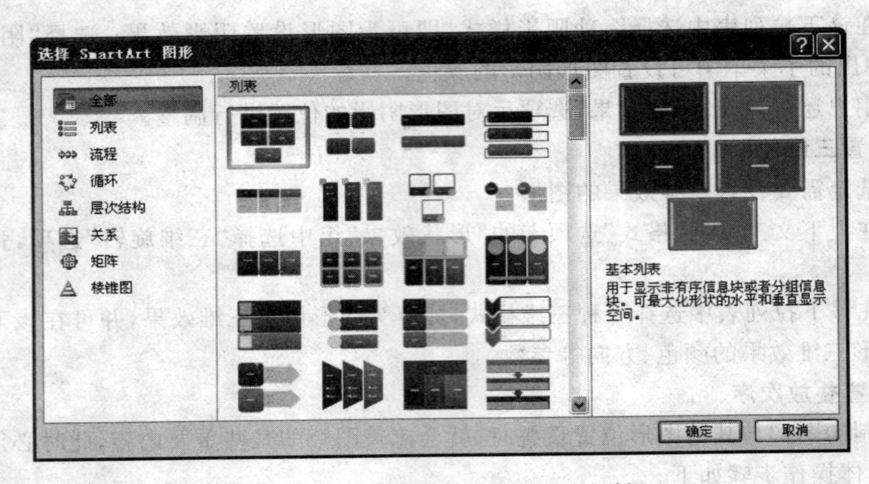

图 3-141 "选择 SmartArt 图形"对话框

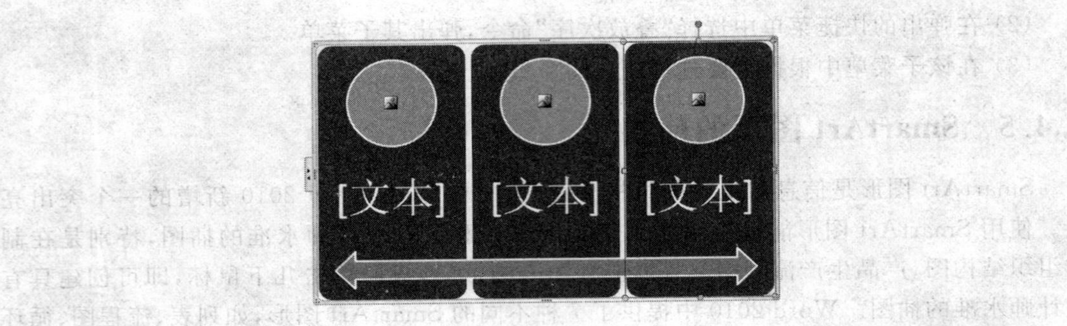

图 3-142 插入 SmartArt 图形

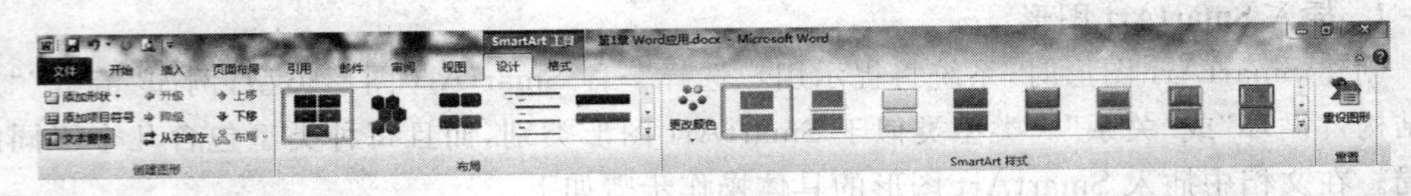

图 3-143 "设计"选项卡

(2) 在上下文工具"SmartArt 工具"的"格式"选项卡中可对 SmartArt 图形的形状、形状样式、艺术字样式、排列、大小等进行设置，如图 3-144 所示。

图 3-144 "格式"选项卡

(3) 单击 SmartArt 图形中的图片占位符，弹出"插入图片"对话框，在该对话框中选择需要的图片，单击"插入"按钮，即可在 SmartArt 图形中插入图片。

3.4.6 图表的应用

图表能直观地展示数据，使用户方便地分析数据的概况、差异和预测趋势。例如，用户不必分析工作表中的多个数据列就可以直接看到各个季度销售额的升降，或者直观地对实际销售额与销售计划进行比较。

1. 插入图表

(1) 将光标定位在需要插入图表的位置。

(2) 在功能区用户界面的“插入”选项卡的“插图”组中选择“图表”选项，弹出“插入图表”对话框，如图 3-145 所示。

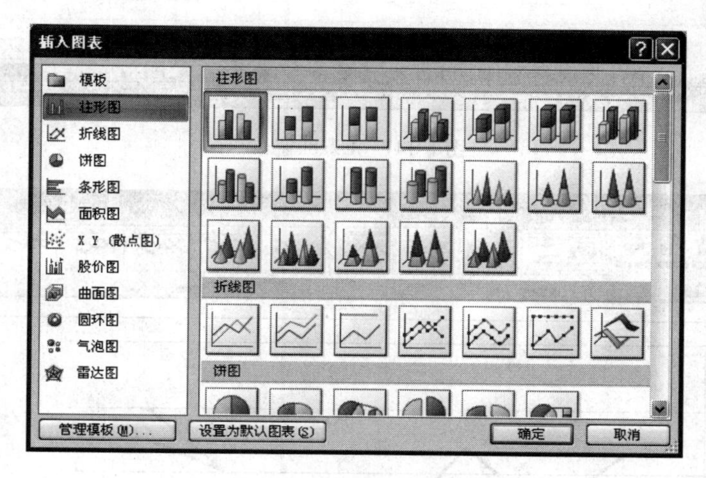

图 3-145 “插入图表”对话框

(3) 在该对话框左侧选择图表类型模板；在右侧选择其子类型，单击“确定”按钮，即可在文档中插入图表，效果如图 3-146 所示。同时打开 Excel 窗口，如图 3-147 所示。在 Excel 表格中对数据进行修改，在 Word 文档的图表中即可显示出来。

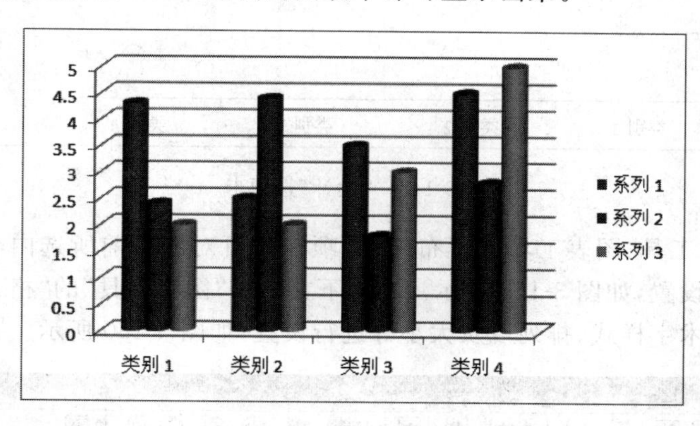

图 3-146 插入图表

2. 编辑图表

(1) 在 Word 文档中插入图表后，仍可以对其进行编辑操作。在上下文工具“图表工具”的“设计”选项卡中可对图表的类型、数据、布局、样式等进行设置，如图 3-148 所示。

(2) 在该对话框中可对图表的类型进行修改。在“类型”组中选择“另存为模板”选项，弹出“保存图表模板”对话框，在该对话框中可将创建的图表保存为图表模板，方便下次直接使用。

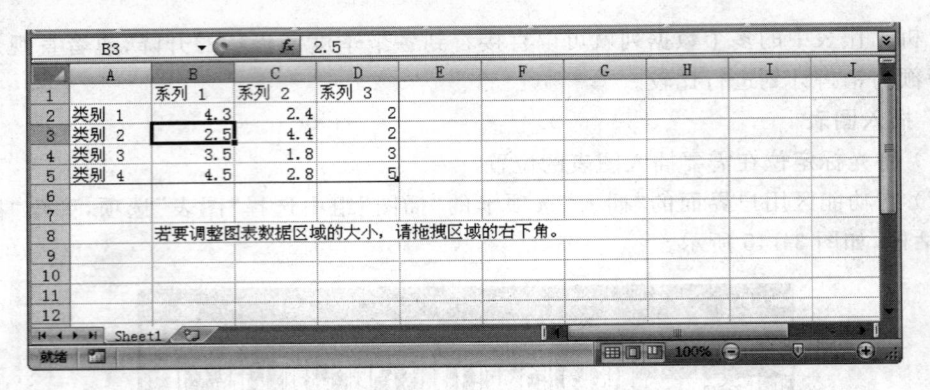

图 3-147 Excel 窗口

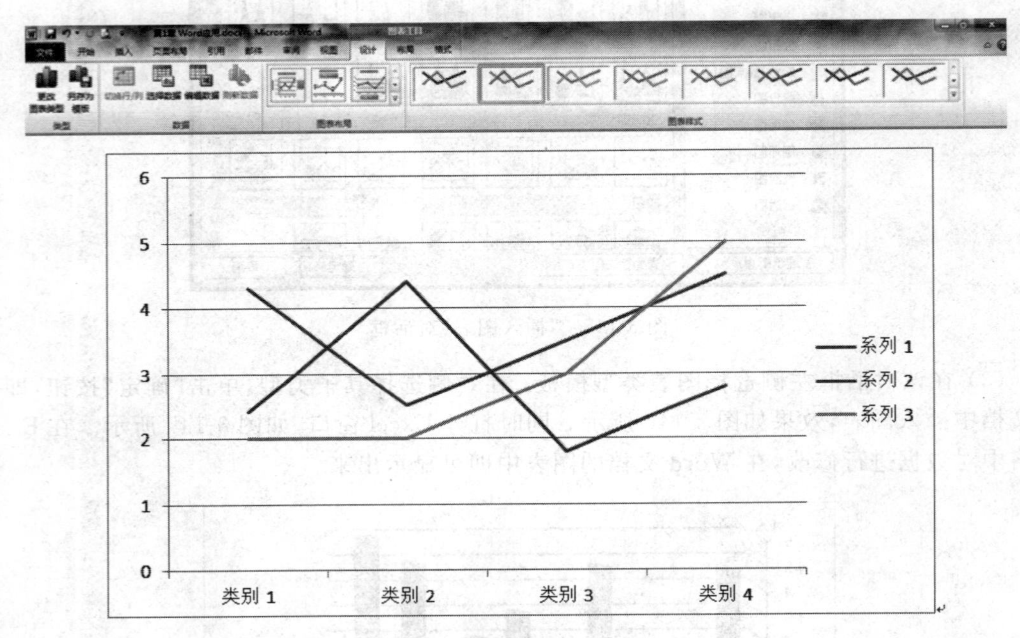

图 3-148 “设计”选项卡

(3) 在上下文工具“图表工具”的“布局”选项卡中可对图表前所选内容、标签、坐标轴、背景、分析等进行设置，如图 3-149 所示。在上下文工具“图表工具”的“格式”选项卡中可对图表形状样式、艺术字样式、排列以及大小等进行设置，如图 3-150 所示。

图 3-149 “布局”选项卡

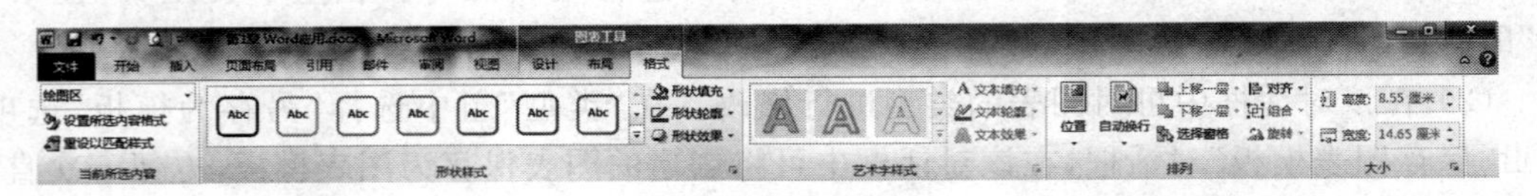

图 3-150 “格式”选项卡

3.5 任务：Word 长文档编辑排版综合应用

长文档编辑与排版是 Word 2010 高级应用之一，正确进行长文档中的页面设置、样式设置应用、页眉页脚编辑与排版以及自动生成目录等综合操作是规范制作长文档的必要手段和方法。

长文档的制作在人们日常工作和生活中经常应用，例如制作工作总结、调查报告、项目合同、投标标书、书本稿件、宣传册等。由于这些文档通常包括多个章节和大量数据，如果仅仅靠手动编辑逐段设置，既浪费了大量人力、物力，又不利于后期修改和编排。本节通过制作公司宣传册，介绍制作长文档的基本步骤方法及操作技巧。

长文档编辑和排版首页要从页面设置开始，即首先设置页面纸张的大小、页边距、页眉页脚与页面的边距、页面的行数和列数、打印方式等；其次设置样式，例如标题的级别样式和正文样式等；再次设置分节符和特殊的页眉页脚属性；最后设计封面和生成目录及文档结构图。

1. 实例要求

沈阳宏美电子有限公司为了更好地推广公司新产品，准备制作一份公司宣传册，内容包括公司简介、产品资讯、客户服务、联系方式、人员招聘信息等内容。此宣传册的效果如图 3-151 所示。

2. 设置纸张和文档网格

(1) 打开"企业宣传册原稿. docx"文档。

(2) 打开"页面布局"选项卡，打开"页面设置"对话框。

(3) 在"页边距"选项卡中，设置上边距为 2.3 厘米，下边距为 2.3 厘米，左边距为 2.9 厘米，右边距为 2.9 厘米，左边装订线为 0.5 厘米，纸张方向为纵向，应用范围选择整篇文档，如图 3-152 所示。

(4) 切换到"纸张"选项卡，在"纸张大小"下拉框中选择 A4 纸型。

(5) 切换到"版式"选项卡，设置页眉距纸张上边 2 厘米，页脚距纸张下边 1.75 厘米。

(6) 切换到"文档网格"选项卡，改变文档中字符之间或各行之间的疏密程度，在"网格"选项卡中选中"指定行和字符网格"单选按钮，设置每行字符数是 39，每页 43 行。

3. 设置样式

(1) 打开样式选项卡，清除所有默认格式，如图 3-153 所示。

(2) 设置全文档正文样式。

① 单击应用样式按钮 应用样式(A)... ，打开对话框，设置宣传册正文样式，新的样式名称为"宣传册正文"，如图 3-154 所示。

② 选择"修改"命令，设置字体为"宋体"，字号为小四，其他值设置为默认。

③ 单击对话框左下角 格式(O) ▾ 下拉按钮，在下拉列表中选择"段落"命令，在对话框中设置首行缩进 2 个字符，1.25 倍行距，对齐方式设置左对齐。

④ 宣传册正文样式设置完成。

HOMER
目 录
一、关于宏德
二、产品资讯
三、客户服务
四、联系我们
五、招贤纳士

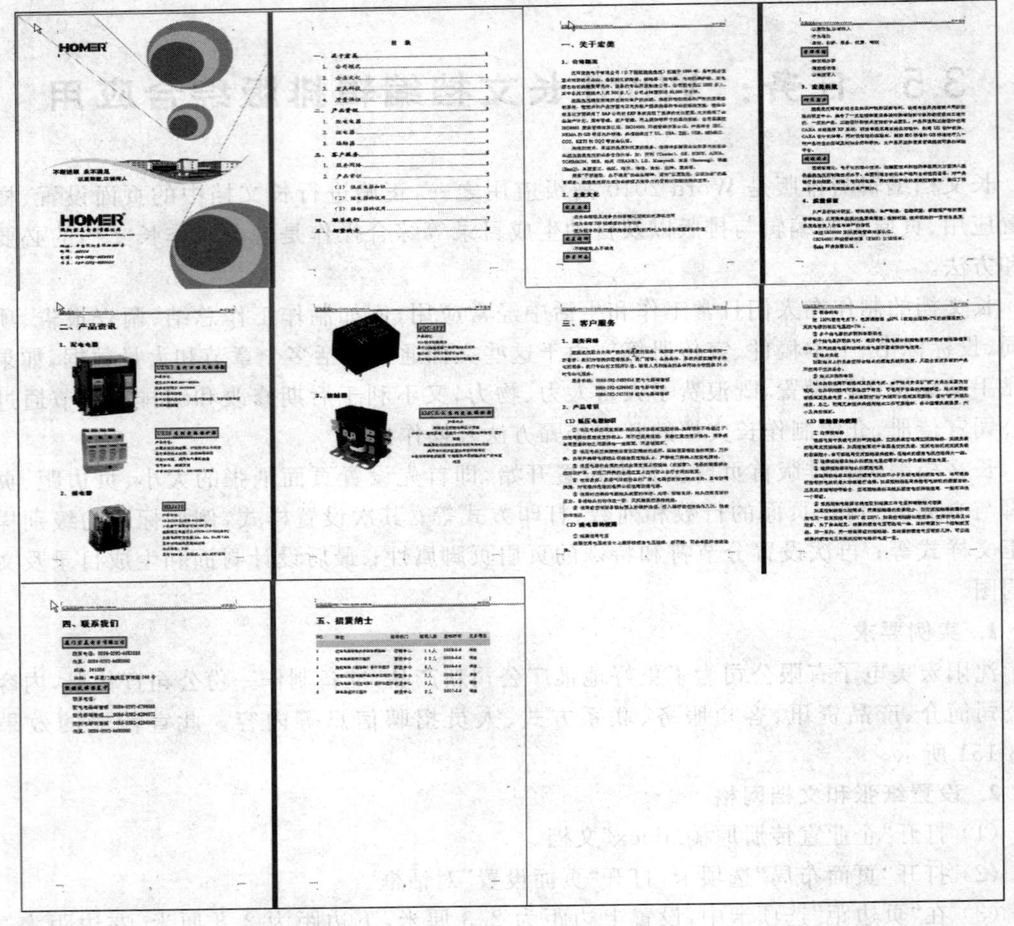

图 3-151 公司宣传册效果图

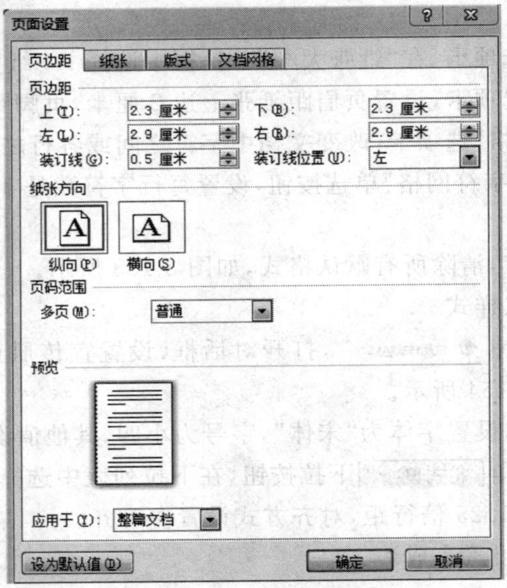

页面设置
页边距
纸张
版式
文档网格
页边距
上(T): 2.3 厘米
下(B): 2.3 厘米
左(L): 2.9 厘米
右(R): 2.9 厘米
装订线(G): 0.5 厘米
装订线位置(U): 左
纸张方向
纵向(P)
横向(S)
页码范围
多页(M): 普通
预览
应用于(Y): 整篇文档
设为默认值(D)
确定
取消

图 3-152 页边距设置

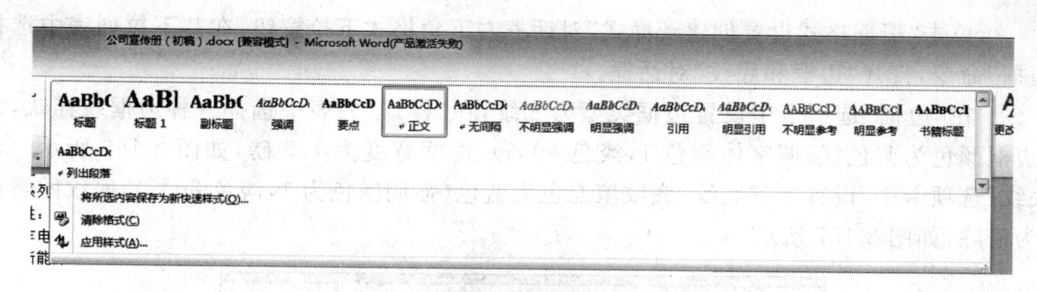

图 3-153　清除默认格式

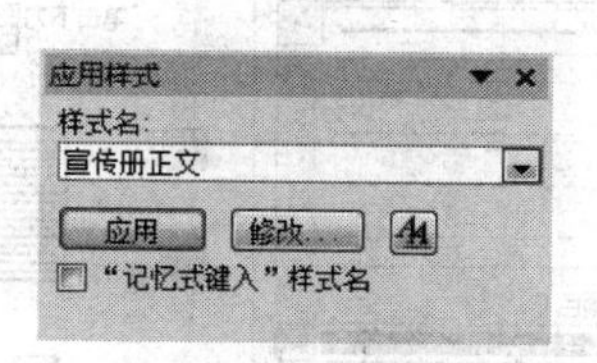

图 3-154　命名样式名

(3) 创建三级标题。

① 单击应用样式按钮 应用样式(A)... ，打开对话框，设置宣传册三级标题，三级标题样式名称为“宣传册三级标题”。

② “样式类型”为段落，“样式基准”为标题 1，后续段落样式为“宣传册正文”。

③ 单击对话框左下角 格式(O) 下拉按钮，在下拉列表中选择“段落”命令，在对话框中设置行距为 1.5 倍行距，段前为自动，段后为 1 行，其他设置为默认。

④ 宣传册三级标题格式设置完毕。

(4) 同样方法设置二级标题和一级标题。

(5) 设置宣传册特殊正文格式。

① 单击应用样式按钮 应用样式(A)... ，打开对话框，设置宣传册特殊正文格式，设置名称为“宣传册特殊正文”，样式类型为“字符”，样式基准为“默认段落字体”。在“格式”选择组中设置字体为“华文楷体”、四号、加粗，字符颜色为深红色，其他设置为默认值，如图 3-155 所示。

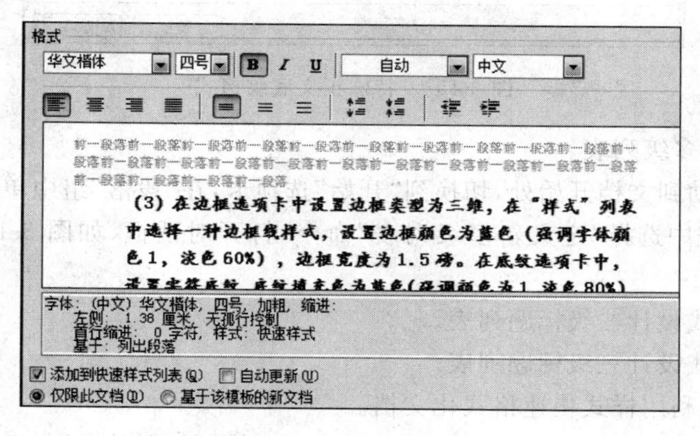

图 3-155　特殊正文段落格式

② 单击“根据格式设置创建新样式”对话框左下角格式下拉按钮，在其下拉列表中选择“边框”命令，打开“边框和底纹”对话框。

③ 在“边框”选项卡中设置边框类型为三维，在“样式”列表中选择一种边框线样式，设置边框颜色为蓝色(强调字体颜色 1，淡色 60%)，边框宽度为 1.5 磅，如图 3-156 所示。在“底纹”选项卡中，设置字符底纹，底纹填充色为蓝色(强调颜色为 1，淡色 80%)，底纹图案样式为清除，如图 3-157 所示。

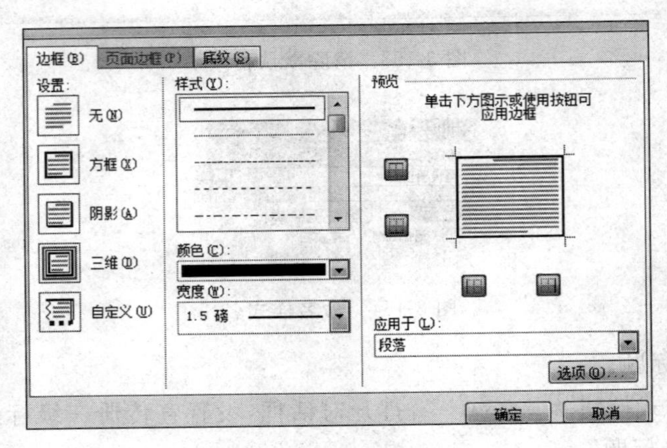

图 3-156　特殊正文边框格式

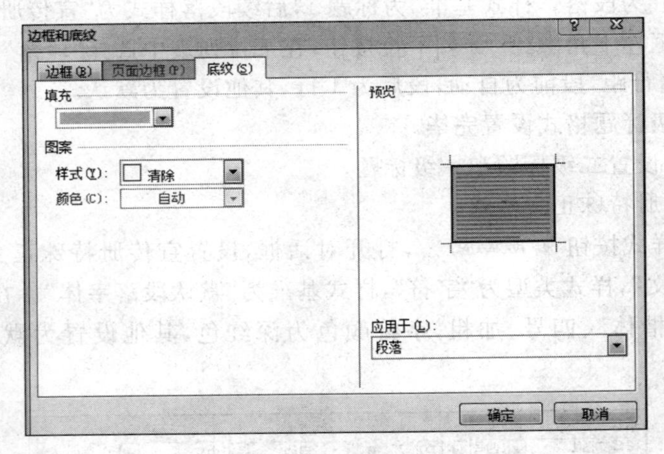

图 3-157　特殊正文底纹格式

(6) 设置文档多级列表。

① 将光标移动到文档开始处，切换到“开始”选项卡，在“段落”组中单击“多级列表下拉按钮”，在下拉列表中选择“定义新多级列表”命令，打开对话框，如图 3-158 所示设置级别列表。

② 同样的方式设计二级标题列表。

③ 同样的方式设计三级标题列表。

(7) 参考样图利用样式快速格式化文档。

① 将“关于宏美”“产品资讯”“客户服务”“联系我们”“招贤纳士”设置为“宣传册一级标题”格式，同时自动添加了一级标题列表格式。

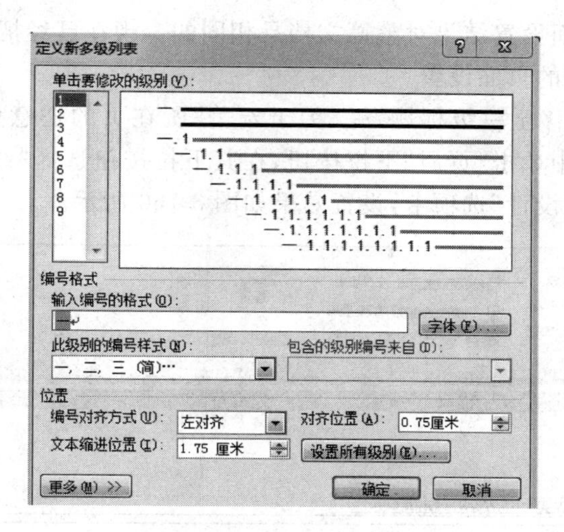

图 3-158　一级标题列表设置

② 同样方式设置二级标题格式，将“公司概况”“企业文化”“宏美科技”“质量保证”“配电电器”“继电器”“接触器”“服务网络”“产品知识”设置成“宣传册二级标题”格式，同时自动添加了二级标题列表格式。

③ 同样方式设置三级标题格式，将“低电压器知识”“继电器的使用”“接触器的使用”设置成“宣传册三级标题”格式，同时自动添加了三级标题列表格式。

④ 选中文档中红色文字，单击样式任务窗格，设置为“宣传册特殊正文”格式。

⑤ 设置表格属性美化。

切换到“插入”选项卡，在“表格”组单击“表格”下拉按钮，在其下拉列表中选择 2 行 2 列表格。

选中整个表格后，切换到“表格工具”的“布局”选项卡，在“单元格大小”组中设置表格行高为 6 厘米，列宽为 8 厘米。

将对应素材图片和文本参考样图移动到表格中。

4. 设置分节和不同分节的页眉

1）设置分节符

“企业宣传册”文档一共包括 5 个部分，即 5 个一级标题，现要求每部分文档均另起一页，对文档进行分页处理。

一般的做法是：插入分页符分页或者插入分节符分页。但如果每个部分都有不同的页边距、页眉页脚、纸张大小等页面设置要求，则必须使用分节符进行分页。

将光标分别定位到一级标题“一、关于宏美”“二、产品资讯”等之前，切换到“页面布局”选项卡，在“页面设置”组选项中单击“分隔符”，在其下拉列表中选择“分节符”选项组中的“下一页”命令，实现文档的分页操作，如图 3-159 所示。

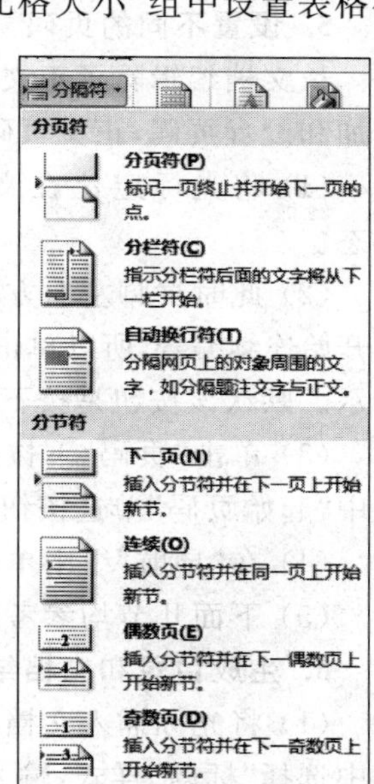

图 3-159　设置分节符

2）制作不同的页眉页脚

页面设置操作一般是以节为单位，默认情况下把整篇文档看成一节，因此用户的页面设置结果对整篇文档是相同的。现在已经把文档分成若干节，因此可以对各个节进行不同的页面设置。

(1) 将光标插入点移至一级标题“一、关于宏美”所在页的任意处，切换到“插入”选项卡，在“页眉和页脚”组中单击“页眉”下拉按钮，在其下拉按钮选择“编辑页眉”命令，进入页眉编辑状态，同时打开“设计”选项卡，设置效果如图 3-160 所示。

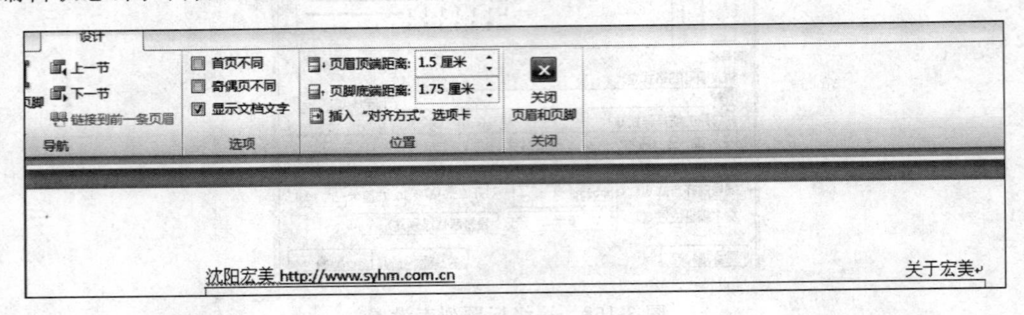

图 3-160　设置页眉

(2) 在导航组，单击“下一节”按钮，进入一级标题“产品资讯”所在页眉编辑设置状态，重复上面步骤，在页眉中输入“沈阳宏美 http://www.syhm.com.cn”和“产品资讯”。

(3) 重复步骤(2)，将第三节页眉内容设置为“沈阳宏美 http://www.syhm.com.cn”和“客户服务”。

(4) 重复步骤(2)，将第四节页眉内容设置为“沈阳宏美 http://www.syhm.com.cn”和“联系我们”。

(5) 重复步骤(2)，将第五节页眉内容设置为“沈阳宏美 http://www.syhm.com.cn”和“招贤纳士”。

(6) 完成页眉设置后，关闭页眉选项卡。

5. 设置不同的页码

长文档编辑除了正文内容外，还应该包括目录和封面等。一般情况下，封面和目录均不添加和设置页码，正文页码从编号 1 开始，放在页脚中间位置。

(1) 将光标定位在文档开始处(“一、关于宏美”所在页)，单击插入，进入页脚编辑状态。

(2) 此时页脚左上方提示“页脚-第 2 节”，在右上角提示与上一节相同。因为页码从本节开始连续编号，所以单击导航中“链接到前一条页眉”按钮，切断与上一节联系，如图 3-161 所示。默认该按钮是按下状态，即链接到前一节页眉页脚有效。

(3) 单击“页码”下拉按钮，在下拉列表中，选择“设置页码格式”命令，如图 3-162 所示，选中“起始页码”单选按钮，并设置其值为 1，这样就与前面目录和封面等内容无关了。

(4) 在“导航”组中单击下一节，设置下一节页面格式为“续前节”。

(5) 下面几节均参考步骤(4)设置。

6. 生成目录和文档结构图

(1) 将光标插入文档首页(目前是空白页，文档内容的前一页)，在开始选项卡的“样式”组中选择“标题”样式，输入“目录”。

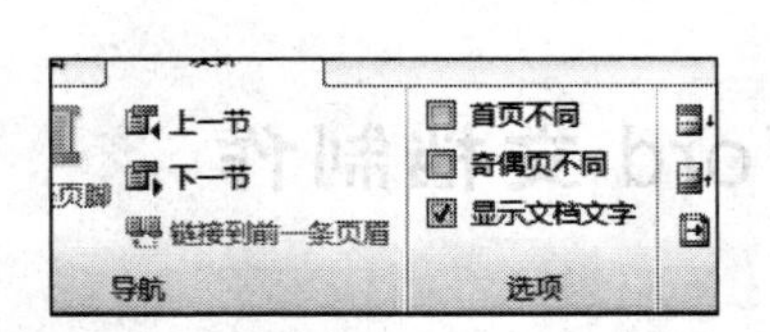

图 3-161 切断链接到前一条页眉

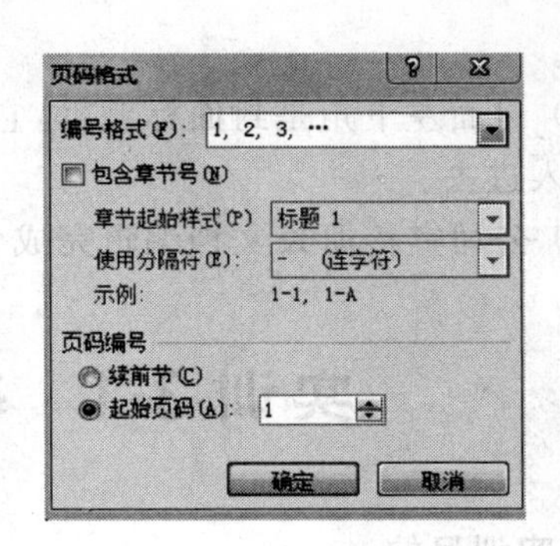

图 3-162 设置页面起始页码

(2) 切换到"引用"选项卡,在"目录"组选择"目录"下拉按钮,打开"目录"对话框,如图 3-163 所示。

(3) 单击"选项"按钮,设置目录显示级别,同时清除其他标题样式的目录级别,如图 3-164 所示。

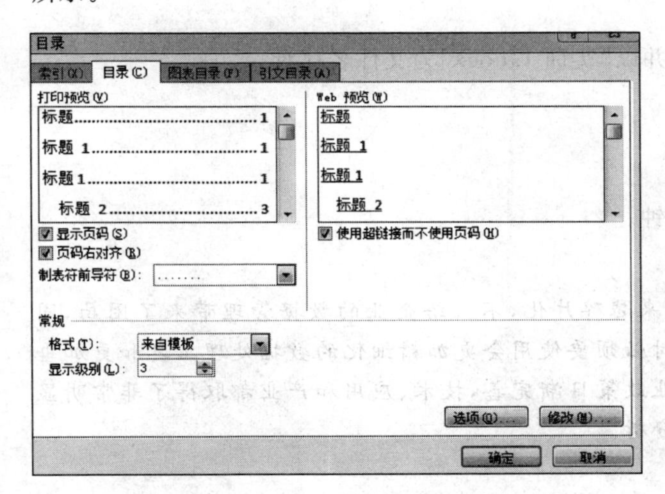

图 3-163 "目录"对话框

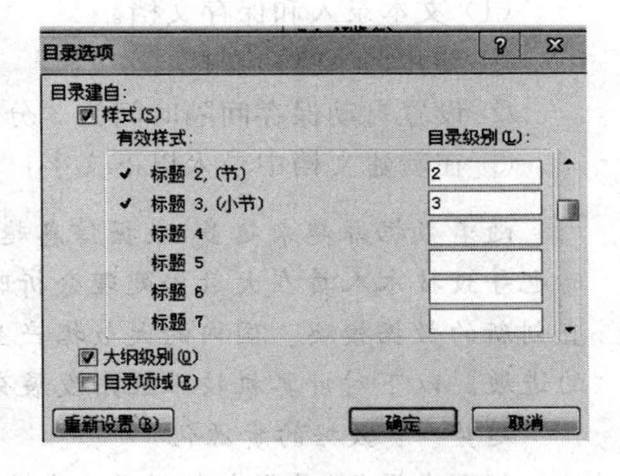

图 3-164 设置目录项级别

(4) 单击"修改"按钮,打开"样式"对话框,设置目录级别格式,一级标题目录格式为楷体、三号字、加粗;二级标题目录字体格式为楷体、小三号字;三级标题目录字体格式为楷体、四号字。

(5) 设置完毕后返回"目录"对话框,单击"确定"按钮完成目录制作。系统自动生成目录。

7. 设计封面

对于长文档封面非常重要,Word 2010 内置了多种封面供用户选择使用,下面为本文档制作封面。

(1) 封面独占一节,在目录页前插入一个空白页,作为文档第一节。

(2) 切换到"插入"选项卡,在"页"组中单击"封面"下拉按钮,在其下拉列表的"内置"选项中选择"现代型"封面,为本文档插入封面。

(3) 在封面上依次插入公司标志 LOGO 图片和宣传图片,调整其大小,并将其放在合适位置。

(4) 封面左下角是封面标题框,它由表格做成,已预先定义好相应的样式,将公司相关信息输入进去。

(5) 公司宣传册长文档编辑完成。

实训 3-1 基本 Word 文档制作

1. 实训目的

(1) 文字的输入和字符、特殊符号的输入。

(2) 掌握文本的选定、插入、复制、移动、粘贴、删除操作,以及查找和替换等基本操作。

(3) 掌握 Word 字符、字体、字号、段落、分栏等格式的设置。

(4) 熟悉 Word 页眉页脚、页面格式的设置。

(5) 掌握项目符号与编号的使用方法。

2. 实训任务

按图 3-165 样文创建 Word 文档,并以"实训 1. docx"为文件名存盘。

3. 实训要求

(1) 文本录入和保存文档。

① 新建一个空白文档。

② 设置自动保存间隔时间为 3 分钟。

③ 在新建文档中录入以下文字:

随着数据源越来越多,数据信息越来越碎片化,不仅给企业的数据管理带来了困局,同时也导致技术人员在大数据处理分析时必须要使用会更加精细化的数据处理工具和更加垂直创新的数据模块。国内的大数据产业政策日渐完善,技术、应用和产业都取得了非常明显的进展。以下对计算机技术应用发展分析。

趋势一:数据的资源化

何谓资源化,是指大数据成为企业和社会关注的重要战略资源,并已成为大家争相抢夺的新焦点。因而,企业必须要提前制订大数据营销战略计划,抢占市场先机。

趋势二:与云计算的深度结合

大数据离不开云处理,云处理为大数据提供了弹性可拓展的基础设备,是产生大数据的平台之一。自 2013 年开始,计算机技术已开始和云计算技术紧密结合,预计未来两者关系将更为密切。除此之外,物联网、移动互联网等新兴计算形态,也将一齐助力大数据革命,让大数据营销发挥出更大的影响力。

趋势三:科学理论的突破

随着大数据的快速发展,就像计算机和互联网一样,大数据很有可能是新一轮的技术革命。随之兴起的数据挖掘、机器学习和人工智能等相关技术,可能会改变数据世界里的很多算法和基础理论,实现科学技术上的突破。

未来,数据科学将成为一门专门的学科,被越来越多的人所认知。各大高校将设立专门的数据科学类专业,也会催生一批与之相关的新的就业岗位。与此同时,基于数据这个基础平台，也将建立起跨领域的数据共享平台，之后，数据共享将扩展到企业层面，并且成为未来产业的核心一环。大数据成为时代发展一个必然的产物，而且大数据正在加速渗透到我们的日常生活中，从衣、食、住、行各个层面均有体现。大数据时代，一切可量化，一切可分析。谁也不能断定大数据未来真正的发展趋势，但一定是以多种技术为依托且相互结合，才能释放大数据的“洪荒之力”。

趋势四：数据科学和数据联盟的成立

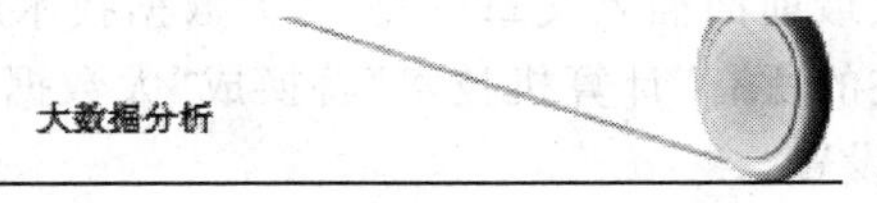

大数据技术应用发展分析

随着数据源越来越多，数据信息越来越碎片化，不仅给企业的数据管理带来了困局，同时也导致技术人员在大数据处理分析时必须要使用会更加精细化的数据处理工具和更加垂直创新的数据模块。国内的大数据产业政策日渐完善，技术、应用和产业都取得了非常明显的进展。以下对大数据技术应用发展分析。

一、 趋势一：数据的资源化

何谓资源化，是指大数据成为企业和社会关注的重要战略资源，并已成为大家争相抢夺的新焦点。因而，企业必须要提前制订大数据营销战略计划，抢占市场先机。

二、 趋势二：与云计算的深度结合

大数据离不开云处理，云处理为大数据提供了弹性可拓展的基础设备，是产生大数据的平台之一。自2013年开始，大数据技术已开始和云计算技术紧密结合，预计未来两者关系将更为密切。除此之外，物联网、移动互联网等新兴计算形态，也将一齐助力大数据革命，让大数据营销发挥出更大的影响力。

三、 趋势三：科学理论的突破

随着大数据的快速发展，就像计算机和互联网一样，大数据很有可能是新一轮的技术革命。随之兴起的数据挖掘、机器学习和人工智能等相关技术，可能会改变数据世界里的很多算法和基础理论，实现科学技术上的突破。

四、 趋势四：数据科学和数据联盟的成立

- 未来，数据科学将成为一门专门的学科，被越来越多的人所认知。各大高校将设立专门的数据科学类专业，也会催生一批与之相关的新的就业岗位。与此同时，基于数据这个基础平台，也将建立起跨领域的数据共享平台，之后，数据共享将扩展到企业层面，并且成为未来产业的核心一环。
- 大数据成为时代发展一个必然的产物，而且大数据正在加速渗透到我们的日常生活中，从衣、食、住、行各个层面均有体现。大数据时代，一切可量化，一切可分析。谁也不能断定大数据未来真正的发展趋势，但一定是以多种技术为依托且相互结合，才能释放大数据的“洪荒之力”。

2018年7月5日星期四　　1/1

图3-165　实训3-1样文

④ 以"Word 实训 1. docx"作为文件名保存到自己的文件夹中。

⑤ 关闭 Word。

(2) 基本编辑操作。

① 启动 Word,打开"实训 1. docx"文档。

② 将文末的小标题"趋势四:数据科学和数据联盟的成立"上移一段,作为该段小标题。

③ 从"大数据成为时代发展"进行分段,成为新的一段。

④ 在全文最前面插入文章标题:"大数据技术应用发展分析"。

⑤ 将全文的所有"计算机技术"替换成"大数据技术"。

(3) 格式设置。

① 将文章标题设为楷体 2 号字加粗,字间距加宽 3 磅,单倍行距,段前 6 磅,段后12 磅,居中对齐。

② 设置第一段的段落标题为黑体 4 号字倾斜,行距为固定值 24 磅,段前、段后各 0.5 行,左对齐。然后使用格式刷将其应用到其余两个标题。

③ 设置第一段正文为宋体、小 4 号字、常规,首行缩进 2 字符,单倍行距,两端对齐。然后使用格式刷将其应用到其余两个段落。

④ 第一自然段设为首字下沉 2 行。

⑤ 页面设为 16 开纸型纵向打印,左、右页边距各为 2.5 厘米,其余均按默认值不变。

(4) 项目符号和编号的使用。

① 删除第 1 个段落标题前的编号,使用"项目符号和编号"功能设置自动编号,编号样式为"(一)"。然后使用格式刷将其应用到其余两个标题。

② 对最后两段设置项目符号,符号样式用圆形。

(5) 分栏的使用。

将第二个段落标题下的文字设置为分三栏显示,中间加分隔线。

(6) 页眉页脚设置。

① 在页眉中输入"大数据分析"字样,页眉样式为"现代型—奇数页",字号大小为五号,颜色为黑色。

② 在页脚中插入创建日期,设置为宋体五号,居中对齐,插入页码。

(7) 打印预览。

保存文档,预览打印效果。

实训 3-2 表格制作

1. 实训目的

(1) 掌握表格制作的方法。

(2) 掌握表格的计算等操作。

2. 实训任务

(1) 按照表 3-5 样式创建表格,并以"实训 2. doct"为文件名存盘,要求如下。

① 插入一个 7 行 6 列的表格。

② 设置表格外框线为 0.75 磅的双线,第 1 行第 1 列的单元格内为 0.5 磅的斜线。

③ 设置底纹颜色为橙色、强调文字颜色6、淡色80%。

④ 输入文字，表格标题设为宋体小三号、居中对齐，除斜线表头中的文字外，其他文字设置为宋体、五号字、水平居中对齐。

表3-5 实训3-2表格样式1

课 程 表

专业：________ 班级：________ ________学年 ________学期

时间 星期	上午		下午		晚上
	第1、2节 8:00	第3、4节 10:00	第5、6节 1:00	第7、8节 3:00	第9、10节 6:00
星期一					
星期二					
星期三					
星期四					
星期五					

(2) 在表3-5的下方制作表3-6，要求如下：

① 在3月份后面插入一列，标题为“总量”，并利用计算功能求出各行的总量数值。

表3-6 实训3-2表格样式2

产品销售表

名 称	1月份	2月份	3月份
洗发液	1 200	1 500	2 100
沐浴露	5 400	4 500	5 000
染发剂	8 000	7 700	6 000
香皂	2 100	3 200	2 800
肥皂	8 000	8 600	8 300
牙膏	4 800	5 000	5 200
香水	6 300	6 700	7 100
洗面奶	4 000	4 500	4 900
防晒霜	6 000	5 800	6 100
保湿霜	3 600	4 100	480

② 利用文本转换成表格功能将表3-7转换为文本，文字分隔符为制表位。

表3-7 实训3-2表格样式3

产品销售表

名 称	1月份	2月份	3月份	总价
洗发液	1 200	1 500	2 100	4 800
沐浴露	5 400	4 500	5 000	14 900
染发剂	8 000	7 700	6 000	21 700
香皂	2 100	3 200	2 800	8 100
肥皂	8 000	8 600	8 300	24 900
牙膏	4 800	5 000	5 200	15 000

续表

名　称	1月份	2月份	3月份	总价
香水	6 300	6 700	7 100	20 100
洗面奶	4 000	4 500	4 900	13 400
防晒霜	6 000	5 800	6 100	17 900
保湿霜	3 600	4 100	480	8 180

(3) 在表 3-7 的下方创建表 3-8,要求如下:

① 设置表格外框线为 1.5 双实线磅,内框为 1 磅单实线。

② 表格标题为楷体、二号字、居中对齐,表格内文字设置为楷体、四号字、水平垂直居中对齐,参考样表设置底纹。

表 3-8　实训 3-2 表格样式 4

<table>
<tr><td colspan="5">个 人 简 历</td></tr>
<tr><td>姓　　名</td><td></td><td>姓　　名</td><td></td><td rowspan="4">照片</td></tr>
<tr><td>学　　历</td><td></td><td>籍　　贯</td><td></td></tr>
<tr><td>专　　业</td><td></td><td>E-mail</td><td></td></tr>
<tr><td>联系电话</td><td></td><td>兴趣爱好</td><td></td></tr>
<tr><td>健康状况</td><td></td><td>出生年月</td><td colspan="2"></td></tr>
<tr><td>通信地址</td><td colspan="4"></td></tr>
<tr><td>计算机水平</td><td colspan="4"></td></tr>
<tr><td>外语水平</td><td colspan="4"></td></tr>
<tr><td>主修课程</td><td colspan="4"></td></tr>
<tr><td>求职意向</td><td colspan="4"></td></tr>
<tr><td>教育背景</td><td colspan="4"></td></tr>
<tr><td>实践经历</td><td colspan="4"></td></tr>
<tr><td>获奖情况</td><td colspan="4"></td></tr>
<tr><td>自我评价</td><td colspan="4"></td></tr>
</table>

实训 3-3　图 文 混 排

1. 实训目的

(1) 掌握文本框在文档中的使用方法。

(2) 掌握艺术字在文档中的使用方法。

(3) 熟练掌握插入图片、图片的编辑。

(4) 掌握图文混排、页面排版。

2. 实训任务

按照图 3-166 样文创建图文混排的 Word 文档，以“实训 3. doct”为文件名存盘。

大数据分析

大数据技术应用发展分析

随着数据源越来越多，数据信息越来越碎片化，不仅给企业的数据管理带来了困局，同时也导致技术人员在大数据处理分析时必须要使用会更加精细化的数据处理工具和更加垂直创新的数据模块。国内的大数据产业政策日渐完善，技术、应用和产业都取得了非常明显的进展。以下对大数据技术应用发展分析。

一、 趋势一：数据的资源化

何谓资源化，是指大数据成为企业和社会关注的重要战略资源，并已成为大家争相抢夺的新焦点。因而，企业必须要提前制定大数据营销战略计划，抢占市场先机。

二、 趋势二：与云计算的深度结合

大数据离不开云处理，云处理为大数据提供了弹性可拓展的基础设备，是产生大数据的平台之一。自 2013 年开始，大数据技术已开始和云计算技术紧密结合，预计未来两者关系将更为密切。除此之外，物联网、移动互联网等新兴计算形态，也将一齐助力大数据革命，让大数据营销发挥出更大的影响力。

三、 趋势三：科学理[illegible]突破

随着大数据的快[illegible]机和互联网一样，大数据很有可能是新一轮的技术革命。随之兴起的[illegible]工智能等相关技术，可能会改变数据世界里的很多算法和基础理论，实[illegible]

四、 趋势[illegible]据联盟的成立

- 未来，数据科[illegible]门专门的学科，被越来越多的人所认知。各[illegible]将设立专门的数据科学类专业，也会催生一批与之相关的新的就业岗位。与此同时，基于数据这个基础平台，也将建立起跨领域的数据共享平台，之后，数据共享将扩展到企业层面，并且成为未来产业的核心一环。
- 大数据成为时代发展一个必然的产物，而且大数据正在加速渗透到我们的日常生活中，从衣食住行各个层面均有体现。大数据时代，一切可量化，一切可分析。谁也不能断定大数据未来真正的发展趋势，但一定是以多种技术为依托且相互结合，才能释放大数据的“洪荒之力”。

2018年7月5日星期四　1/1

图 3-166　实训 3-3 样文

3. 实训要求

(1) 插入图片：从剪贴画的植物类中插入，或者从磁盘上找自己感兴趣的图片文件插入，一幅设置为四周型环绕。另一幅设置为衬与文字下方，图片样式为映像圆角矩形，图片效果设为映像中的“紧密映像、接触”。

(2) 插入艺术字“大数据技术应用发展分析”：字体宋体、32 磅、加粗，艺术字样式为 2 行 4 列，文本效果为转换，跟随路径，上弯弧。

实训 3-4　图形绘制和公式编辑

1. 实训目的

(1) 掌握在文档中绘制图形的方法。

（2）掌握 SmartArt 图形的绘制。

（3）掌握在文档中编辑公式的方法。

2. 实训任务

（1）按照图 3-167 所示样式绘制图形，并以“实训 4. docx”命名，存盘，要求如下：

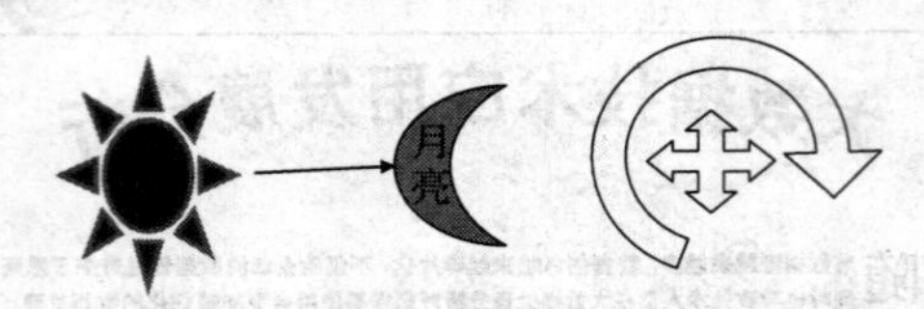

图 3-167　图形例

① 插入选项卡中选择“太阳形”“新月形”“十字箭头”“环形箭头”图形。

② 填充颜色：绘图工具中的“格式”选项卡的“形状样式”组中的“形状填充”按钮选择颜色进行填充。

③ 渐变颜色填充：选择“十字箭头”形状，在形状填充的按钮中选择“渐变”菜单，再选择“线性向下”。

④ 组合：在绘图工具的“格式”选项卡的“排列”组中，将先选择的多个图形组合为一个图形。

（2）在文档中绘制如图 3-168 所示的框图。

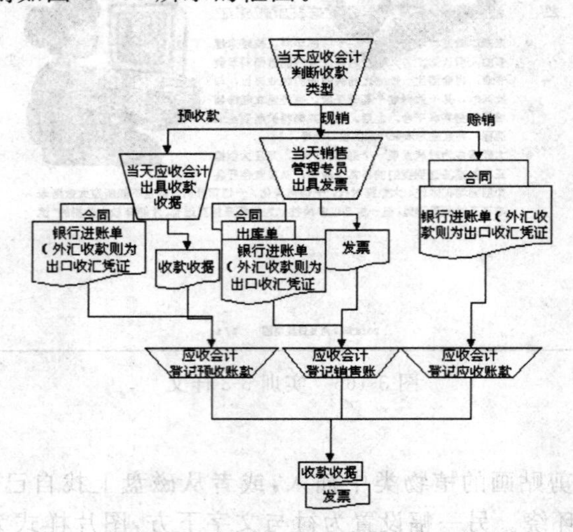

图 3-168　框图例

（3）绘制如图 3-169 所示的 SmartArt 图形，要求如下：

① 在 SmartArt 图形中选择“层次结构”中的组织机构图样式。

② 在“布局”组中单击“更改布局”按钮，选择“标记层次结构”。

③ 在 SmartArt 样式组的“三维”栏中选择“优雅”，在“更改颜色”中选择“彩色”强调文字 4-5。

④ 单击“格式”选项卡，在“形状样式”组中单击形状填充，在“主题颜色”选择“蓝色、强调文字颜色 4、淡色 60%”。

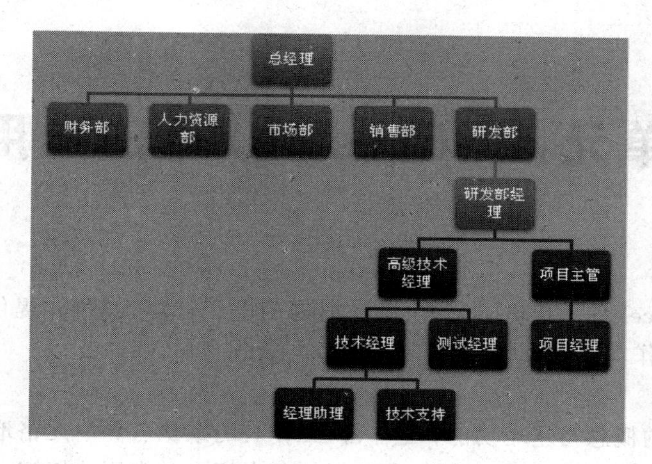

图 3-169 SmartArt 例

实训 3-5 长文档编辑

1. 实训目的

（1）掌握目录和封面的制作方法。

（2）掌握页眉页脚的设置方法。

（3）掌握分节符和样式应用。

2. 实训任务

（1）制作一份完整的实训报告。

（2）封面自行设计，包括题目名称、系及专业名称、班级、姓名、学号、实训时间、指导老师等。

（3）目录要求：3 级。

（4）页面设置：左右边距 2.4 厘米，上下边距 3.5 厘米。

（5）主标题：宋体、小一号、居中对齐。

（6）一级标题：宋体、四号段前段后各 6 磅。

（7）二级标题：宋体、小四号、段前段后各 6 磅，单倍行距。

（8）三级标题：宋体、五号、段前段后各 6 磅，单倍行距。

（9）页眉、页脚：每个节各不同。

单元 4　Excel 2010 的应用

Microsoft Excel 是一套功能完整、操作简易的电子计算表软体，提供丰富的函数及强大的图表、报表制作功能，有助于有效率地建立与管理资料。

大纲要求：

- 电子表格的概念与基本功能；工作簿、工作表的默认名和单元格地址。
- 工作簿：窗口、编辑栏、工具栏、菜单栏的基本概念和常用快捷键。
- 单元格：数据的格式、输入、编辑和区域设置。
- 工作表：工作表的插入、更名、删除、复制和移动。
- 公式与函数：运算符、求和、求平均值、常用函数、单元格的相对引用和绝对引用。
- 数据管理的基本概念：排序、筛选、分类汇总和图表。
- 电子表格的应用：自动填充、数据格式中的小数位数、千分位、货币符号、日期格式、公式与函数、排序、筛选、分类汇总和图表。

本书所使用是 Office 2010，和以前的 Office 版本相比，Office 2010 新增功能如下。

(1) 函数功能。Excel 2010 的函数功能在整体继承 Excel 2007 的基础上，更加充分考虑了兼容性问题，为了保证文件中包含的函数可以在 Excel 2007 以及更早版本中使用，在新的函数功能中添加了“兼容性”函数菜单。以方便用户的文档在不同版本中都能够正常使用。

(2) 迷你图。迷你图是在这一版本 Excel 中新增加的一项功能。使用迷你图功能，可以在一个单元格内显示出一组数据的变化趋势，让用户获得直观、快速的数据的可视化显示，对于股票信息等来说，这种数据表现形式将会非常适用。在 Excel 2010 中，迷你图有折线图、直列图、盈亏图三种样式。不仅功能具有特色，其使用时的操作也很简单，先选定要绘制的数据列，挑选一个合适的图表样式，接下来再指定好迷你图的目标单元格，确定之后整个图形便成功地显示出来。

(3) 更加丰富的条件格式。在 Excel 2010 中，增加了更多条件格式，在“数据条”标签下新增了实心填充功能。实心填充之后，数据条的长度表示单元格中值的大小。在效果上，渐变填充也与老版本有所不同。在易用性方面，Excel 2010 无疑会比老版本有着更多优势。

(4) 公式编辑器。Excel 2010 增加了数学公式编辑，在“插入”标签中能看到新增加的公式图标，单击后 Excel 2010 便会进入公式编辑页面。在这里包括二项式定理、傅里叶级数等专业的数学公式都能直接打出。同时它还提供了包括积分、矩阵、大型运算符等在内的单项数学符号，足以满足专业用户的录入需要。

(5) 开发工具。开发工具在 Excel 2010 中并没有改进，唯一与 Excel 2007 不同的就是按钮位置的改变。在默认情况下，Ribbon 菜单中不显示开发工具选项卡，需要用户自行设置。单击“文件”按钮，单击“选项”打开 Excel 选项窗口，在自定义功能区选项中，勾选主选项卡下的“开发工具”，最后单击“确定”按钮。

(6) 截屏工具。Office 2010 的 Word、Excel、PowerPoint 等组件中增加了截屏工具，在“插入”标签中可以找到“屏幕截图”，支持多种截图模式，特别是会自动缓存当前打开窗口的截图，单击就能插入文档中。

4.1　认识 Excel 2010

4.1.1　启动 Excel 2010

从开始菜单启动 Excel 2010 的方法是“开始”→“所有程序”→Microsoft Office→Microsoft Excel 2010。桌面上如有 Excel 2010 的快捷方式，双击也可以打开。如果已有 Excel 文件，直接双击该文件，即可打开 Excel 2010 软件并调入该 Excel 文件。启动 Excel 后，可以看到如图 4-1 所示的主界面。

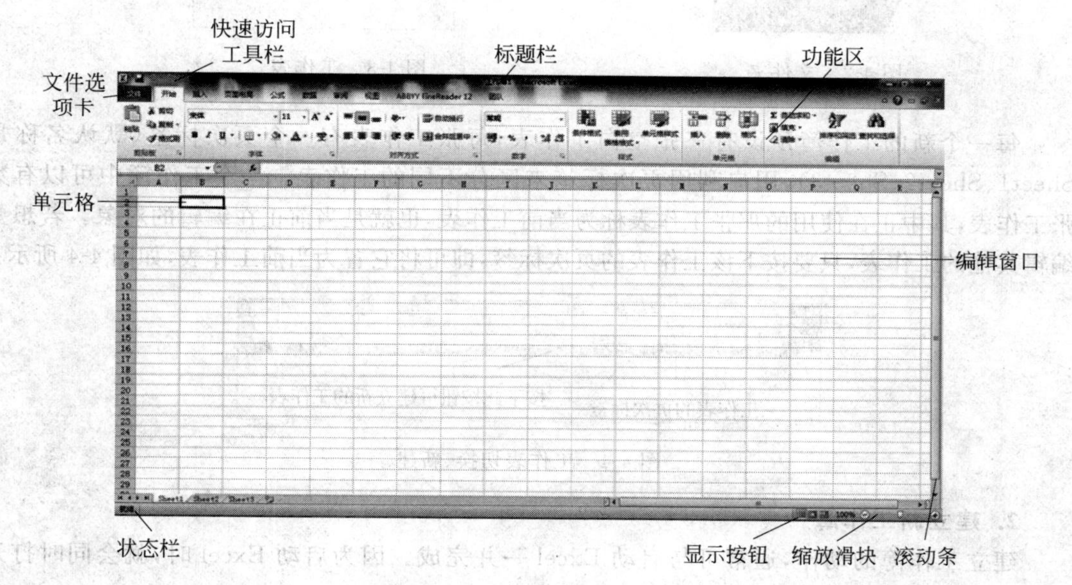

图 4-1　Excel 主界面

(1) 标题栏。显示正在编辑的工作表的文件名和所使用的软件名。

(2) 文件选项卡。使用基本命令(如新建、打开、另存为、打印和关闭)时单击此按钮。

(3) 快速访问工具栏。显示常用命令(如保存和撤消)，也可以添加自己的常用命令。

(4) 功能区。显示工作时需要用到的命令，它与其他软件中的菜单或工具栏相同。

(5) 编辑窗口。显示正在编辑的工作表。工作表由行和列组成，可以输入或编辑数据。工作表中的方形空间称为“单元格”。

(6) 显示按钮。通过它用户可以根据自己的要求更改正在编辑的工作表的显示模式。

(7) 滚动条。可用于更改正在编辑的工作表的显示位置。

(8) 缩放滑块。可用于更改正在编辑的工作表的缩放位置。

(9) 状态栏。显示正在编辑的工作表的相关信息。

提示："功能区"是一个水平区域，像一条带子，在 Excel 启动时位于 Office 软件的顶部。工作所需的命令分组在一起，并位于相应的选项卡中，如"开始"和"插入"。通过单击选项卡，可以切换显示的命令集。

4.1.2 工作簿和工作表的基本操作

1. 工作簿与工作表

工作簿是 Excel 使用的文件架构，可以将它想象成是一个工作夹，如图 4-2 所示；在这个工作夹里有许多工作纸，这些工作纸就是工作表，如图 4-3 所示。

图 4-2 文件夹

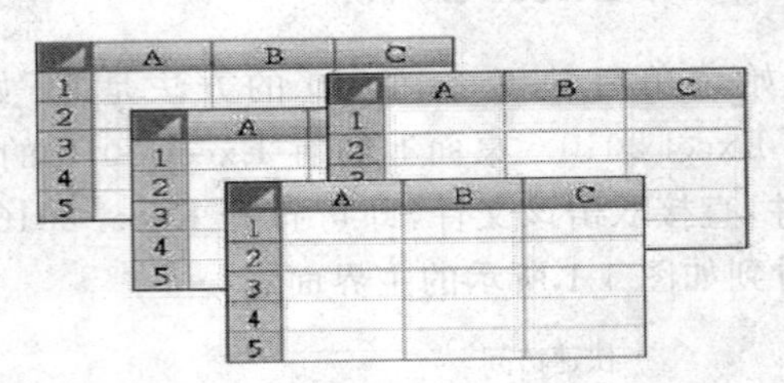

图 4-3 工作表

每一个新的工作簿预设有三张空白工作表，每张工作表有一个页次标签（默认名称是 Sheet1、Sheet2、Sheet3），用户利用页次标签来区分不同的工作表。一个工作簿中可以有数张工作表，其中正在使用的那张工作表称为当前工作表，也就是当前正在编辑的对象。若想要编辑其他的工作表，只要按下该工作表的页次标签，即可将它置为当前工作表，如图 4-4 所示。

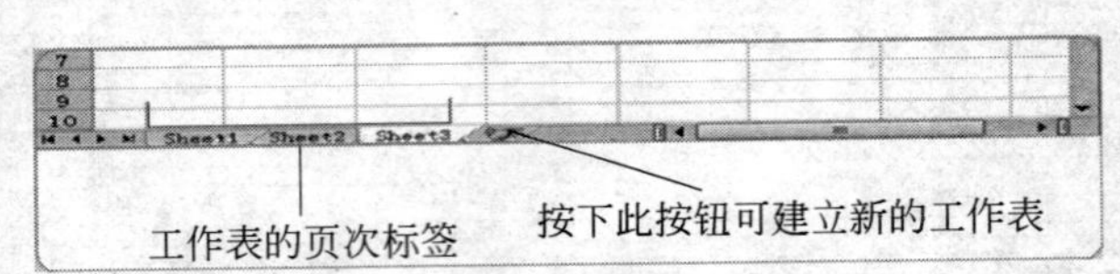

图 4-4 工作表切换、新建

2. 建立新工作簿

建立工作簿的动作，通常可与启动 Excel 一并完成。因为启动 Excel 时，就会同时打开一份空白的工作簿，如图 4-5 所示。

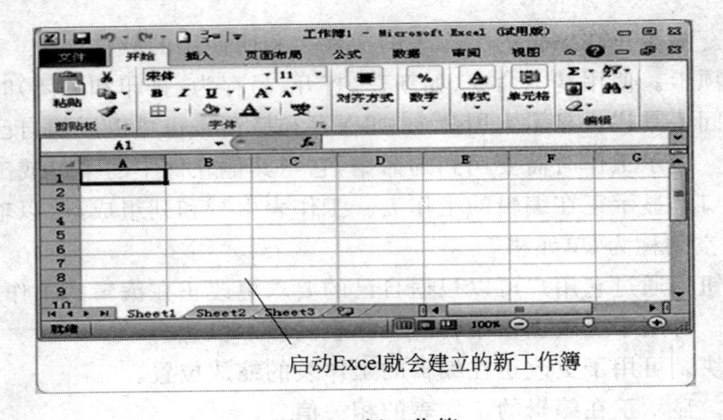

图 4-5 新工作簿

也可以按下“文件”标签，切换到“文件”标签后按下“新建”按钮来建立新的工作簿。开启的新工作簿，Excel 会依次以工作簿 1、工作簿 2、……来命名，要重新替工作簿命名，可在存储文件时变更。

3. 工作表重命名

工作表依次是以 Sheet1、Sheet2、…命名的，但这类名称没有意义，当工作表数量多时，应更改为有意义的名称，以便于辨识。在此工作表的名字上面双击，即可输入相对应的名字，实现重命名。

4. 工作表的移动

单击页次标签，按住鼠标左键不放，拖到相应位置松开鼠标即可。

5. 删除工作表

对于不再需要的工作表，可在页次标签上右击，选择“删除”命令将其删除。若工作表中含有内容，还会出现提示对话框确认是否要删除，避免误删了重要的工作表。

4.1.3　单元格的基本操作

1. 单元格地址

工作表内的方格称为“单元格”，输入的资料排放在一个个的单元格中。在工作表的上面有每一栏的列标题 A、B、C、…，左边则有各列的行标题 1、2、3、…，将列标题和行标题组合起来，就是单元格的“地址”。例如，工作表最左上角的单元格位于第 A 列第 1 行，其地址便是 A1；同理，E 栏的第 3 行单元格，其地址是 E3，如图 4-6 所示。

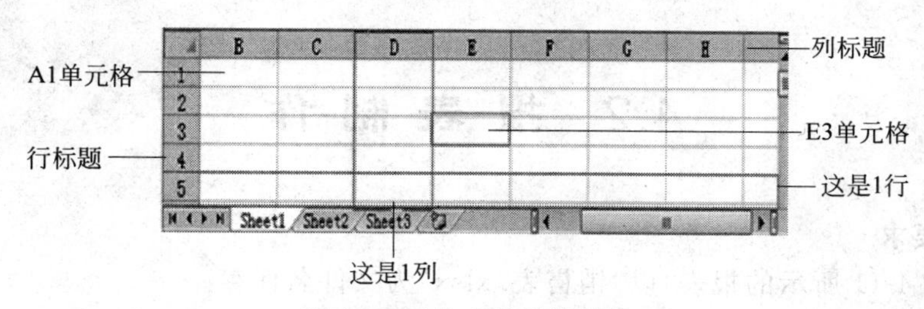

图 4-6　工作表里的单元格

2. 选取单元格的方法

(1) 选取多个单元格。在单元格内单击，可选取该单元格；若要一次选取多个相邻的单元格，则将鼠标指针停在欲选取范围的第一个单元格，然后按住鼠标左键拉曳到欲选取范围的最后一个单元格，最后放开左键。

(2) 选取不连续的多个范围。如果要选取多个不连续的单元格范围，如 B2:D2、A3:A5，则先选取 B2:D2 范围，然后按住 Ctrl 键，再选取第 2 个范围 A3:A5，选好后再放开 Ctrl 键，就可以同时选取多个单元格范围。

(3) 选取整行或整列。要选取整行或整列，在行编号或列编号上单击，如图 4-7 和图 4-8 所示。

3. 调整行高和列宽

当行高和列宽不能满足需求时，可以对相应的行和列进行调整，先选中对应的行和列，右击，在弹出的对话框中进行修改，如图 4-9 和图 4-10 所示。

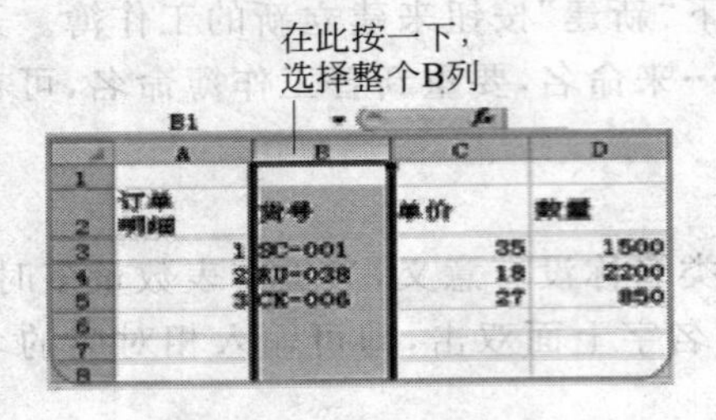

图 4-7　选取整列

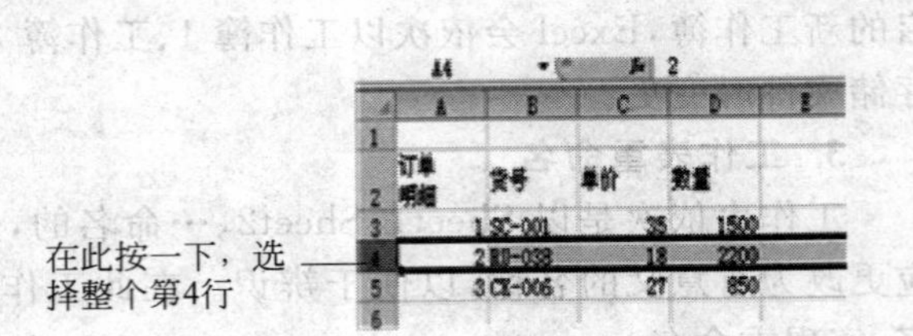

图 4-8　选取整行

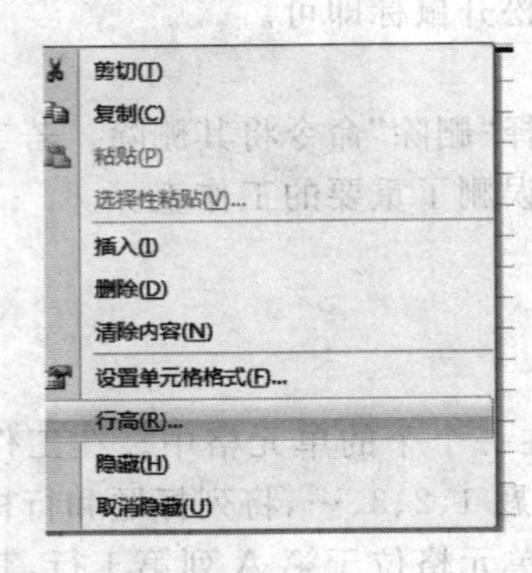

图 4-9　设置行高

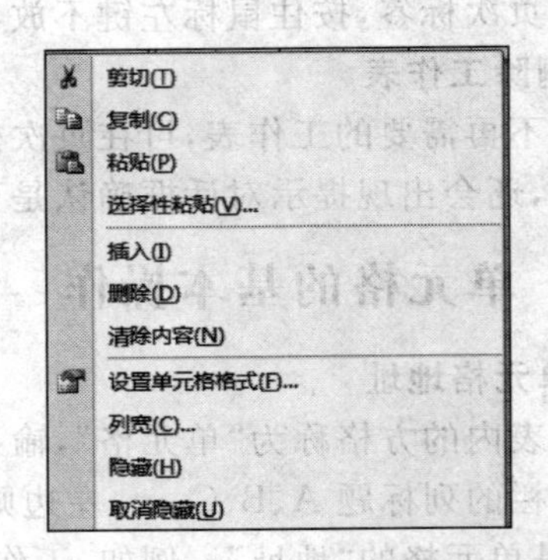

图 4-10　设置列宽

4.2　报表制作

1. 实例要求

制作如图 4-11 所示的报表，以“销售表. xlsx”为文件名保存。

	A	B	C	D	E	F	G	H	I	J
1	2011年销售记录									
2	编号	销售员	商品名	购买日期	单价（元）	数量	原价	折扣	折后价	优惠幅度（元）
3	0101	胡八一	MP3	2011年1月5日	¥ 390.00	8	¥ 3,120.00	9.5	¥ 2,964.00	¥ 156.00
4	0102	王凯旋	硬盘	2011年5月8日	¥ 800.00	15	¥ 12,000.00	9	¥ 10,800.00	¥ 1,200.00
5	0103	赵建国	硬盘	2011年4月2日	¥ 800.00	8	¥ 6,400.00	9	¥ 5,760.00	¥ 640.00
6	0104	张起灵	电脑	2011年4月8日	¥ 5,630.00	12	¥ 67,560.00	8.5	¥ 57,426.00	¥ 10,134.00
7	0105	吴邪	电脑	2011年5月12日	¥ 5,630.00	4	¥ 22,520.00	8.5	¥ 19,142.00	¥ 3,378.00
8	0106	陈文锦	硬盘	2011年5月20日	¥ 800.00	11	¥ 8,800.00	9	¥ 7,920.00	¥ 880.00
9	0107	霍秀秀	MP3	2011年6月5日	¥ 390.00	4	¥ 1,560.00	9.5	¥ 1,482.00	¥ 78.00
10	0108	汪藏海	电脑	2011年3月18日	¥ 5,630.00	25	¥ 140,750.00	8.5	¥ 119,637.50	¥ 21,112.50

图 4-11　销售表

2. 数据输入

打开 Excel，输入如图 4-12 所示的数据。

（1）在 A1 单元格输入字符串“2011 年销售记录”，由于 A1 单元格右侧单元格中没有数据，所以 Excel 将其全部显示出来，从而看起来好像在 A1、B1、C1 三个单元格中分别输入的。在 Excel 中，一个数据应存放在一个单元格中，而不要拆分后放在几个单元格中。

（2）“编号”列输入的是数字，但是前面第一个是 0，不能使用数字格式输入，所以输入时前面必须加入英文状态下的单引号（'）。

（3）表格中“购买日期”数据要按照日期型数据输入，即形如“2011-3-18”。单元格的默

	A	B	C	D	E	F	G	H	I	J
1	2011年销售记录									
2	编号	销售员	商品名	购买日期	单价（元）	数量	原价	折扣	折后价	优惠幅度
3	0101	胡八一	MP3	2011-1-5	390	8				
4		王凯旋	硬盘	2011-5-8	800	15				
5		赵建国	硬盘	2011-4-2	800	8				
6		张起灵	电脑	2011-4-8	5630	12				
7		吴邪	电脑	2011-5-12	5630	4				
8		陈文锦	硬盘	2011-5-20	800	11				
9		霍秀秀	MP3	2011-6-5	390	4				
10		汪藏海	电脑	2011-3-18	5630	25				
11										

图 4-12　数据输入

认宽度不大，在输入过程中若显示为＃＃＃＃，则单元格中输入数据的长度超过单元格的宽度，可以通过调整它的宽度来改变。

3. 填充功能的使用

仔细观察"编号"列的数据，可以发现数据很有规律，Excel 为此提供了一种数据填充功能，利用填充功能 Excel 会自动地在单元格 A4:A10 填入"0102,0103,0104,0105…"，其方法是如下。

（1）选中单元格 A3，使其变成活动单元格。在黑框的右下角有个黑点，Excel 称其为填充柄。

（2）将鼠标指针指向填充柄，鼠标指针会变成一个实心的十字形。

（3）拖动填充柄到 A10。

4. 公式的输入

在 Excel 工作表中，在相应的单元格中输入正确的计算公式，Excel 会自动计算。计算公式由数学运算符、函数以及单元格引用构成，输入公式时一定要在前面加上等号（＝）。Excel 提供的基本数学运算符包括加、减、乘、除、乘方及小括号等，如图 4-13 所示。

	A	B	C	D	E	F	G	H	I	J
1	2011年销售记录									
2	编号	销售员	商品名	购买日期	单价（元）	数量	原价	折扣	折后价	优惠幅度
3	0101	胡八一	MP3	2011-1-5	390	8	=E3*F3			
4		王凯旋	硬盘	2011-5-8	800	15				
5		赵建国	硬盘	2011-4-2	800	8				
6		张起灵	电脑	2011-4-8	5630	12				
7		吴邪	电脑	2011-5-12	5630	4				
8		陈文锦	硬盘	2011-5-20	800	11				
9		霍秀秀	MP3	2011-6-5	390	4				
10		汪藏海	电脑	2011-3-18	5630	25				
11										

图 4-13　公式的输入

5. 条件格式

在数据表中常常需要突出显示某些单元格内容，使用 Excel 提供的条件格式很容易实现。例如，在销售表中将优惠幅度在 10000 元以上的销售记录的值突出显示出来，首先选中 J3:J10 单元格区域，选择菜单"开始"→"格式"→"条件格式"→"突出显示单元格规则"→"大于"，在弹出的对话框中填写条件值 10000，格式值选择"浅红填充色深红色文本"，单击"确定"按钮，这样在优惠幅度栏目中会将值大于 10000 的所有单元格的数字的格式都设置成深红色背景浅红色字，如图 4-14 所示。如果要设置其他格式，可以将"设置"下拉框拉下，选择"自定义格式"，根据需要设置相应的格式。

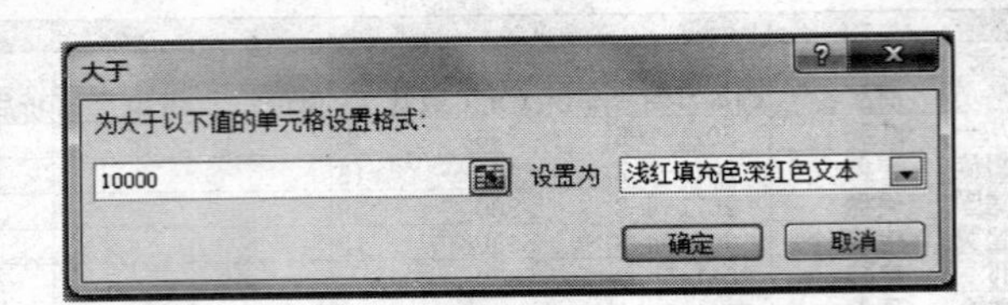

图 4-14　条件格式设置

6. 工作表的格式化

对工作表进行格式化的主要目的是使表格中的数据以适当的样式显示出来,打印出美观的报表。

(1) 单元格的合并。希望报表的标题“2011 年销售记录”以居中的方式显示在表的上方,可以将 A1:J1 单元格合并为一个单元格。方法是:选中 A1:J1 单元格,单击格式工具栏上的合并后居中。

(2) 字符格式设置。字符格式设置包括字体、字号、颜色等,其操作与 Word 相同,若要进行字体设置,则先选择相对应的单元格区域,在菜单“字体”对其设置。

(3) 数值格式设置。默认情况下,数值中的小数位会按实际的有效数字进行显示,这样就导致报表上的数据看起来不整齐,在有些情况下甚至不被允许,根据需要设置数值为特定的样式。设置数值格式的方法是选中需要设置的单元格,在格式工具栏下进行相应设置;或者选中单元格,右击,选择“设置单元格格式”→“数字”选择需要的样式,如图 4-15 所示。

(4) 日期格式设置。选中要设置日期格式的区域 D3:D10,右击,选择“设置单元格格式”→“数字”里面的“日期”,在类型框中选择需要的显示样式。

(5) 对齐方式设置。用户在 Excel 中输入数据都将按照默认的对齐方式对齐,即文本会自动靠左对齐,数字自动靠右对齐。如果默认的对齐方式不能满足需要,则需要设置对齐方式。与 Word 操作相似,选择“格式”工具栏上对应图标。如需要设置垂直方向的对齐方式,则选中相应单元格,右击,选择“设置单元格格式”→“对齐”,如图 4-16 所示。

图 4-15　数字

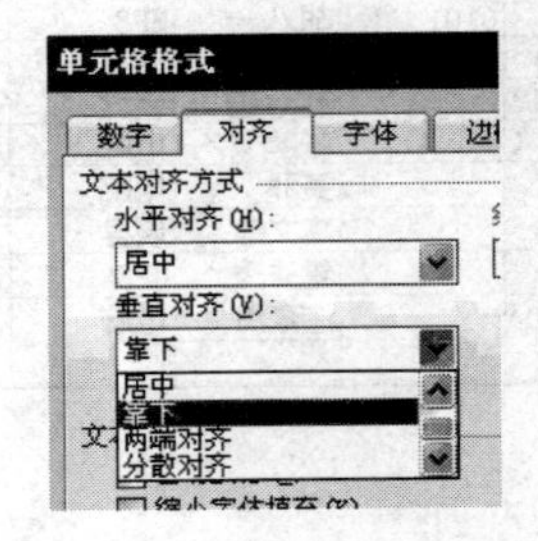

图 4-16　单元格格式

(6) 边框的设置。编辑窗口中的网格线是用于分割单元格的,并不表示打印时有表格线。如果打印时需要有表格线,那么须加上边框。方法是:选择要加边框的单元格区域,如 A1:J10,右击,选择“设置单元格格式”→“边框”,如图 4-17 所示。

(7) 自动套用格式。Excel 准备了一些非常精美的报表格式方案,经过简单操作,就能将这些格式应用于所制作的报表或所选的单元格区域。使用自动套用格式的方法是:选择要套用格式的单元格区域,选择菜单栏中“格式”选项中的“套用表格样式”,选中其中合适的样式，单击“确定”按钮。

(8) 插入批注。当某些单元格需要特殊说明，但书写空间有限时，可以通过插入批注的方式对单元格内容进行进一步说明。插入批注的方法是：选中需要插入批注的单元格，右击，选择“插入批注”，如图 4-18 所示。

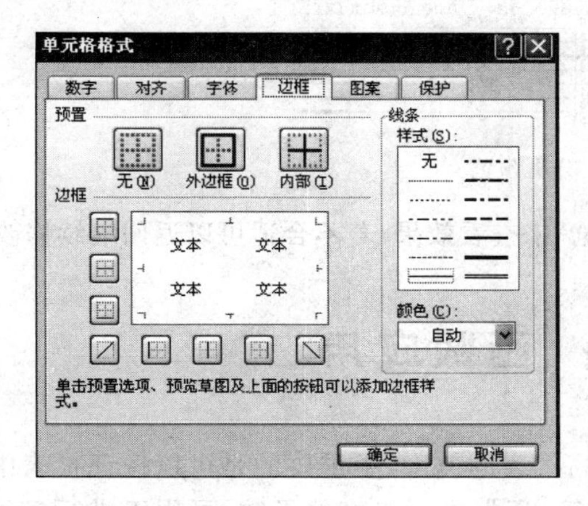

图 4-17　单元格格式

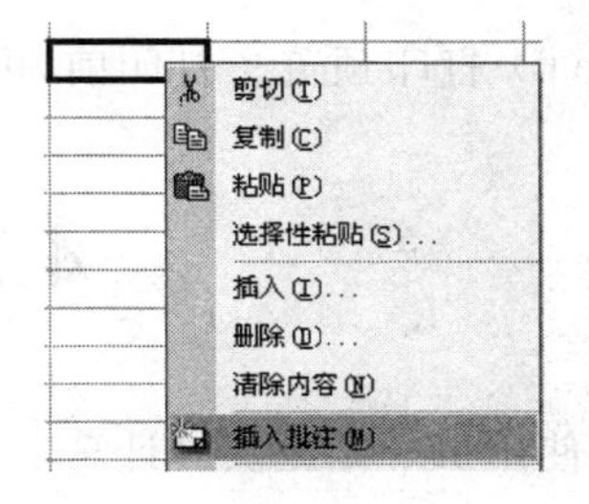

图 4-18　插入批注

7. 页面设置与打印

(1) 更改页面的大小。选择“文件”→“页面设置”→“页面”选项，作相应设置就可以改变其纸张大小。

(2) 设置页边距。选择“文件”→“页面设置”→“页边距”选项，设置页面与边界之间的距离，控制打印的范围。但是要安装打印机驱动后才能对页面大小和页边距进行设置，否则对应的选项为灰色，无法进行设置。

(3) 插入页眉和页脚。选择“视图”→“页眉和页脚”选项，此时可输入页眉和页脚内容。

(4) 打印标题。在使用 Excel 制作表格时，多数情况下表格都会超过一页，如果直接打印，那么只会在第 1 页显示表格标题，余下的不会显示标题，这样阅读起来颇有不便。如果能够在打印时每页都显示相同的表头标题，那就方便得多了。Excel 提供了这个功能，其方法是：选择“文件”→“页面设置”→“工作表”选项，根据编辑表格的实际情况选择顶端标题行或左端标题行，单击按钮，选择标题所在行，如图 4-19 所示。

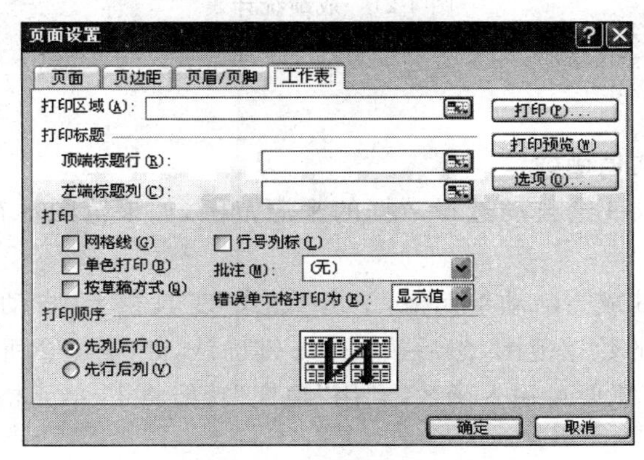

图 4-19　“页面设置”对话框

(5) 插入分页符。选择需要插入分页符的行或者列,选择"插入"→"分页符"选项。如需要调整分页符位置,则选择"视图"→"分页预览"选项,用鼠标拖动蓝色分页符位置进行调整,如图 4-20 所示。

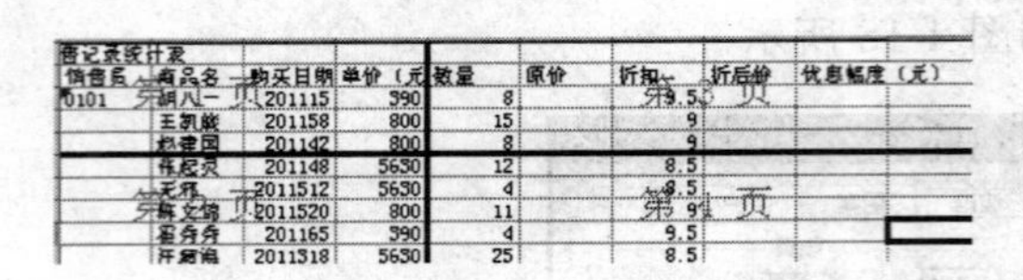

图 4-20　分页预览

(6) 打印预览。打印前,可通过"打印预览"来查看效果,若不合适可以返回继续修改。

4.3　任务:函数应用

使用 Excel 提供的计算功能不仅可以提高报表的速度,更重要的是可以保证报表中数据的准确性,Excel 不仅提供了一般的算术运算,还提供了丰富的函数,可用于进行各种数据计算和统计。

实例要求

打开"武汉市实验中学高三 1 班期中考试成绩统计表",如图 4-21 所示,利用 Excel 提供的函数完成统计。

	A	B	C	D	E	F	G	H	I	J	K
1	武汉市实验中学高三1班期中考试成绩统计表										
2	姓名	性别	语文	数学	外语	物理	化学	平均分	总分	名次	成绩评定
3	张三	男	88	95	91	82	75				
4	李四	男	45	58	62	72	77				
5	王五	女	72	92	75		93				
6	赵六	男		77	76	82	81				
7	孙七	女	58	52	68	72	65				
8	钱八	男	93	98	92	99	100				
9	学科统计	实考人数						在册人数			
10		最高分						男生人数			
11		最低分						女生人数			
12		平均分						男生平均分		男生总分	
13		总分						女生平均分		女生总分	

图 4-21　成绩统计表

4.3.1　函数应用

1. 求和函数和平均值函数

在使用函数时,Excel 会自动选择数据的来源范围,如果范围不符合要求,用户可以重新选择数据范围。

单击 I3 单元格使其成为活动单元格,单击"公式"工具栏上"自动求和"下拉菜单,选择"求和"选项,选择合适的数据范围,然后按 Enter 键确认,如图 4-22 所示。

其他学生的总分不需要再输入函数,利用"填充"功能将 I3 单元格中的公式直接填充到 I4:I8 单元格中即可。

	A	B	C	D	E	F	G	H	I	J	K
1	武汉市实验中学高三1班期中考试成绩统计表										
2	姓名	性别	语文	数学	外语	物理	化学	平均分	总分	名次	成绩评定
3	张三	男	88	95	91	82	75		=SUM(C3:G3)		
4	李四	男	45	58	62	72	77		SUM(number1, [number2], ...)		
5	王五	女	72	92	75		93				
6	赵六	男		77	76	82	81				
7	孙七	女	58	52	68	72	65				
8	钱八	男	93	98	92	99	100				
9	学科统计	实考人数						在册人数			
10		最高分						男生人数			
11		最低分						女生人数			
12		平均分						男生平均分		男生总分	
13		总分						女生平均分		女生总分	

图 4-22　求和函数

C13 单元格的学科总分同样使用“求和”选项，不过数据范围要选择相应的学科分数，并填充到 D13:G13 单元格。总分统计结果如图 4-23 所示。

	A	B	C	D	E	F	G	H	I	J	K
1	武汉市实验中学高三1班期中考试成绩统计表										
2	姓名	性别	语文	数学	外语	物理	化学	平均分	总分	名次	成绩评定
3	张三	男	88	95	91	82	75		431		
4	李四	男	45	58	62	72	77		314		
5	王五	女	72	92	75		93		332		
6	赵六	男		77	76	82	81		316		
7	孙七	女	58	52	68	72	65		315		
8	钱八	男	93	98	92	99	100		482		
9	学科统计	实考人数						在册人数			
10		最高分						男生人数			
11		最低分						女生人数			
12		平均分						男生平均分		男生总分	
13		总分	356	472	464	407	491	女生平均分		女生总分	

图 4-23　总分统计结果

同样，单击 H3 单元格使其成为活动单元格，单击“公式”工具栏上“自动求和”下拉菜单，选择“平均值”选项，选择合适的数据范围，按 Enter 键确认。然后填充 H4:H8 单元格。

C12 单元格的学科平均分同样使用“平均值”选项，数据范围选择相应学科分数，并填充到 D12:G12 单元格。平均分统计结果如图 4-24 所示。

	A	B	C	D	E	F	G	H	I	J	K
1	武汉市实验中学高三1班期中考试成绩统计表										
2	姓名	性别	语文	数学	外语	物理	化学	平均分	总分	名次	成绩评定
3	张三	男	88	95	91	82	75	86.2	431		
4	李四	男	45	58	62	72	77	62.8	314		
5	王五	女	72	92	75		93	83	332		
6	赵六	男		77	76	82	81	79	316		
7	孙七	女	58	52	68	72	65	63	315		
8	钱八	男	93	98	92	99	100	96.4	482		
9	学科统计	实考人数						在册人数			
10		最高分						男生人数			
11		最低分						女生人数			
12		平均分	71.2	78.7	77.3	81.4	81.8	男生平均分		男生总分	
13		总分	356	472	464	407	491	女生平均分		女生总分	

图 4-24　平均分统计结果

2. 最大值函数和最小值函数

单击 C10 单元格使其成为活动单元格，单击“公式”工具栏上“自动求和”下拉菜单，选择“最大值”选项，选择合适的数据范围，然后按 Enter 键确认。使用“填充”功能填充

D10:G10 单元格。

单击 C11 单元格使其成为活动单元格，单击“公式”工具栏上“自动求和”下拉菜单，选择“最小值”选项，选择合适的数据范围，然后按 Enter 键确认。使用“填充”功能填充 D11:G11 单元格。最高分和最低分统计结果如图 4-25 所示。

	A	B	C	D	E	F	G	H	I	J	K
1	武汉市实验中学高三1班期中考试成绩统计表										
2	姓名	性别	语文	数学	外语	物理	化学	平均分	总分	名次	成绩评定
3	张三	男	88	95	91	82	75	86.2	431		
4	李四	男	45	58	62	72	77	62.8	314		
5	王五	女	72	92	75		93	83	332		
6	赵六	男		77	76	82	81	79	316		
7	孙七	女	58	52	68	72	65	63	315		
8	钱八	男	93	98	92	99	100	96.4	482		
9	学科统计	实考人数						在册人数			
10		最高分	93	98	92	99	100	男生人数			
11		最低分	45	52	62	72	65	女生人数			
12		平均分	71.2	78.7	77.3	81.4	81.8	男生平均分		男生总分	
13		总分	356	472	464	407	491	女生平均分		女生总分	

图 4-25　最高分和最低分统计结果

3. 计数类函数

单击 C9 单元格使其成为活动单元格，单击“公式”工具栏上“自动求和”下拉菜单，选择“计数”选项，数据范围选择 C3:C8 单元格，按 Enter 键确认。使用“填充”功能填充 D9:G9 单元格。

在册人数要以 A3:A8 单元格内容为数据范围，此时不能使用计数函数 COUNT，因为 COUNT 函数只对数值类型计数，而 A3:A8 数据为文本类型，使用 COUNT 函数得不到正确结果。Excel 2010 提供了 COUNTA 函数，可以对包括文本类型的数据进行计数。

单击 I9 单元格使其成为活动单元格，单击“公式”工具栏上“其他函数”选项，选择“统计”类别，选择 COUNTA 函数，如图 4-26 所示。

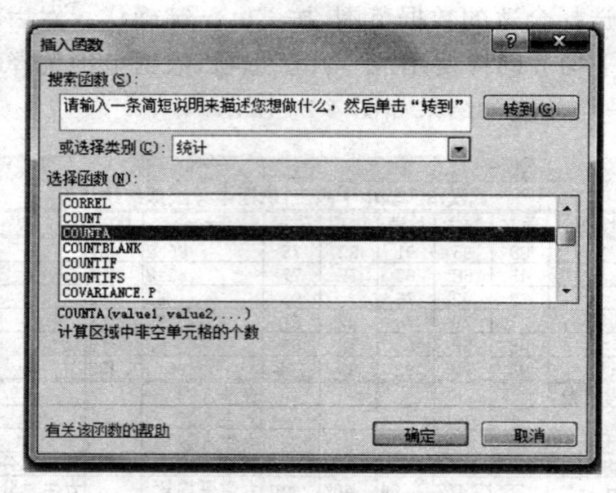

图 4-26　选择 COUNTA 函数

如果想对 COUNTA 函数有更多了解，可以单击“有关该函数的帮助”查看更多信息。设置数据范围为 A3:A8 单元格，单击“确定”按钮，如图 4-27 所示。

统计男生人数时，要使用 COUNTIF 函数，因为需要指定计数的条件。单击 I10 单元格使其成为活动单元格，单击“公式”工具栏上“其他函数”选项，选择“统计”类别，选择

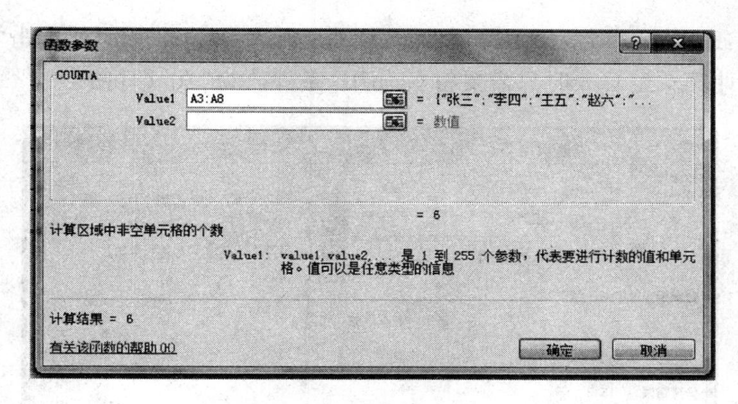

图 4-27　COUNTA 函数参数

COUNTIF 函数，设置数据范围为 B3:B8 单元格，计数条件为“男”，单击“确定”按钮，如图 4-28 所示。统计女生人数时只需要将 COUNTIF 条件改为“女”即可。

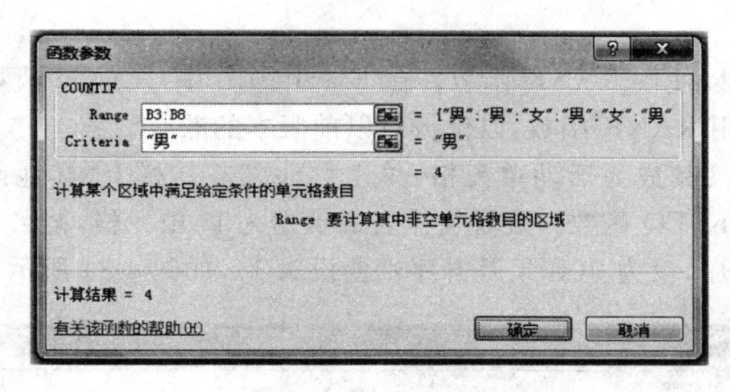

图 4-28　COUNTIF 函数参数

计算男生平均分时可以使用 AVERAGEIF 函数，即根据条件来求平均值。单击 I12 单元格使其成为活动单元格，单击“公式”工具栏上“其他函数”选项，选择“统计”类别，选择 AVERAGEIF 函数，设置条件范围为 B3:B8 单元格，条件为“男”，计算数据范围为 H3:H8 单元格，单击“确定”按钮，如图 4-29 所示。计算女生平均分时只需要将 AVERAGEIF 条件改为“女”即可。

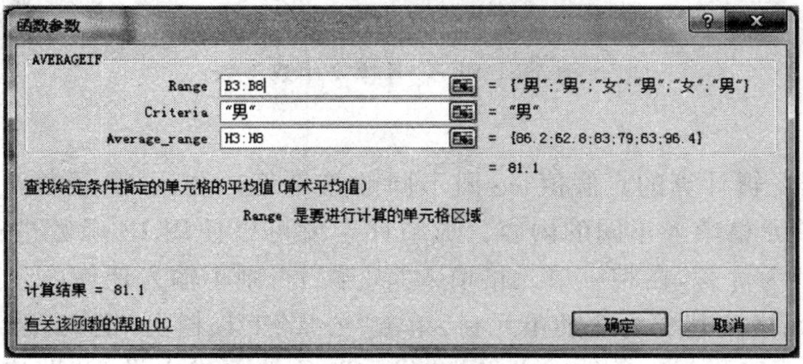

函数参数
AVERAGEIF
Range B3:B8 = {"男";"男";"女";"男";"女";"男"}
Criteria "男" = "男"
Average_range H3:H8 = {86.2;62.8;83;79;63;96.4}
= 81.1
查找给定条件指定的单元格的平均值(算术平均值)
Range 是要进行计算的单元格区域
计算结果 = 81.1
有关该函数的帮助(H)
确定
取消

图 4-29　AVERAGEIF 函数参数

计算男生总分时使用 SUMIF 函数，即根据条件来求和。单击 K12 单元格使其成为活动单元格，单击“公式”工具栏上“其他函数”选项，选择“统计”类别，选择 SUMIF 函数，设置条件范围为 B3:B8 单元格，条件为“男”，计算数据范围为 I3:I8 单元格，单击“确定”按钮，如图 4-30 所示。计算女生总分时只需要将 SUMIF 条件改为“女”即可。

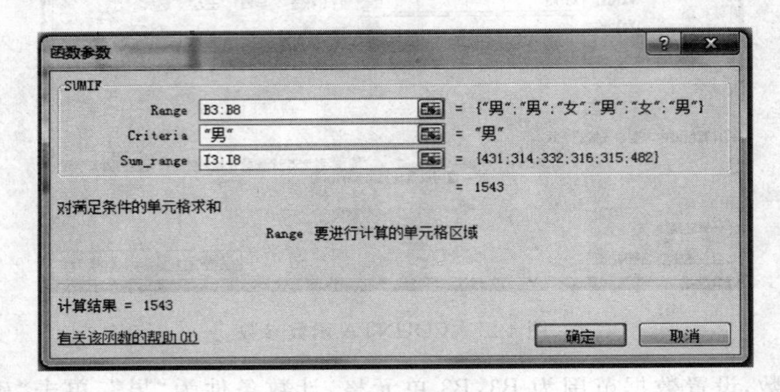

图 4-30　SUMIF 函数参数

4. RANK 函数

统计名次时，可以使用 RANK 函数。在 Excel 2010 中，RANK 函数已更新为 RANK.EQ 函数，但仍可使用 RANK 函数，以保持对以前版本的兼容。

单击 J3 单元格使其成为活动单元格，单击“公式”工具栏上“其他函数”选项，选择“统计”类别，选择 RANK.EQ 函数。设置被排名的数据为 I3 单元格，排名的范围为 I3:I8 单元格，排名的方式为降序，设为 0（如果是升序则要设为 1），如图 4-31 所示。

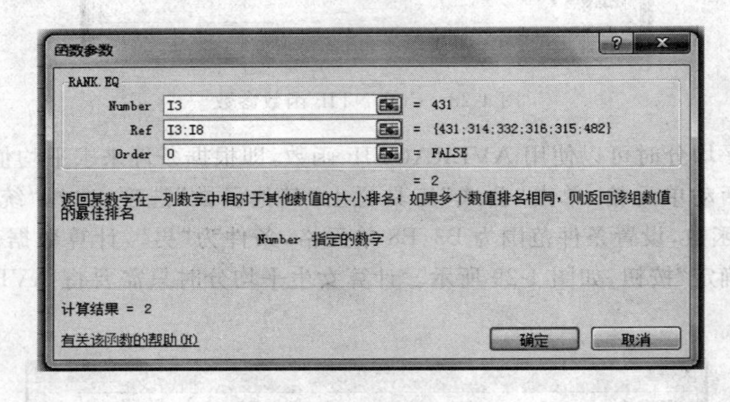

图 4-31　RANK.EQ 函数参数

5. IF 函数

IF 函数根据逻辑计算的真假值，返回不同的结果值。利用 IF 函数可以对某个数值进行判断，在相应单元格填入不同的内容。成绩评定就可以使用 IF 函数进行判断，如果平均成绩在 80 以上则为优秀，在相应单元格填入“优秀”，否则不输入任何内容。

单击 K3 单元格使其成为活动单元格，单击“公式”工具栏上“逻辑”选项，选择 IF 函数。设置逻辑条件为 H3＞＝80，条件成立设为“优秀”，条件不成立设为“”（空），单击“确定”按钮，如图 4-32 所示。

使用“填充”功能填充 K4:K8 单元格，得到图 4-33 所示结果。

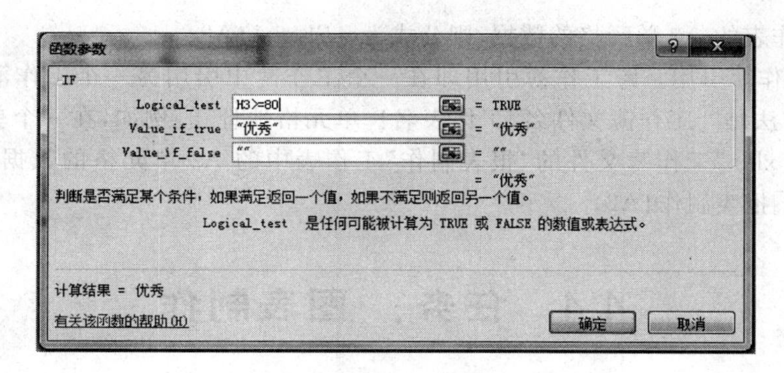

图 4-32 IF 函数参数

	A	B	C	D	E	F	G	H	I	J	K
1	武汉市实验中学高三1班期中考试成绩统计表										
2	姓名	性别	语文	数学	外语	物理	化学	平均分	总分	名次	成绩评定
3	张三	男	88	95	91	82	75	86.2	431	2	优秀
4	李四	男	45	58	62	72	77	62.8	314	6	
5	王五	女	72	92	75		93	83	332	3	优秀
6	赵六	男		77	76	82	81	79	316	4	
7	孙七	女	58	52	68	72	65	63	315	5	
8	钱八	男	93	98	92	99	100	96.4	482	1	优秀
9	学科统计	实考人数	5	6	6	5	6	在册人数	6		
10		最高分	93	98	92	99	100	男生人数	4		
11		最低分	45	52	62	72	65	女生人数	2		
12		平均分	71.2	78.7	77.3	81.4	81.8	男生平均分	81.1	男生总分	1543
13		总分	356	472	464	407	491	女生平均分	73	女生总分	647

图 4-33 填充后的结果

4.3.2 单元格引用

在使用 Excel 的计算功能时，通常是通过单元格的引用获取数据源。Excel 提供了灵活的单元格引用方式，包括相对引用、绝对引用、混合引用、跨工作表引用和跨工作簿引用。

（1）相对引用。相对引用是指引用单元格和被引用单元格之间的相对位置关系固定，在复制或填充包含相对引用的公式时，Excel 将自动调整公式中的引用，引用相对于当前公式位置的其他单元格。如单元格 C1 中有公式＝A1＋B1，当把公式复制到 C2 时就会变成＝A2＋B2。

（2）绝对引用。绝对引用是将引用的单元格地址中加上符号＄，如＄A1＄3 等，如果公式中使用绝对引用，则不管公式被复制或填充到何处，Excel 都不会调整公式中引用的单元格，即引用的数据源不会改变，因此结果也不会发生改变。例如，单元格 C1 中有公式＝＄A＄1＋B1，当把公式复制到 C2 时就会变成＝＄A＄1＋B2。

（3）混合引用。当将公式复制或填充到其他地方时，如果希望单元格的列号能根据目标自动调整而行号保持不变，则可使用形如＄A2 的混合引用。例如，单元格 C1 中有公式＝＄A1＋B＄1，当把公式复制到 C2 时就会变成＝＄A2＋B＄1，而复制到 D1 时就会变成＝＄A1＋C＄1。

（4）跨工作表引用。跨工作表引用即在一个工作表中引用另一个工作表中的单元格数据。引用的方法是“工作表名！单元格地址”。例如，在 Sheet2 工作表的 C3 单元格相对引用 Sheet1 工作表的 A2 单元格的数据，则公式为＝Sheet1！A2。

(5) 跨工作簿引用。跨工作簿引用即在一个工作簿中引用另一个工作簿中单元格数据。引用的方法是“[工作簿文件名]工作表名！单元格地址”。例如，在一个单元格中相对引用“销售表.xlsx”工作簿文件的“报表制作”工作表中的 A2 单元格的数据，则公式为＝[销售表.xlsx]报表制作！A2。

4.4 任务：图表制作

工作表中的数据若用图表来表达，可让数据更具体、更易于了解。Excel 内建了多达70 余种的图表样式，只要选择适合的样式，马上就能制作出一张具专业水平的图表。切换到插入页次，在图表区中即可看到内建的图表类型，如图 4-34 所示。

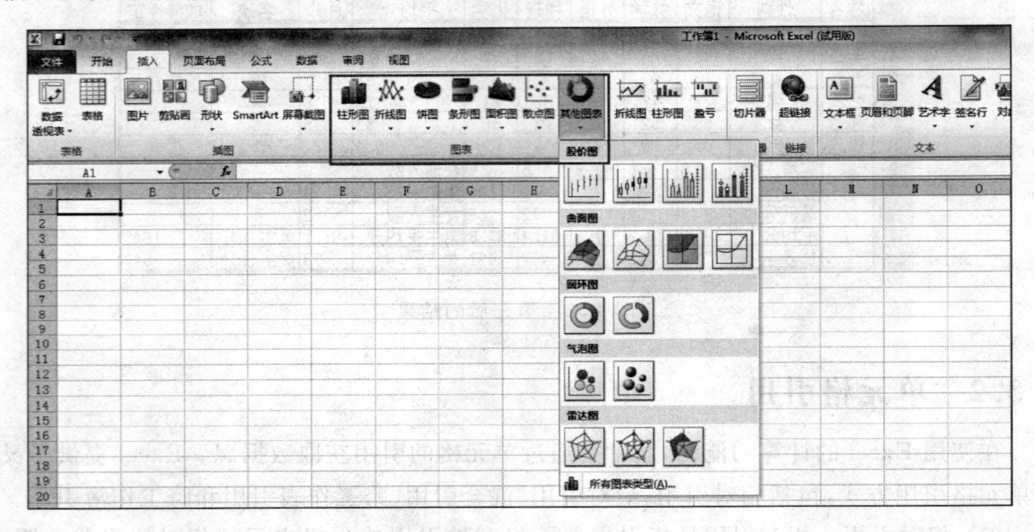

图 4-34　图表类型

图 4-35 所示是几种常见的图表类型，在建立图表前可以依自己的需求来选择适当的图表。

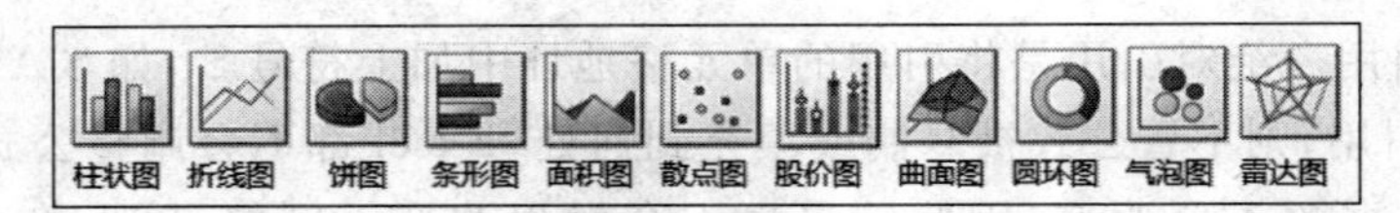

图 4-35　图表类型

1. 插入图表

(1) 创建图表。打开“成绩统计表”，选择 A2:D5 单元格，作为统计图表的数据源，单击“插入”按钮，从弹出的菜单中选择“图表”中的“柱形图”类型，即可生成图表，如图 4-36 所示。

(2) 移动图表位置。插入的柱形图挡住了后面的数据，最好将图表移动位置，如图 4-37 所示，将图表移动到工作表 Sheet2 中。

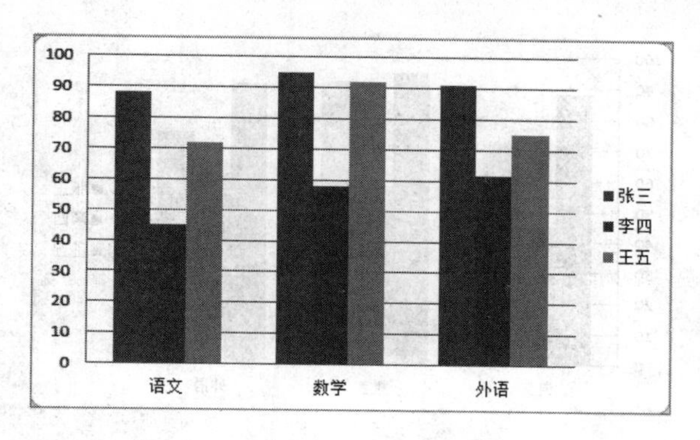

图 4-36 成绩图

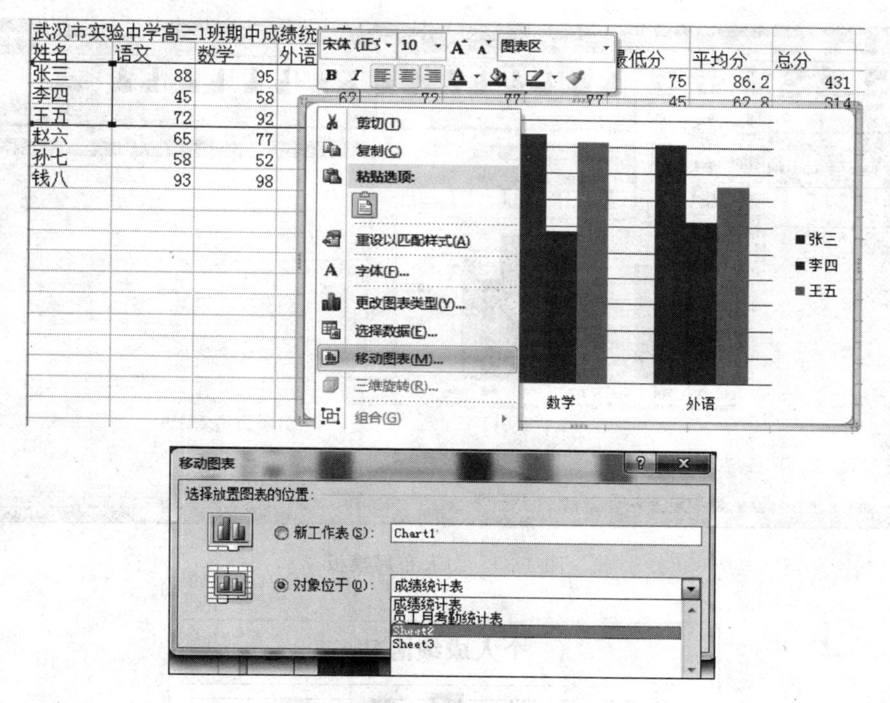

图 4-37 移动图表

2. 图表编辑

图表的位置、大小、样式以及其中各区域项目的位置、大小，均可进行细微调整，以符合不同的实际需要。如更改图表样式让图表更美观，更改绘图区大小使文字都完整显示出来等。

(1) 调整图表位置和大小。将图表移动至工作表左上方，更改其位置，等比例拖曳调整图表至合适大小，如图 4-38 所示。

(2) 添加标题。单击“图表布局”，选中“布局 5”，如图 4-39 所示。在“图表标题”栏中输入个人成绩情况，修改纵坐标轴的名称为“分”，结果如图 4-40 所示。

(3) 设置图标对象的格式。双击修改样式的文字，可以在“字体”选项中更换所选图表项目的字号等格式，如图 4-41 所示。

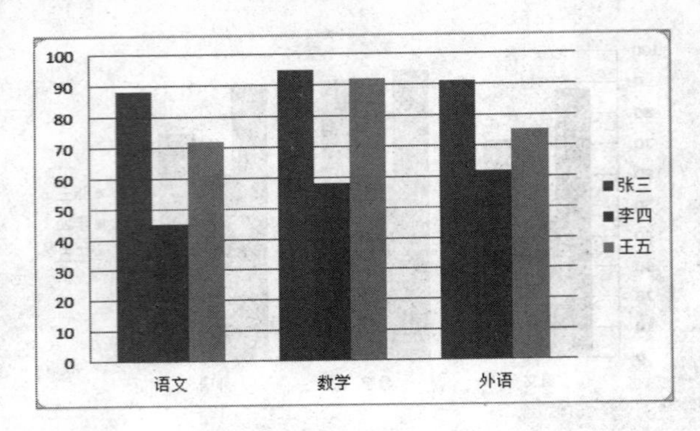

图 4-38　调整大小

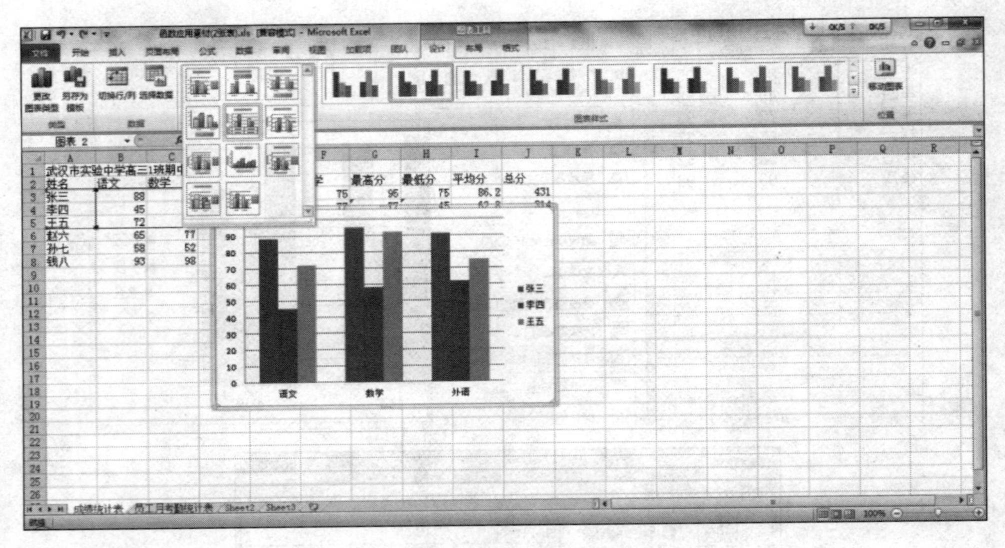

图 4-39　图表布局模板

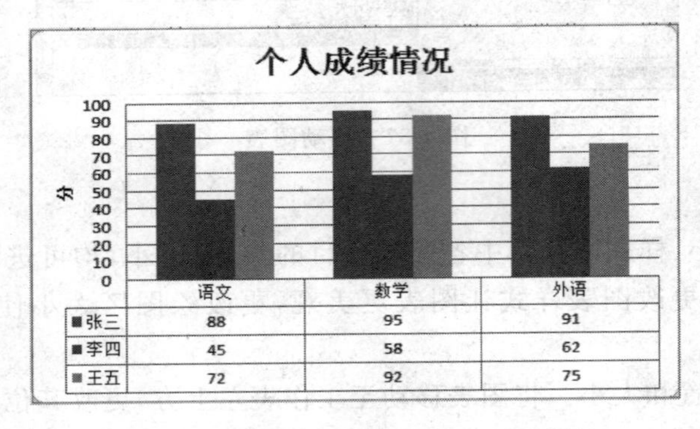

图 4-40　添加标题和纵坐标轴

（4）设计图表背景。若要美化工作表中插入的图表，可以从边框颜色和样式、填充的颜色或图案来着手进行：①单击图表区，选定布局选项卡；②单击设置所选内容格式按钮；③选定选项，单击文件选定相对应的图片，如图 4-42 所示。

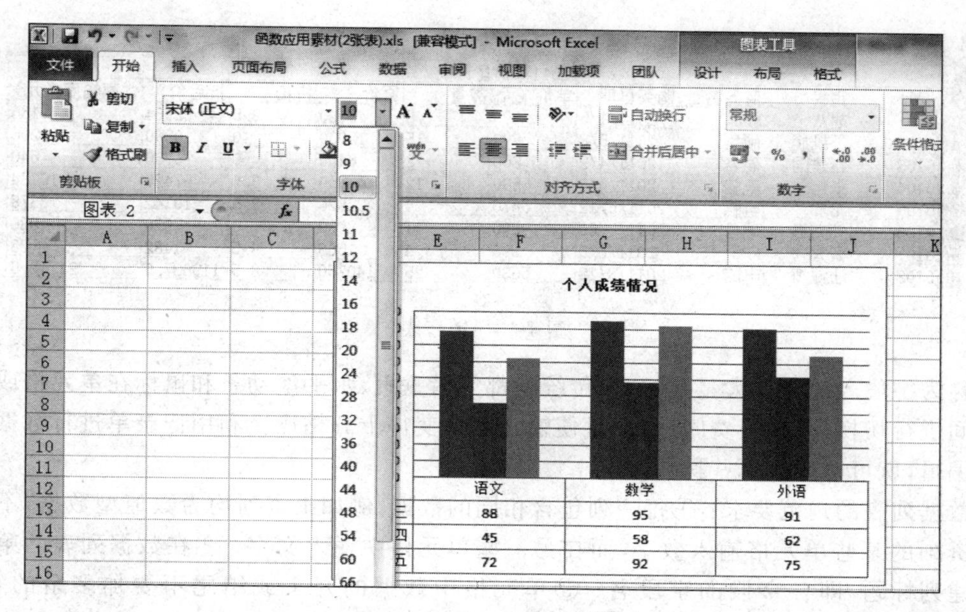

图 4-41　更改文字的样式

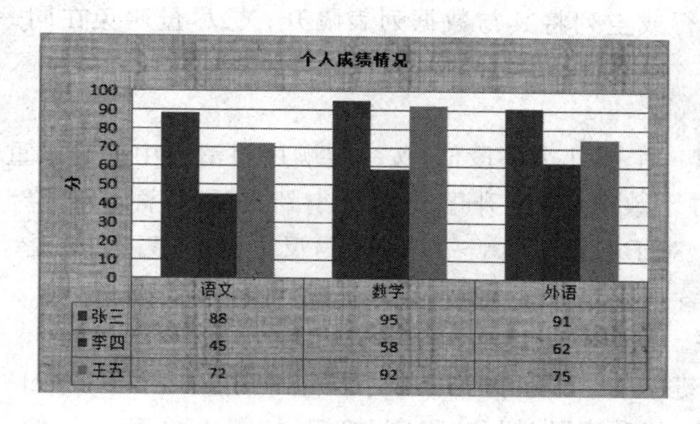

图 4-42　图表背景的修改

4.5　任务：数据管理与分析

1. 实例要求

数据管理是计算机的最重要的应用之一，它可以快捷方便地完成一些简单的数据管理任务、极大地提高工作效率，本节介绍 Excel 中最常用的排序、筛选、分类汇总、数据透视表、合并计算等数据管理功能。打开“销售表. xlsx”，如图 4-43 所示，我们将在这个文件中进行数据管理与分析操作。

2. 数据列表

在 Excel 中，数据管理的单位是数据列表，数据列表是由包含相关数据的一系列行所构成。通常将数据列表中的行称为记录，将构成行的单元格称为记录的字段，将字段所在列的

	A	B	C	D	E	F	G	H	I	J
1	2011年销售记录									
2	编号	销售员	商品名	购买日期	单价（元	数量	原价	折扣	折后价	优惠幅度（元）
3	0101	胡八一	MP3	2011/1/5	390	8	3120	9.5	2964	156
4	0102	王凯旋	硬盘	2011/5/8	800	15	12000	9	10800	1200
5	0103	赵建国	硬盘	2011/4/2	800	8	6400	9	5760	640
6	0104	张起灵	电脑	2011/4/8	5630	12	67560	8.5	57426	10134
7	0105	无邪	电脑	2011/5/12	5630	4	22520	8.5	19142	3378
8	0106	陈文锦	硬盘	2011/5/20	800	11	8800	9	7920	880
9	0107	霍秀秀	MP3	2011/6/5	390	4	1560	9.5	1482	78
10	0108	汪藏海	电脑	2011/3/18	5630	25	140750	8.5	119637.5	21112.5

图 4-43　销售表

标题称为字段名。建立大量数据时，传统上都凭借垂直、水平滚动条和鼠标在单元格或工作表之间进行切换，不仅浪费时间，而且使输入工作变得十分枯燥。利用记录单进行数据的输入与编辑，就可以简化这些操作。

数据列表的规范要求：①每一列包含相同的数据，例如工资列均为数值型数据，不可以在工资列的某些单元格输入数字，而在另一些单元格中输入文字；②在数据列表的第一行中创建列标题，即各字段的字段名；③单元格中数据的开头或结尾不要加多余的空格；④不允许在数据列表中出现空行和空列；⑤没有合并的单元格；⑥若在一个工作表中还有其他数据，则要用空行或空列将其与数据列表隔开；⑦尽量避免在同一个工作表上建立多个数据列表。

3. 数据排序

排序就是依据某一个或几个字段值，按一定顺序将清单中的记录重新排列，排序有升序和降序两个类型。对于数值字段，升序是按从小到大的顺序排列，降序是从大到小排列。对于字符，从 A～Z 是升序，反之则降序。如果是汉字，则以其汉语拼音字母顺序排序。

（1）单字段排序。如果只依据某一字段进行排序，即单字段排序，这个字段也称为“关键字”。因为单字段排序被经常用到，所以 Excel 在常用工具栏中准备了“升序”按钮和“降序”按钮，如图 4-44 所示。例如，想查看谁买的东西总价最高，可以将图中的记录按“原价”字段进行由高到低的排序，操作方法是：①单击数据列表中“原价”列的任一单元格；②单击“降序”按钮。

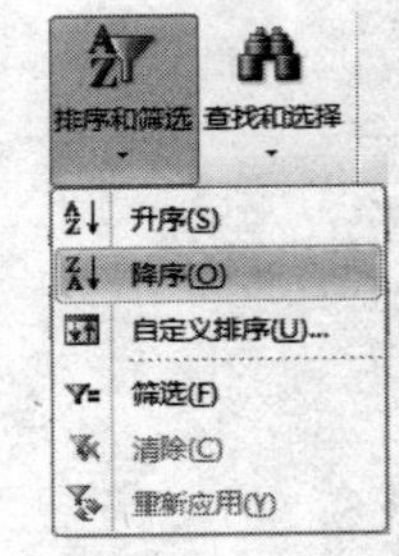

图 4-44　降序排列

注意：不要用鼠标拖动法选定“原价”一列，然后进行排序。如果选定“原价”一列后进行排序，则会造成原价是由大到小排序，而其他数据并没有跟着变动。

（2）多字段排序。多字段排序是指同时根据几个字段对记录进行排序，如根据“商品名”和“数量”对记录进行排序，即首先按“商品名”进行排序，“商品名”相同的记录再按“数量”进行排序。Excel 将首先进行排序的字段称为“主要关键字”，用于第二步排序的字段称为“次要关键字”。操作方法是：①单击数据列表中任意单元格；②选择“排序和筛选”，打开“自定义排序”对话框，在“主要关键字”中选择“姓名”及排序依据、排序方式；③单击“添加条件”添加“次要关键字”，选择好关键字、排序依据和排序方式，如图 4-45 所示；④单击“确定”按钮，可以看到排序结果。

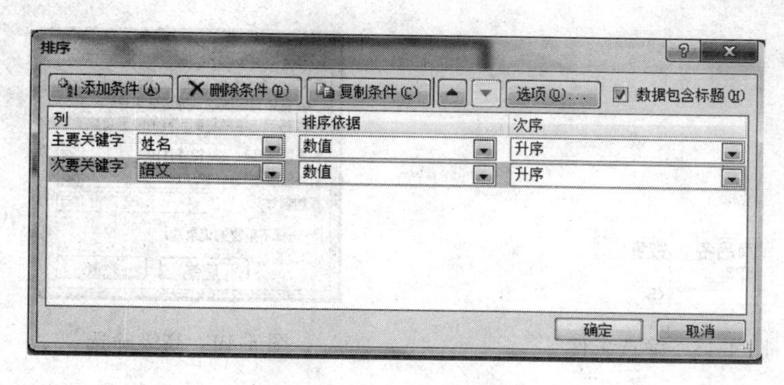

图 4-45 “排序”对话框

4. 数据筛选

数据筛选是将数据列表中那些满足条件的记录显示出来，而将不满足条件的记录隐藏起来，相当于从数据列表中取出一个子集。这对由很多记录构成的数据列表的操作很有用。例如，一个销售表中有 500 条记录，若只想查看所有 MP3 商品的记录，则利用筛选功能可以很容易地做到。

现在要求在销售表中筛选出商品名为 MP3，数量小于 5 的记录，操作步骤如下。

(1) 单击数据列表中的任一单元格。

(2) 选择“数据”→“排序和筛选”→“筛选”命令，会看到每个字段名右边都有一个下拉箭头。

(3) 单击“商品名”右边下拉箭头，弹出下拉列表，选择 MP3，同时取消其他所有商品名，如图 4-46 所示。

(4) 单击数量右边下拉箭头，选择“数字筛选”→“小于”，弹出对话框，如图 4-47 所示，在“小于”右边输入 5，单击“确定”按钮，即可筛选出所需要的结果。

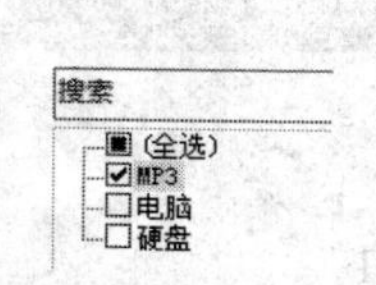

图 4-46 筛选字段为 MP3

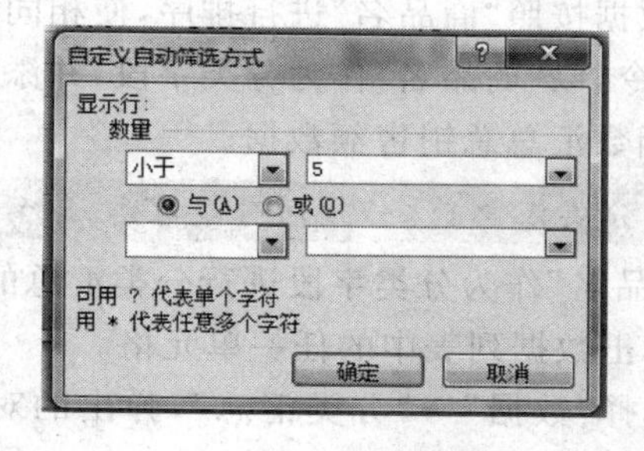

图 4-47 自定义筛选

将要求改一下，现在要筛选出商品名为 MP3，或者数量小于 5 的商品记录。用上面的自动筛选方式无法实现，此时需要使用高级筛选，操作步骤如下。

(1) 在数据列表中的任意空白单元格，如 G12:H14 单元格中输入筛选条件，如图 4-48 所示。注意，若条件是“或”的关系，则将条件写在两行上；若条件是“和”的关系，则将条件写在一行上。

(2) 选择“数据”→“排序和筛选”→“筛选”→“高级”命令，弹出对话框，如图 4-49 所示，在“条件区域”输入 G12:H14，单击“确定”按钮，即可筛选出如图 4-50 所示的结果。

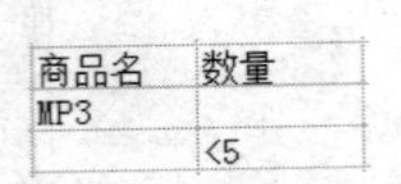

商品名	数量
MP3	
	<5

图 4-48　筛选条件

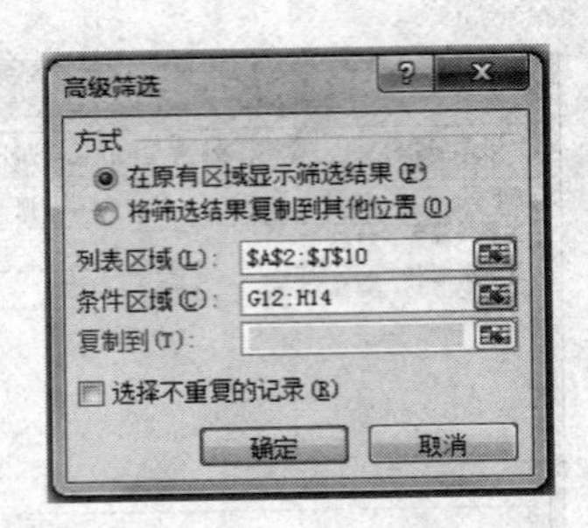

图 4-49　高级筛选

	A	B	C	D	E	F	G	H	I	J
1					2011年销售记录					
2	编号	销售员	商品名	购买日期	单价（元）	数量	原价	折扣	折后价	优惠幅度（元）
3	0101	胡八一	MP3	2011/1/5	390	8	3120	9.5	2964	156
7	0105	无邪	电脑	2011/5/12	5630	4	22520	8.5	19142	3378
9	0107	霍秀秀	MP3	2011/6/5	390	4	1560	9.5	1482	78
11										
12							商品名	数量		
13							MP3			
14								<5		

图 4-50　高级筛选结果

不管是自动筛选，还是高级筛选，要取消筛选效果，则选择“数据”→“排序和筛选”→“筛选”→“消除”命令。

5. 数据分类汇总

在销售报表、生产报表，甚至日常使用的电子表格都需要进行数据的统计运算，如求和统计、平均统计或计数统计等。进行分类汇总的数据时，必须先经过排序处理，将同类型的数据项排列在一起。

先将数据按照“商品名”进行排序，使相同地区的数据能排列在一起，接着即可使用“分类汇总”命令，以“商品名”作为分类字段，并添加“原价”和“优惠幅度”作为汇总数据列，然后再用求和函数汇总总销售额数据。

注意：分类汇总前，必须对分类字段进行排序。

以“商品名”作为分类字段进行分类汇总的操作步骤如下。

（1）单击数据列表中的任一单元格。

（2）选择“数据”→“分类汇总”，弹出的对话框如图 4-51 所示。

（3）在弹出的对话框中，在“选定汇总项”中选择“原价”和“优惠幅度”，单击“确定”按钮，就可以显示出分类汇总结果，如图 4-52 所示。

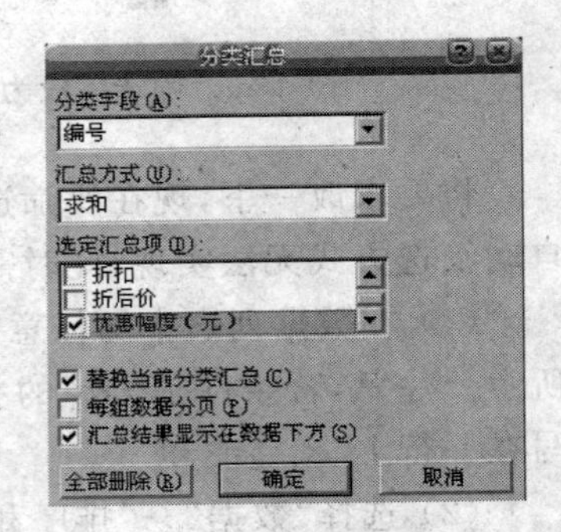

图 4-51　“分类汇总”对话框

6. 数据透视表

数据透视表是一种交互式的表，可以进行某些计算，如求和与计数等。所进行的计算与数据在数据透视表中的排列有关。

同一个表格可以制作出多种数据透视表，可以根据实际

	A	B	C	D	E	F	G
1					2011年销售记录统计表		
2	编号	销售员	商品名	购买日期	单价（元）	数量	原价
3	0101	胡八一	MP3	2011-1-5	390	8	3120
4	0107	霍秀秀	MP3	2011-6-5	390	4	1560
5			MP3 汇总				4680
6	0104	张起灵	电脑	2011-4-8	5630	12	67560
7	0105	无邪	电脑	2011-5-12	5630	4	22520
8	0108	汪藏海	电脑	2011-3-18	5630	25	140750
9			电脑 汇总				230830
10	0102	王凯旋	硬盘	2011-5-8	800	15	12000
11	0103	赵建国	硬盘	2011-4-2	800	8	6400
12	0106	陈文锦	硬盘	2011-5-20	800	11	8800
13			硬盘 汇总				27200
14			总计				262710

图 4-52　分类汇总结果

情况制作出满足自己需求的数据透视表，本节选取一种作为实例，步骤如下。

(1) 单击数据列表中的任一单元格。

(2) 选择“插入”→“数据透视表和数据透视图”，在弹出的对话框中，选择“下一步”，弹出“创建数据透视表”对话框，如图 4-53 所示。若选定区域没有错误，则直接选择“下一步”，否则单击按钮，手动选择整个数据列表。

(3) 根据需要选择“新建工作表”或“现有工作表”。如选择“现有工作表”，则需单击按钮指定数据透视表初始位置，如图 4-53 所示。

图 4-53　创建数据透视表

(4) 单击“确定”按钮后，生成空白数据透视表。

(5) 将“商品名”作为行字段，“销售员”作为列字段，“数量”作为数据项分别拖动至空白数据透视表相应位置，生成结果如图 4-54 所示。

12	求和项:数量	销售员								
13	商品名	陈文锦	胡八一	霍秀秀	汪藏海	王凯旋	无邪	张起灵	赵建国	总计
14	MP3		8	4						12
15	电脑				25		4	12		41
16	硬盘	11				15			8	34
17	总计	11	8	4	25	15	4	12	8	87

图 4-54　透视表生成

7. 数据合并计算

合并计算是 Excel 表格中用于实现多表数据统计的汇总工具。利用合并计算工具可以在多个表中根据指定的单列(或单行)数据条件实现数据汇总。在进行合并计算时,必须指定汇总结果存放的目标区域,此目标区域可位于与源数据相同的工作表上,也可以在其他工作表或工作簿内。其次,需要选择合并计算的数据源可以来自单个工作表、多个工作表或不同的工作簿。

具体操作步骤如下。

(1) 将"数量"所在的 F 列移动到 D 列,并在 C12 和 D12 中分别输入"商品名"和"数量",如图 4-55 所示。

(2) 将 C13 设为活动单元格,选择"数据"→"合并计算",在弹出的对话框的"引用位置"栏中选择 $C$3:$D$10,标签位置选择最左列,如图 4-56 所示。

(3) 单击"确定"按钮,结果如图 4-57 所示。

				2011
编号	销售员	商品名	数量	购买日期
0106	陈文锦	硬盘	11	20
0101	胡八一	MP3	8	2
0107	霍秀秀	MP3	4	2
0108	汪藏海	电脑	25	20
0102	王凯旋	硬盘	15	2
0105	无邪	电脑	4	20
0104	张起灵	电脑	12	2
0103	赵建国	硬盘	8	2
		商品名	数量	

图 4-55 数据合并

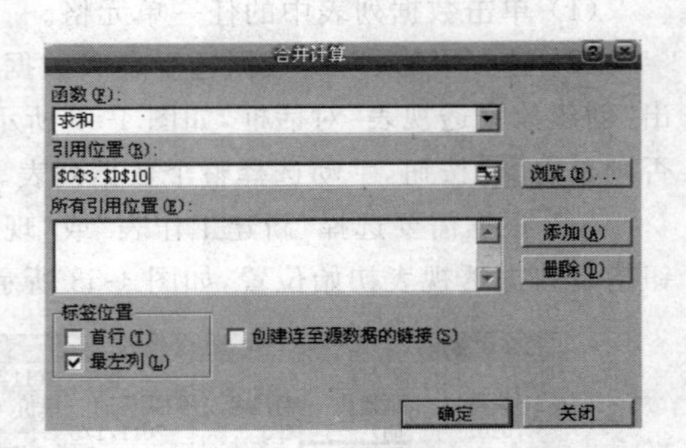

图 4-56 "合并计算"对话框

	A	B	C	D
1				
2	编号	销售员	商品名	数量
3	0106	陈文锦	硬盘	11
4	0101	胡八一	MP3	8
5	0107	霍秀秀	MP3	4
6	0108	汪藏海	电脑	25
7	0102	王凯旋	硬盘	15
8	0105	无邪	电脑	4
9	0104	张起灵	电脑	12
10	0103	赵建国	硬盘	8
11				
12			商品名	数量
13			硬盘	34
14			MP3	12
15			电脑	41

图 4-57 合并计算结果

实训 4-1 报 表 制 作

1. 实训目的

(1) 掌握 Excel 的基本操作;

（2）掌握在 Excel 中输入数据的方法；

（3）掌握使用公式的方法；

（4）掌握填充功能的使用；

（5）掌握数据格式和表格边框的设置；

（6）了解页面设置和报表打印方法。

2. 实训任务

（1）打开 Excel，在工作表 Sheet1 中输入如图 4-58 所示的数据。

	A	B	C	D	E	F	G	H	I	J
1	世界城市气温表									
2	城市	北京			纽约			伦敦		
3		最高	最低	平均	最高	最低	平均	最高	最低	平均
4	一月	1	-10		4	-3		7	2	
5		4	-8		4	-2		7	2	
6		11	-1		9	1		11	9	
7		21	7		15	6		13	4	
8		27	13		21	12		17	7	
9		31	15		26	17		21	11	
10		31	21		28	20		23	13	
11		30	20		27	19		22	12	
12		26	14		24	16		19	11	
13		20	6		18	10		14	8	
14		9	-2		12	4		9	4	
15		3	-8		5	-2		7	2	

图 4-58　世界城市气温表

（2）利用填充功能在 A5:A15 单元格中输入正确的月份序列。

（3）在单元格 D4 中输入公式=(B4+C4)/2，计算平均值。

（4）利用填充功能在 D5:D15 单元格中填入正确的计算公式。

（5）利用同样的方法计算巴黎和纽约的平均气温。

（6）在标题行下新插入一行。

（7）将标题合并居中，字体为仿宋，字号为 18 磅，粗体，标题行及下一行的底纹为灰色。

（8）设置数值格式，保留 1 位小数，右对齐。

（9）设置"城市"一行中各城市名，分别合并居中。

（10）设置表格第一列水平居中，"温度"一行文字水平和垂直居中。

（11）将"城市"一列底纹设置为浅黄色，其他各列为浅绿色。

（12）将所有城市平均温度大于 25℃的单元突出显示出来，设置其格式为红底黄字。

（13）设置所有单元格边框为单线边框。

（14）利用"单元格格式"对话框，设置外边框为双实线。

（15）调整第 4 行的高度为 40 像素。

（16）在 A4 单元格中输入"温度月份"，在"温度"和"月份"之间按 Alt+Enter 组合键插入换行符，适当调整"温度"和"月份"的位置。

（17）对 A4 单元格加斜对角线，制作斜线表头。

（18）将 Sheet1 工作表重命名为"2008 年城市气温"。

（19）复制工作表，并改名为"2009 年城市气温"。

（20）将"2009 年城市气温"工作表中的最高和最低温度数值清除。

（21）将 Sheet2 和 Sheet3 工作表删除。

（22）将工作簿保存为“世界城市气温表.xlsx”文件。

3. 实训要求

参考样图如图 4-59 所示。

	A	B	C	D	E	F	G	H	I	J
1	世界城市气温表									
2										
3	城市	北京			纽约			伦敦		
4	温度 月份	最高	最低	平均	最高	最低	平均	最高	最低	平均
5	一月	1.0	-10.0	-4.5	4.0	-3.0	0.5	7.0	2.0	4.5
6	二月	4.0	-8.0	-2.0	4.0	-2.0	1.0	7.0	2.0	4.5
7	三月	11.0	-1.0	5.0	9.0	1.0	5.0	11.0	9.0	10.0
8	四月	21.0	7.0	14.0	15.0	6.0	10.5	13.0	4.0	8.5
9	五月	27.0	13.0	20.0	21.0	12.0	16.5	17.0	7.0	12.0
10	六月	31.0	15.0	23.0	26.0	17.0	21.5	21.0	11.0	16.0
11	七月	31.0	21.0	26.0	28.0	20.0	24.0	23.0	13.0	18.0
12	八月	30.0	20.0	25.0	27.0	19.0	23.0	22.0	12.0	17.0
13	九月	26.0	14.0	20.0	24.0	16.0	20.0	19.0	11.0	15.0
14	十月	20.0	6.0	13.0	18.0	10.0	14.0	14.0	8.0	11.0
15	十一月	9.0	-2.0	3.5	12.0	4.0	8.0	9.0	4.0	6.5
16	十二月	3.0	-8.0	-2.5	5.0	-2.0	1.5	7.0	2.0	4.5

图 4-59　世界城市气温表效果图

实训 4-2　公式与函数

1. 实训目的

（1）掌握 Excel 中单元格的正确引用；

（2）掌握 Excel 中公式和函数的正确使用。

2. 实训任务

（1）打开 Excel，在工作表 Sheet1 中输入如图 4-60 所示数据。

	A	B	C	D	E	F	G
1	10月饮料销售统计表						
2					单位	元	
3	统计日期				利润率	0.15	
4	名称	包装单位	零售价	销售量	销售额	利润	销售排名
5	矿泉水	瓶	1.2	3200			
6	啤酒	件	30	1208			
7	酸奶	箱	45	326			
8	汽水	瓶	1	1300			
9	白酒	瓶	28	652			
10							
11			合计				
12	饮料种类		最大值				
13	瓶装饮料种类		最小值				
14	瓶装饮料销售总额		平均值				

图 4-60　销售统计表

（2）设置 F3 单元格格式为百分比格式。

（3）使用公式计算销售额：在 E5 单元格输入公式＝C5＊D5，利用填充功能实现 E6:E9 单元格的公式输入。

(4) 使用公式计算利润：在 F5 单元格输入公式＝E5 * $F$3，利用填充功能实现 F6:F9 单元格的公式输入。

(5) 使用求和函数(SUM)求出销售量、销售额和利润的合计值。

(6) 使用求最大函数(MAX)求出销售量、销售额和利润的最大值。

(7) 使用求和函数(MIN)求出销售量、销售额和利润的最小值。

(8) 使用求和函数(AVERAGE)求出销售量、销售额和利润的平均值。

(9) 使用计数函数(COUNTA)求出饮料的种类。

(10) 使用条件计数函数(COUNTIF)求出瓶装饮料种类。

(11) 使用条件求和函数(SUMIF)求出瓶装饮料的销售总额。

(12) 使用排名函数(RANK)求出每种饮料的销售排名。

(13) 将日期设置为"××××年××月××日"的显示形式。

(14) 设置统计日期、合计两行的底纹为黄色，合计的上一行底纹为蓝色，适当调整行宽。

(15) 将标题合并居中，字体为宋体，字号为 18。

(16) 将名称一行、名称和包装单位两列设置为居中。

(17) 将数值单元格区域中除销售量外的其他单元格区域设置保留 2 位小数，右对齐。

(18) 按图 4-61 所示参考样式图设置表格边框。

(19) 将工作表 Sheet1 重命名为 10 月销售统计表，并删除其他的表。

(20) 将工作簿保存为 10 月销售统计表。

3. 实训要求

参考样图如图 4-61 所示。

	A	B	C	D	E	F	G
1	10月饮料销售统计表						
2					单位	元	
3	统计日期	2014年5月12日			利润率	15%	
4	名称	包装单位	零售价	销售量	销售额	利润	销售排名
5	矿泉水	瓶	1.20	3200	3840.00	576.00	4
6	啤酒	件	30.00	1208	36240.00	5436.00	1
7	酸奶	箱	45.00	326	14670.00	2200.50	3
8	汽水	瓶	1.00	1300	1300.00	195.00	5
9	白酒	瓶	28.00	652	18256.00	2738.40	2
10							
11			合计	6686	74306.00	11145.90	
12	饮料种类	5	最大值	3200	36240.00	5436.00	
13	瓶装饮料种类	3	最小值	326	1300.00	195.00	
14	瓶装饮料销售总额	23396.00	平均值	1337.2	14861.20	2229.18	

图 4-61　销售统计表效果图

实训 4-3　图 表 制 作

1. 实训目的

(1) 掌握在 Excel 中制作统计图表的方法；

(2) 掌握图表格式的设置。

2. 实训任务

(1) 建立工作簿文件,命名为统计图表.xlsx,在工作表 Sheet1 中建立如图 4-62 所示的工作表,将工作表命名为成绩统计表。将 A1:F1 单元格合并为一个单元格,内容水平居中;计算总积分列的内容,按总积分的降序顺序计算积分排名列的内容(利用 RANK 函数,降序)。

	A	B	C	D	E	F
1	某运动会成绩统计表(单位:项)					
2	单位代号	第一名(8分/项)	第二名(5分/项)	第三名(3分/项)	总积分	积分排名
3	A01	12	10	11		
4	A02	11	14	9		
5	A03	9	11	13		
6	A04	7	4	8		
7	A05	19	5	12		
8	A06	9	16	6		
9	A07	7	13	9		
10	A08	8	9	14		

图 4-62　成绩统计表

(2) 选取单位代号列(A2:A10)和总积分列(E2:E10)数据区域的内容建立簇状条形图(系列产生在列),图表标题为总积分统计图,清除图例;设置 X 坐标轴格式主要刻度单位为 40,数字为常规型;将图插入到表的 A12:D26 单元格区域内,制作效果如图 4-63 所示。

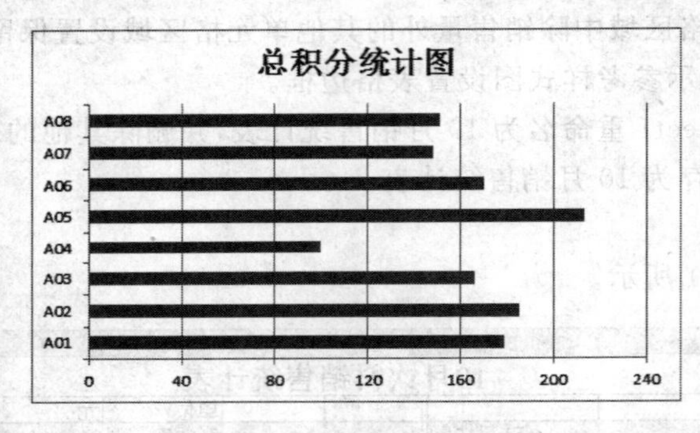

图 4-63　总积分统计图

(3) 在工作表 Sheet2 中建立如图 4-64 所示的工作表,将 A1:D1 单元格合并为一个单元格,水平对齐方式设置为居中;计算各类图书去年发行量和本年发行量的合计,计算各类图书的增长比例[增长比例=(本年发行量-去年发行量)/去年发行量],保留小数点后两位,将工作表命名为图书发行情况表。

(4) 选取图书发行情况表的图书类别和增长比例两列的内容建立面积图(合计行内容除外),X 轴上的项为图书类别(系列产生在列),标题为图书发行情况图,图例位置在底部,数据标志为显示值,将图插入工作表的 A9:D20 单元格区域内,制作效果如图 4-65 所示。

	A	B	C	D
1	某出版社图书发行情况表			
2	图书类别	本年发行量	去年发行量	增长比例
3	信息	679	549	
4	社会	756	438	
5	经济	502	394	
6	少儿	358	269	
7	合计			

图 4-64　图书发行情况表

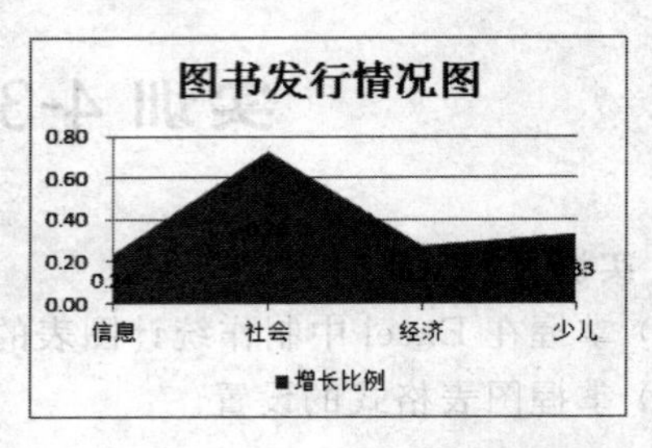

图 4-65　图书发行情况图

(5) 在工作表 Sheet3 中建立如图 4-66 所示的工作表，将 A1:C1 单元格合并为一个单元格，内容水平居中，计算年产量的总计及所占比例列的内容(所占比例＝年产量/总计)，将工作表命名为年生产量情况表。

(6) 选取年生产量情况表的产品型号列和所占比例列的单元格内容(不包括总计行)，建立分离型圆环图，系列产生在列，数据标志为百分比，图表标题为年生产量情况图，插入表的 A8:E18 单元格区域内，制作效果如图 4-67 所示。

	A	B	C
1	某企业年生产量情况表		
2	产品型号	年产量	所占比例
3	K-AS	1600	
4	G-45	2800	
5	A-Q1	1980	
6	总计		

图 4-66　年生产量情况表

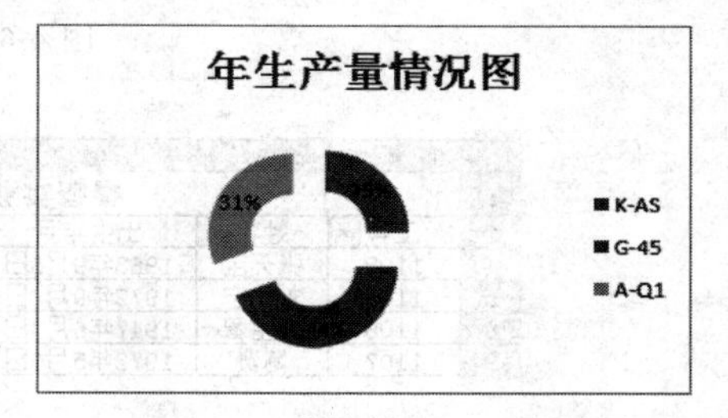

图 4-67　年生产量情况图

实训 4-4　数 据 管 理

1. 实训目的

(1) 掌握 Excel 中对数据进行排序的方法；

(2) 掌握 Excel 中对数据进行筛选的方法；

(3) 掌握 Excel 中对数据进行分类汇总的方法；

(4) 掌握 Excel 中对数据生成数据透视表的方法；

(5) 掌握 Excel 中对数据进行合并计算的方法。

2. 实训任务

(1) 按图 4-68 所示样式建立一个工作表，命名为工资表，并将工作簿保存为“10 月份工资表.xlsx”。

	A	B	C	D	E	F	G
1	睿智实业公司工作报表						
2	工号	姓名	出生年月	部门	基本工资	岗位工资	总计
3	1101	刘三军	1973年6月7日	财务部	512.00	830.00	1342.00
4	1102	张天宝	1963年9月6日	销售部	598.00	960.00	1558.00
5	1103	刘晓宁	1972年9月3日	销售部	482.00	896.00	1378.00
6	1104	王叶华	1975年3月9日	财务部	546.00	870.00	1416.00
7	1105	王小霞	1976年11月5日	财务部	523.00	890.00	1413.00
8	1106	陈生智	1947年6月7日	销售部	502.00	950.00	1452.00
9	1107	陈贤	1972年5月9日	销售部	539.00	890.00	1429.00

图 4-68　工资表

(2) 删除工作表 Sheet2 和 Sheet3，复制工资表，并重命名为排序，以部门为主要关键字，升序排序；以总计为次要关键字，降序排序，结果如图 4-69 所示。

(3) 复制工资表，并重命名为自动筛选，使用自动数据，只显示销售部人员的工资信息，结果如图 4-70 所示。

	A	B	C	D	E	F	G
1	睿智实业公司工作报表						
2	工号	姓名	出生年月	部门	基本工资	岗位工资	总计
3	1104	王叶华	1975年3月9日	财务部	546.00	870.00	1416.00
4	1105	王小霞	1976年11月5日	财务部	523.00	890.00	1413.00
5	1101	刘三军	1973年6月7日	财务部	512.00	830.00	1342.00
6	1102	张天宝	1963年9月6日	销售部	598.00	960.00	1558.00
7	1106	陈生智	1947年6月7日	销售部	502.00	950.00	1452.00
8	1107	陈贤	1972年5月9日	销售部	539.00	890.00	1429.00
9	1103	刘晓宁	1972年9月3日	销售部	482.00	896.00	1378.00

图 4-69　排序

	A	B	C	D	E	F	G
1	睿智实业公司工作报表						
2	工号	姓名	出生年月	部门	基本工资	岗位工资	总计
4	1102	张天宝	1963年9月6日	销售部	598.00	960.00	1558.00
5	1103	刘晓宁	1972年9月3日	销售部	482.00	896.00	1378.00
8	1106	陈生智	1947年6月7日	销售部	502.00	950.00	1452.00
9	1107	陈贤	1972年5月9日	销售部	539.00	890.00	1429.00

图 4-70　自动筛选

（4）复制工资表，并重命名为高级筛选，使用高级筛选，显示财务部人员或者基本工资小于 500 元人员的工资记录，结果如图 4-71 所示。

	A	B	C	D	E	F	G
1	睿智实业公司工作报表						
2	工号	姓名	出生年月	部门	基本工资	岗位工资	总计
3	1101	刘三军	1973年6月7日	财务部	512.00	830.00	1342.00
5	1103	刘晓宁	1972年9月3日	销售部	482.00	896.00	1378.00
6	1104	王叶华	1975年3月9日	财务部	546.00	870.00	1416.00
7	1105	王小霞	1976年11月5日	财务部	523.00	890.00	1413.00
10							
11				部门	基本工资		
12				财务部			
13					<500		

图 4-71　高级筛选

（5）复制排序工作表，并重命名为汇总，按部门字段进行分类汇总，汇总方式求和，汇总项包括基本工资、岗位工资和总计，结果如图 4-72 所示。

	A	B	C	D	E	F	G
1	睿智实业公司工作报表						
2	工号	姓名	出生年月	部门	基本工资	岗位工资	总计
3	1104	王叶华	1975年3月9日	财务部	546.00	870.00	1416.00
4	1105	王小霞	1976年11月5日	财务部	523.00	890.00	1413.00
5	1101	刘三军	1973年6月7日	财务部	512.00	830.00	1342.00
6				财务部 汇总	1581.00	2590.00	4171.00
7	1102	张天宝	1963年9月6日	销售部	598.00	960.00	1558.00
8	1106	陈生智	1947年6月7日	销售部	502.00	950.00	1452.00
9	1107	陈贤	1972年5月9日	销售部	539.00	890.00	1429.00
10	1103	刘晓宁	1972年9月3日	销售部	482.00	896.00	1378.00
11				销售部 汇总	2121.00	3696.00	5817.00
12				总计	3702.00	6286.00	9988.00

图 4-72　分类汇总

（6）打开工资表，对工作表数据内容建立数据透视表，按行为部门、列为姓名、数据为总计求和布局，并置于新工作表，重命名为数据透视表，效果如图 4-73 所示。

	A	B	C	D	E	F	G	H	I
1									
2									
3	求和项:总计	列标签							
4	行标签	陈生智	陈贤	刘三军	刘晓宁	王小霞	王叶华	张天宝	总计
5	财务部			1342		1413	1416		4171
6	销售部	1452	1429		1378			1558	5817
7	总计	1452	1429	1342	1378	1413	1416	1558	9988

图 4-73　数据透视表

（7）新建工作表，对工资表中的部门、基本工资、岗位工资、总计中数据进行合并计算，统计每部门的基本工资、岗位工资、总计之和，结果如图 4-74 所示。将工作表命名为合并计算，保存工作簿。

	A	B	C	D
1		基本工资	岗位工资	总计
2	财务部	1581.00	2590.00	4171.00
3	销售部	2121.00	3696.00	5817.00

图 4-74　合并计算

单元 5　PowerPoint 2010 的应用

在推介产品或总结汇报时，把讲解内容配上相应的图片、图表和文字说明，会使讲解更生动、更具有说服力。PowerPoint 正是为此而生。

作为 Office 系列产品中的重要成员之一，PowerPoint 2010 的改变非常大，简洁清新的外观、人性化的命名设置、工作向导的操作布局以及新增的实用命令，都为 PowerPoint 2010 注入了清新的气息，不但简化了使用者的操作，也使初学者能够更快地掌握它。运行 PowerPoint 2010 应用程序后，其全新直觉式的使用者外观，以简单、一目了然的面向结果"选项卡"，取代了旧版的菜单栏、工具栏及大部分的工作窗格。这个全新设计的外观能够大幅提升演示文稿的设计效率。

大纲要求：

掌握演示文稿的以下功能和使用方法。

- 演示文稿软件的基本概念，中文 PowerPoint 的基本功能、运行环境、启动和退出。
- 演示文稿的创建、打开和保存，演示文稿的打包和打印。
- 演示文稿视图的使用，幻灯片的制作（文字、图片、艺术字、表格、图表、超链接和多媒体现象的插入及格式化）。
- 幻灯片母版的使用，背景设置和设计模板的选用。
- 幻灯片的插入、删除和移动，幻灯片版式及放映效果设置（动画设计、放映方式和切换效果）。

5.1　演示文稿的基本操作

5.1.1　认识 PowerPoint

1. 启动

(1) 从开始菜单的所有程序项启动："开始"→"程序"→Microsoft Office→Microsoft Office PowerPoint 2010。

(2) 通过快捷方式启动：如果桌面上有 PowerPoint 的快捷图标，双击该图标即可。

(3) 通过文档启动：在资源管理器中找到要编辑的 PowerPoint 文档，直接双击此文档即可启动 PowerPoint 2010。

2. 退出

使用完 PowerPoint 2010 后需要保存文件并退出该程序。退出该程序可以使用下列方法之一。

(1) 单击按钮，在弹出的菜单中选择"关闭"命令。

(2) 双击按钮 。

(3) 单击 PowerPoint 2010 标题栏右侧的“关闭”按钮。

(4) 按 Alt＋F4 组合键。如果用户在退出 PowerPoint 2010 之前对文档进行了修改，系统将自动弹出一个信息提示框，如图 5-1 所示，询问用户是否保存修改后的文档。单击“保存”按钮，保存对文档的修改；单击“不保存”按钮，不保存对文档的修改，直接退出 PowerPoint 2010 程序；单击“取消”按钮，取消本次操作，返回到编辑状态。

图 5-1　信息提示框

3. PowerPoint 2010 窗口简介

启动 PowerPoint 2010 后将进入其工作窗口，熟悉其工作窗口的各组成部分是制作演示文稿的基础。PowerPoint 2010 的工作窗口由快速访问工作栏、命令区、幻灯片工作区和状态栏等部分组成，如图 5-2 所示。

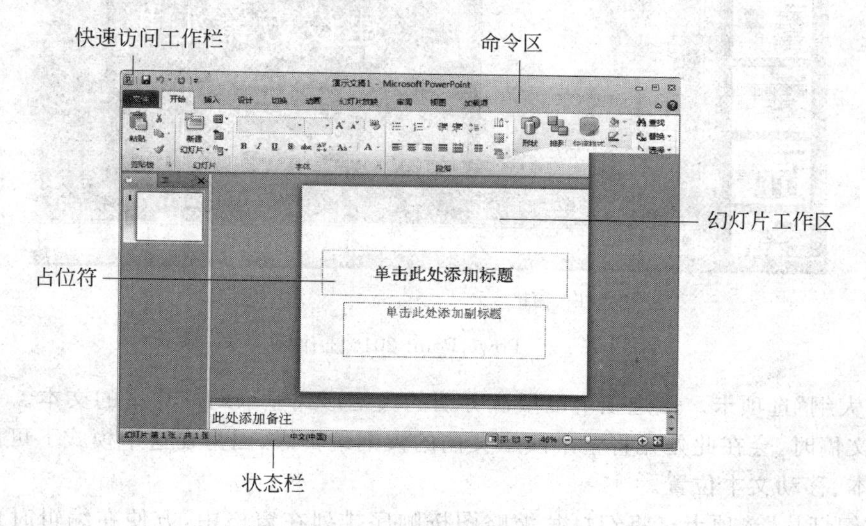

图 5-2　PowerPoint 2010 的工作窗口

1) 快速访问工具栏

该工具栏预设位于 PowerPoint 2010 窗口的顶端，作为常用工具的快速存取区。使用者可以根据个人需要，将自定义的按钮新增到“快速访问工具栏”上使用。

2) 命令区

PowerPoint 2010 的“命令区”采用了面向结果的分类方式，分出了许多“选项卡”，如“开始”“插入”“设计”“幻灯片放映”等。

在“选项卡”内，可以见到许多相关的命令按钮被分在几个组中，如“插入”选项卡中有“表格”“图像”“插图”“链接”“文本”“媒体”“符号”这几个组。

“组”内有可执行的命令，如“插入”选项卡的“图像”群组中，可以执行“图片”“剪贴画”“屏幕截图”和“相册”几个命令。

选项卡：“选项卡”的设计是以面向结果的方式来分类命令的。

组：“组”在每个选项卡内将工作细分成子任务。

命令按钮：单击每个“组”中的“命令按钮”，会执行命令或显示命令选项。

3）幻灯片工作区

PowerPoint 2010 预设使用标准视图模式的工作区中，包含由“大纲”选项卡和“幻灯片”选项卡组成的工作窗格，以及“幻灯片”窗格和“备注”窗格，如图 5-3 所示。

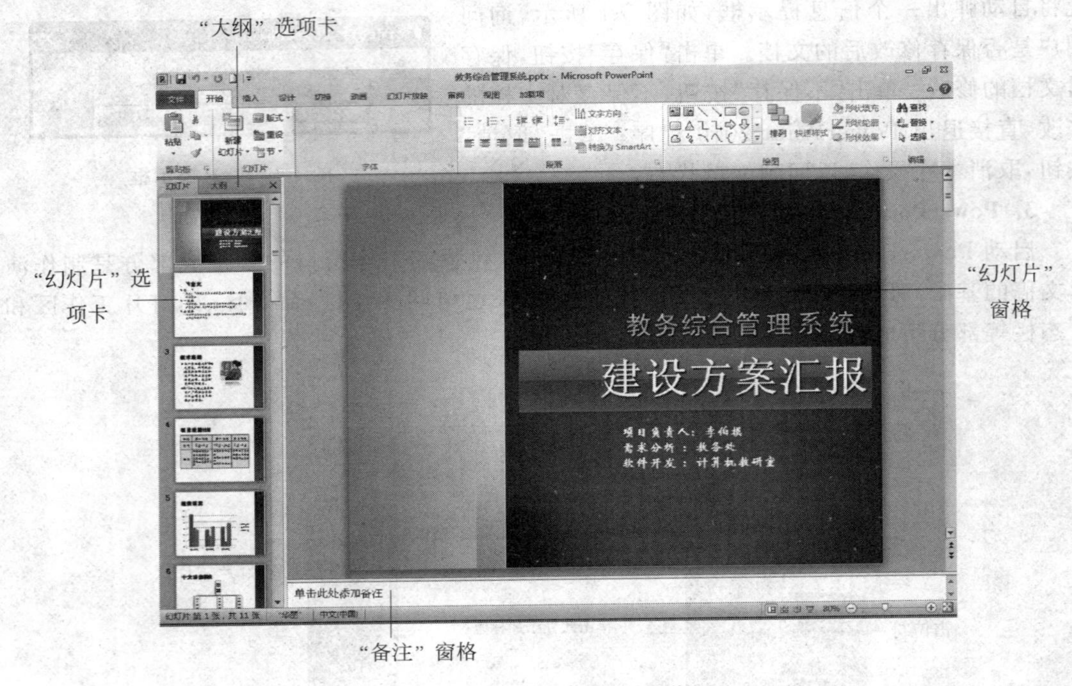

图 5-3　PowerPoint 2010 工作区

（1）“大纲”选项卡。该选项卡以层次分明的大纲形式显示幻灯片里的文本。一般开始建立演示文稿时，会在此处先将整个演示文稿的大纲编辑好，因为在这个模式下可以很方便地编辑文本、移动文本位置。

（2）“幻灯片”选项卡。将幻灯片缩略图按顺序排列在窗格中，方便在编辑时预览相关幻灯片的效果，同时可以新建、删除、移动幻灯片，也可以一次选取多张幻灯片作处理。

（3）“幻灯片”窗格。它是主要编辑区，在此区中可以插入文本、图片、表格、图表、绘图对象、SmartArt 图形、影片、音效、超链接和动画等资料，方便对幻灯片内容做编辑与美化处理。

（4）“备注”窗格。在该窗格中，可以输入目前幻灯片的备忘内容，可以供自己参考，也可以打印给观众，或是加入传送给观众或张贴于网页上的演示文稿中。

4）状态栏

状态栏上会显示当前的演示文稿信息与相关编辑状态，状态栏靠右侧的位置，有按钮与滑块可以快速切换视图模式与显示比例，方便编辑与查看“幻灯片”窗格中的内容。

4. 基本术语

1）演示文稿

演示文稿是通过 PowerPoint 程序创建的文档。一个 PowerPoint 文件被称为一个演示文稿。

当启动 PowerPoint 时，PowerPoint 会自动新建一个演示文稿，暂时命名为“演示文稿 1”。当用户编辑完演示文稿进行存盘时，PowerPoint 会提示输入用户名。

2）幻灯片

一个演示文稿由若干张幻灯片组成，演示文稿的播放是以幻灯片为单位，即播放时屏幕上显示的是一张幻灯片，而不是整个演示文稿。

3）母版

一般情况下，同一演示文稿中的各个幻灯片应该有着一致的样式和风格。为了方便对演示文稿的样式进行设置和修改，PowerPoint 将所有幻灯片所共有的底色、背景图案、文字大小、项目符号等样式放置在母版中。这样，只需要更改母版的样式设计，所有的幻灯片的样式都会跟着改变，为修改幻灯片的样式带来了极大的方便。PowerPoint 提供的母版分为幻灯片母版、讲义母版和备注母版。

选择"视图"选项卡，即可看到这些母版的按钮，单击打开相应的母版视图，在这些视图中可以对相应的母版进行修改。

4）幻灯片版式

幻灯片版式提供幻灯片中的文字、图形等的位置排列方案。PowerPoint 提供了若干版式，如图 5-4 所示。

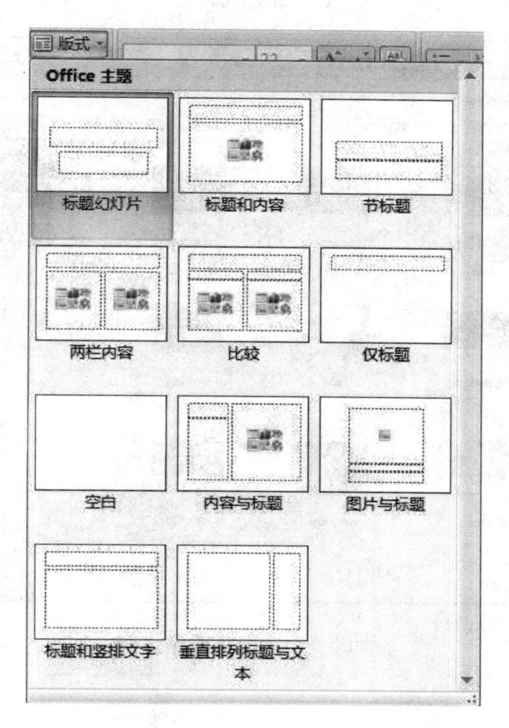

图 5-4　幻灯片版式

幻灯片版式主要由各种占位符组成，占位符代表准备放置到幻灯片上的各个对象，在新建幻灯片上以带有提示信息的虚线方框表示。单击占位符即可添加需要的文字或图形等内容。

5）主题

一个画面优美的幻灯片在播放时能吸引观众的注意力，提高演示效果。对于演示文稿设计者而言，使用 PowerPoint 提供的"主题"可以快速完成美化与统一演示文稿风格的需要，同时能进一步针对"主题"中的"颜色""字体""效果"个性化美化与调整，如图 5-5 所示。

图 5-5　主题

在“设计”选项卡的“主题”组中，可以打开“主题”的“其他”菜单，从中挑选一个合适的主题应用到当前的演示文稿中。

在“主题”的“颜色”菜单、“字体”菜单和“效果”菜单中，可以重新选择主题颜色、主题字体和主题效果，并且可以选择套用的范围。

6）模板

如果用户对幻灯片的背景图案、主题颜色等作个性化外观设置，需要耗费很多时间和精力，并且还不一定好看。因此，一般都是用 PowerPoint 提供的模板来创建演示文稿。

模板包含具有自定义格式的幻灯片母版和标题母版，以及预定义的配色方案，可以应用到任意演示文稿中创建独特的外观，如图 5-6 所示。

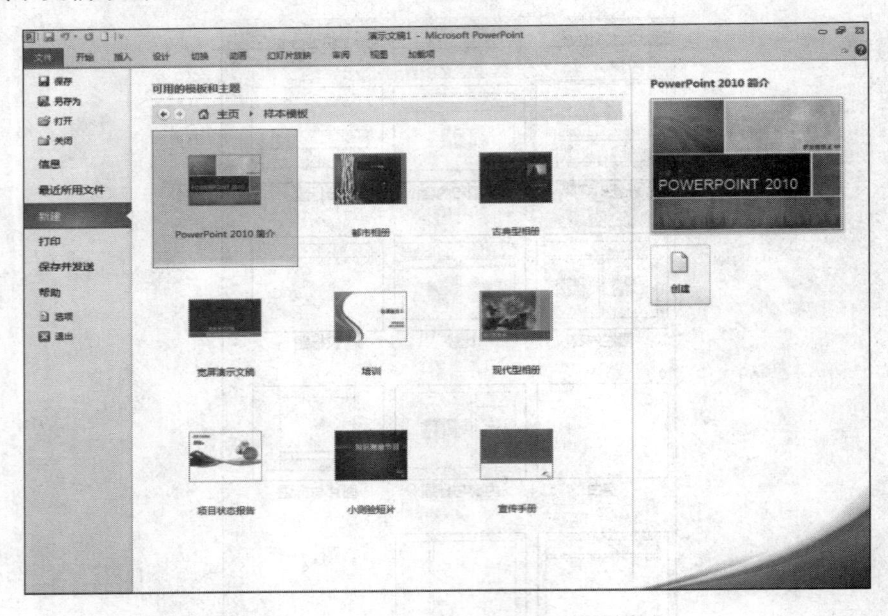

图 5-6　已安装的模板

7）视图

PowerPoint 具有许多不同的视图，可以帮助用户创建演示文稿。PowerPoint 中最常使用的两种视图是“普通视图”和“幻灯片浏览”视图。单击 PowerPoint 窗口右下角的按钮可在视图之间轻松地进行切换。

（1）普通视图。普通视图是 PowerPoint 默认的编辑视图，也是编辑时最常操作的区域。一般包括大纲窗格、幻灯片编辑区和备注编辑区三个区域。拖动分区的边框可调整不同分区的大小。

① 大纲窗格：用于显示演示文稿所要展示的主要内容。可以在这里输入演示文稿中

的所有文本，进行插入、删除、移动幻灯片的操作。

② 幻灯片编辑区：在此区域可以查看幻灯片的真实效果，编辑幻灯片中的文本，在幻灯片中添加图形、文本框和声音，设置动画效果等。

③ 备注编辑区：用于输入提示，它们仅供编辑和放映时参考，并不在放映演示文稿时展示。

(2) 幻灯片浏览视图。在幻灯片浏览视图中，可以在屏幕上同时看到演示文稿中的多张幻灯片的缩略图。这样，就可以很容易地在幻灯片之间添加、删除和移动幻灯片以及选择动画切换效果，还可以预览多张幻灯片上的动画，如图 5-7 所示。

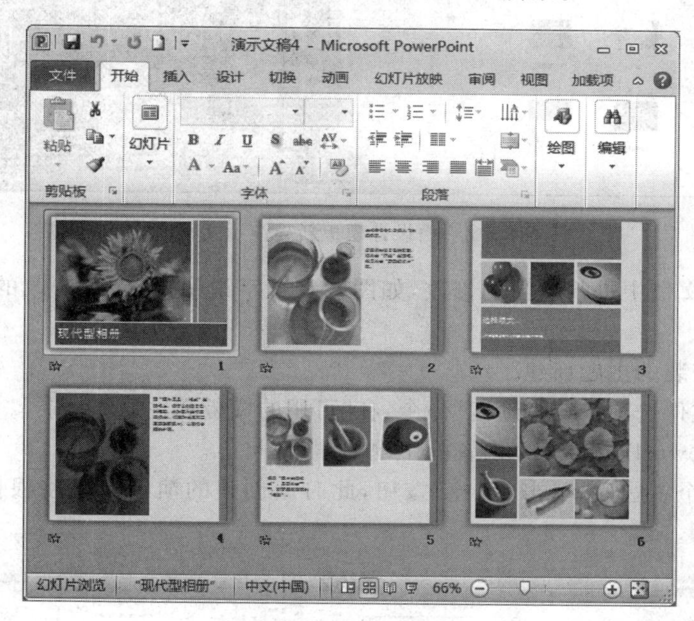

图 5-7　幻灯片浏览视图

5.1.2　演示文稿的基本操作

1. 新建演示文稿

PowerPoint 2010 提供了多种创建新演示文稿的方法，此处列举新建空白演示文稿、根据样本模板新建、根据已安装的主题新建、根据现有演示文稿新建 4 种。

1) 新建空白演示文稿

如果用户不想使用各种设计模板，可直接新建一个空白演示文稿，自行进行幻灯片设计，或其后再将设计模板应用于所编辑的演示文稿。

新建空白演示文稿的方法有两种。

(1) 选择"文件选项卡"→"新建"命令，在"可用的模板和主题"中选择"空白演示文稿"，然后单击"创建"按钮。

(2) 单击快速访问工具栏的"新建"按钮，可直接创建一个空白演示文稿。

2) 根据样本模板新建

用户可以根据 PowerPoint 2010 提供的内置的样本模板来创建演示文稿。步骤如下。

(1) 选择“文件选项卡”→“新建”命令，在“可用的模板和主题”中选择“样本模板”命令，在样本模板中显示 PowerPoint 2010 内置的模板的缩略图。

(2) 在“已安装的模板”对话框中选择一种合适的模板，单击“创建”按钮，即可得到以该模板创建的演示文稿，如图 5-8 所示。

图 5-8 由设计模板新建演示文稿

(3) 在演示文稿中进行适当的修改，如图片和文字说明等，保存修改的效果，即完成了演示文稿的创建。

3) 根据已安装的主题新建

(1) 选择“文件选项卡”→“新建”命令，在“可用的模板和主题”中选择“主题”命令，在主题模板中显示 PowerPoint 2010 内置的主题的缩略图。

(2) 选中某个主题后，单击“创建”按钮，此时新创建的演示文稿将根据该主题进行创建，如图 5-9 所示。

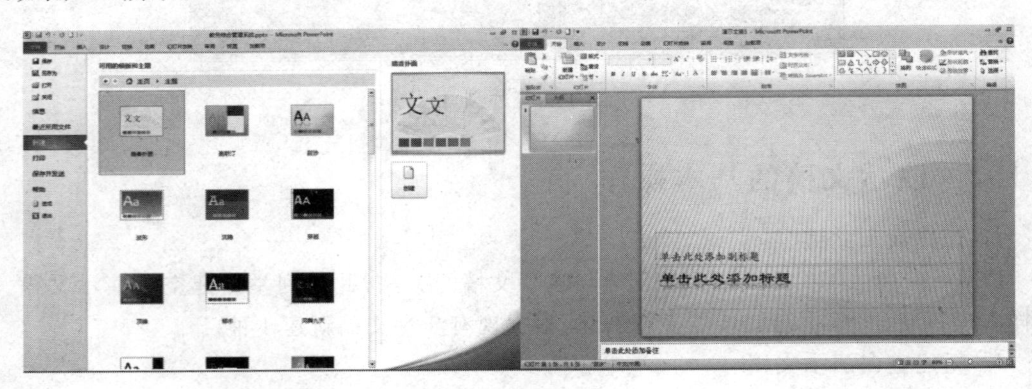

图 5-9 由主题新建演示文稿

4) 根据现有演示文稿新建

选择“文件”选项卡→“新建”命令，在“可用的模板和主题”中选择“根据现有内容创建”命令，此时会弹出一个对话框，如图 5-10 所示。该对话框用于查找保存在磁盘上与演示文稿相关的文件(扩展名为. ppt、. pps、. pot、. pptx 等的文件)。在找到的文件中，选定一个，然后单击“新建”按钮，则可创建一个基于所选定文件的演示文稿。

如果选定的是扩展名为. pptx 的文件，则新建的演示文稿相当于原演示文稿的复件。

如果选定的是.pot 的文件,则相当于根据模板新建。

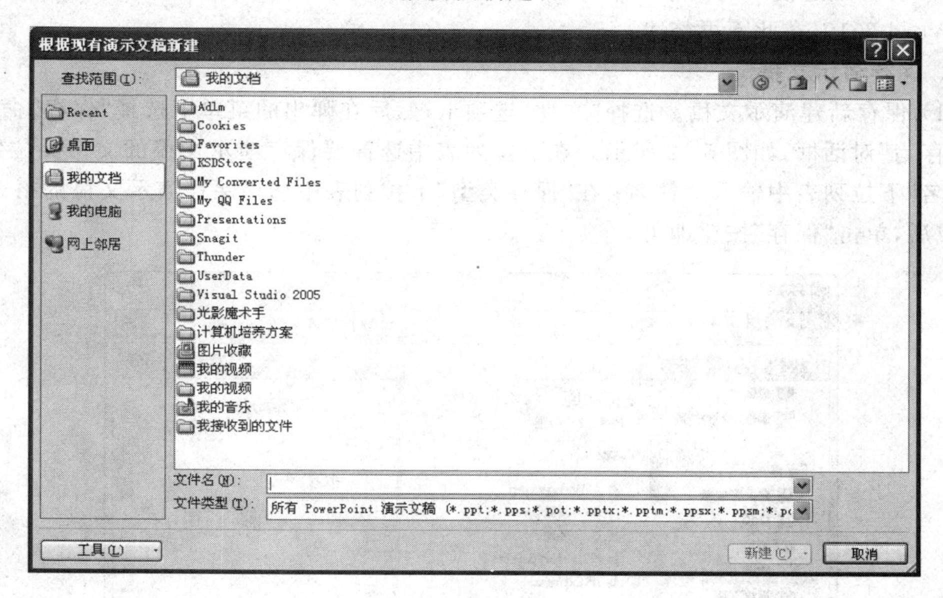

图 5-10　根据现有内容新建演示文稿

2. 打开演示文稿

在 PowerPoint 2010 中打开演示文稿有多种方法,这里介绍两种较常用的方法。

(1) 使用“打开”命令打开演示文稿。选择“文件”选项卡,然后在弹出的菜单中选择“打开”选项,弹出“打开”对话框,如图 5-11 所示。选择演示文稿所在的位置,然后在文件列表中选择需要打开的演示文稿。在“文件类型”下拉列表中选择所需的文件类型,单击“打开”按钮打开需要的演示文稿。

图 5-11　“打开”对话框

（2）打开最近使用的演示文稿。PowerPoint 2010 打开最近使用的演示文稿的操作方法同 Word 2010，在此不再赘述。

3. 保存演示文稿

（1）保存新建演示文稿。选择“文件”选项卡，然后在弹出的菜单中选择“保存”命令，弹出“另存为”对话框，如图 5-12 所示。在下拉列表中选择要保存演示文稿的文件夹位置；在“文件名”下拉列表中输入文件名；在“保存类型”下拉列表中选择保存演示文稿的格式。设置完成后，单击“保存”按钮即可。

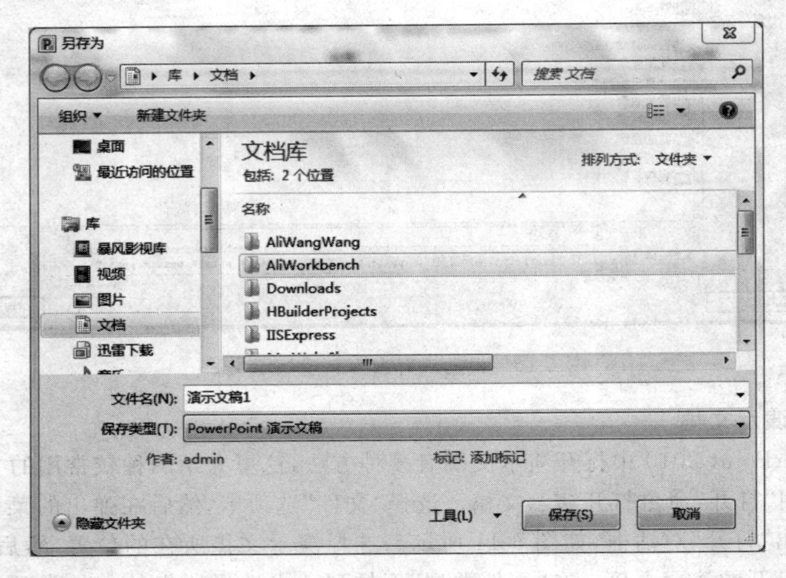

图 5-12 “另存为”对话框

（2）另存为演示文稿。如果需要将已有的演示文稿保存到其他的文件夹中，可在修改完演示文稿之后，选择“文件”选项卡，然后在弹出的菜单中选择“保存”命令，弹出“另存为”对话框，如图 5-12 所示。在该对话框中重新选择演示文稿的位置；在“文件名”下拉列表中输入文件的名称；在“保存类型”下拉列表中选择文件的保存类型；最后单击“保存”按钮。

4. 关闭演示文稿

演示文稿编辑完成后关闭该文档。关闭 PowerPoint 2010 文档的方法有以下 3 种。

（1）单击按钮 P，然后在弹出的菜单中选择“关闭”命令。

（2）选择“文件”选项卡，然后在弹出的菜单中选择“退出”命令。

（3）单击标题栏右侧的“关闭”按钮。

5.2 制作幻灯片

实例要求：

新建一个演示文稿，制作如图 5-13 所示的效果，以文件名“教务综合管理系统”保存。

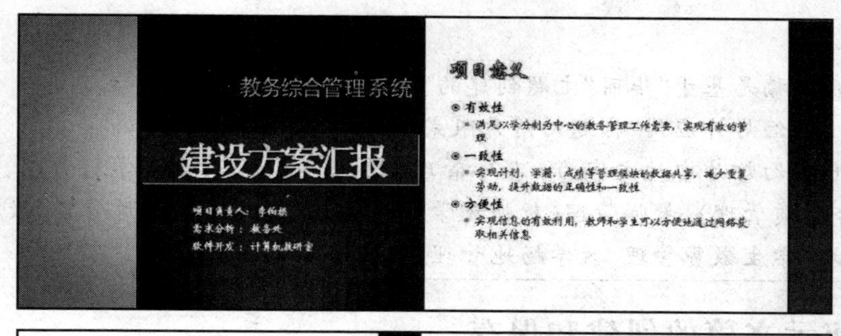

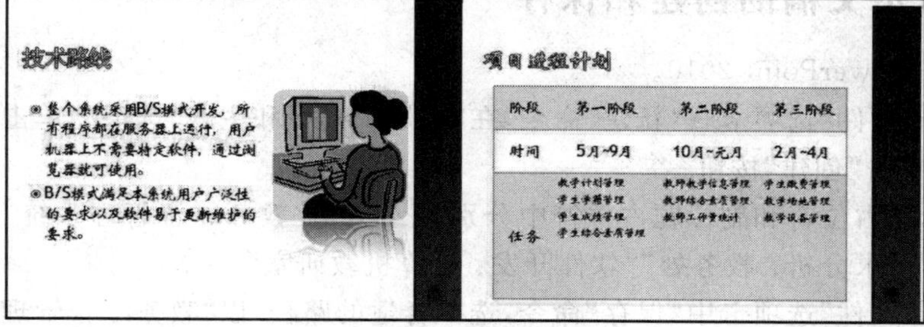

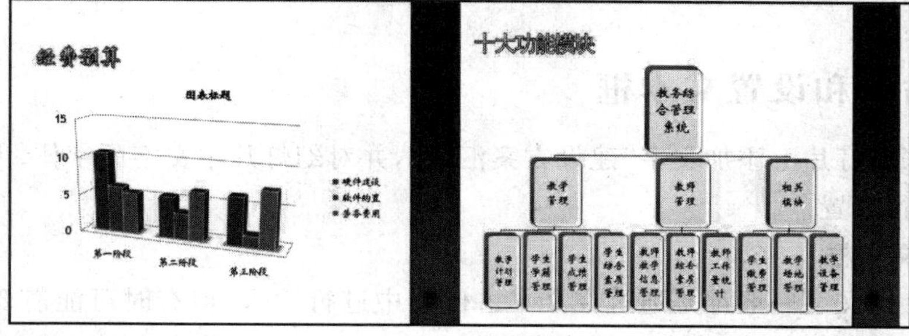

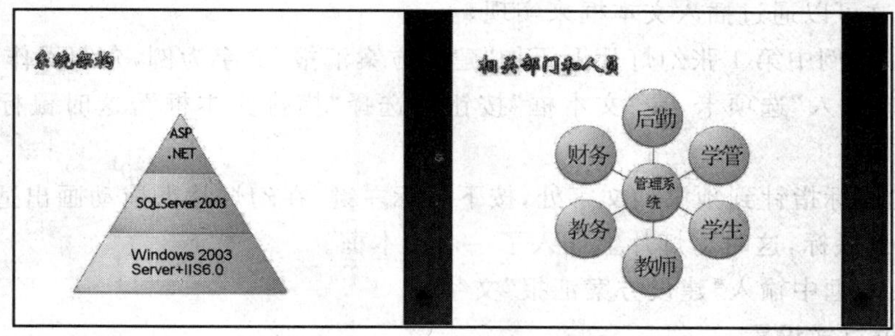

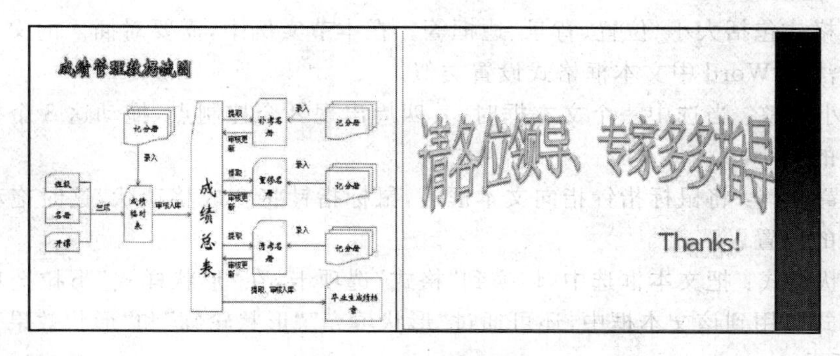

图 5-13　演示文稿制作实例

说明：

(1) 演示文稿是基于“华丽”主题创建的。

(2) 第 1 张幻灯片应用“标题幻灯片版式”。

(3) 第 6 张幻灯片中的文字为：教学管理(教学计划管理、学生学籍管理、学生成绩管理、学生综合素质管理)、教师管理(教师教学信息管理、教师综合素质管理、教师工作量统计)、相关模块(学生缴费管理、教学场地管理、教学设备管理)。

5.2.1 演示文稿的创建和保存

(1) 打开 PowerPoint 2010。

(2) 选择“文件”选项卡→“新建”命令，在“可用的模板和主题”选项中单击“主题”，选择“华丽”主题，单击“创建”按钮。

(3) 在标题占位符和副标题占位符中分别输入文字“教务综合管理系统”和“项目负责人：李伯模”“需求分析：教务处”“软件开发：计算机教研室”。

(4) 选择“文件”选项卡中“保存”命令，选择合适的路径，以“教务综合管理系统”为文件名进行保存。

5.2.2 插入和设置文本框

在第 1 张幻灯片上添加文字“建设方案汇报”，并对幻灯片中文字的字体、大小、颜色、背景、位置等进行设置。

1. 插入文本框

幻灯片上的文字一般都是通过在文本占位符中进行输入，但有时可能需要在占位符之外输入文字，这可以通过插入文本框来实现。

下面以在实例中第 1 张幻灯片上添加“建设方案汇报”文字为例，介绍操作步骤。

(1) 选择“插入”选项卡，在“文本框”按钮中选择“横排文本框”，这时鼠标指针变成十字状。

(2) 移动鼠标指针到预添加文字处，按下鼠标左键，在幻灯片上拖动画出适当大小的矩形框，然后松开鼠标，这时幻灯片上插入了一个文本框。

(3) 在文本框中输入“建设方案汇报”文字。

2. 文本框格式设置

文本框格式包括大小、位置、背景、边框等。在本节实例中，需要对插入的文本框背景设置。设置方法与 Word 中文本框格式设置类似。

(1) 大小调整：当选中一个文本框时，其四周出现 8 个控制点，拖动这 8 个控制点可以改变文本框的大小。

(2) 位置调整：将鼠标指针指向文本框上，鼠标指针将变成移动状，这时拖动鼠标即可移动文本框的位置。

(3) 形状样式：把文本框选中，切换到“格式”选项卡，在“形状样式”下拉选项中选择一个合适的样式应用到该文本框中，还可通过“形状填充”“形状轮廓”和“形状效果”进行设置，如图 5-14 所示。

（4）艺术字样式：对文本框可以设置“艺术字样式”，在“艺术字样式”下拉选项中选择一个合适的样式应用到该文本框中，还可以设置“文本填充”“文本轮廓”“文本效果”等效果，如图 5-15 所示。

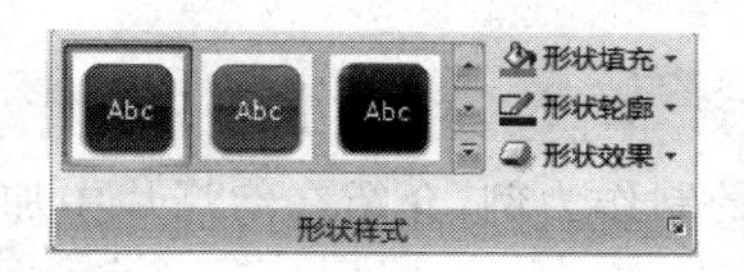

图 5-14　形状样式

图 5-15　艺术字样式

3. 文本格式设置

幻灯片上的文字可以像 Word 中的文本一样进行字形、大小、颜色、对齐方式等格式设置，设置方法与 Word 类似。这里仅说明几点需要注意的地方。

（1）如果要对文本框中所有文字设置同样格式，则需要单击文本框的边框，选中整个文本框对象。注意，这时文本框中没有闪烁光标。需比较一下整个文本框作为对象被选中和文本框处于编辑状态时二者边框的区别。

（2）如果只是对文本框中部分文字进行格式设置，则需要拖动鼠标，选中相应的文字，被选中的文字呈反白显示。

（3）文本框的文字也是以回车符作为段落标记的，有些格式是以段落作为作用对象的，例如对齐方式、项目符号和编号、行距等。

（4）只能对整个文本框设置背景颜色，不能对文本框中的部分文字设置背景。

5.2.3　段落升级与降级

本小节以图 5-13 中第 2 张“项目意义”幻灯片的制作为例，介绍段落的升级和降级的操作，如图 5-16 所示。

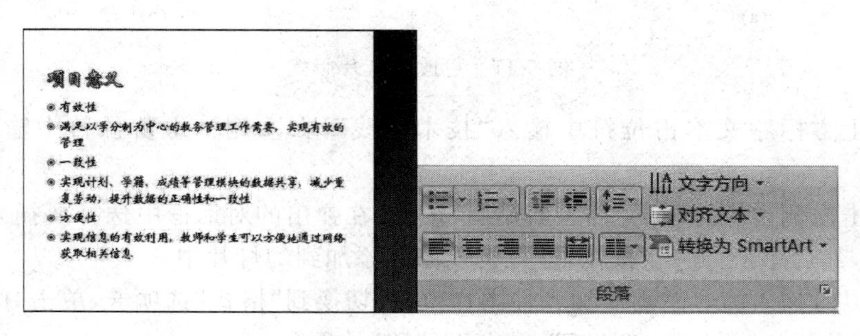

图 5-16　段落的升级与降级

（1）在“开始”选项卡中单击“新建幻灯片”按钮，在第 1 张幻灯片后插入一张新的幻灯片。

（2）在文本占位符中，分别输入幻灯片样文中的文字，使显示的格式和样文一样。方法如下。

① 将光标置于第 2 段中。

② 在“开始”选项卡中，单击“段落”组中的“降低列表级别”按钮，使第 2 段中的文字缩

进，且项目符号也跟着变化。

③ 用同样的方法对第4段和第6段文字进行降级。这样即可得到和样文相同的显示效果。

5.2.4 插入图片

本小节以图5-13中第3张"技术路线"幻灯片的制作为例，介绍在幻灯片中加入图片的相关操作。

(1) 在第2张幻灯片后按Ctrl+M组合键插入一张新的幻灯片。

(2) 插入的幻灯片自动使用的是"标题和内容"版式，上面没有提供直接添加图像的占位符。为了使幻灯片上有添加图像占位符，需要更改该幻灯片的版式。

更改幻灯片的版式的具体步骤如下。

(1) 在如图5-17(a)所示的"幻灯片版式"任务窗格中，单击"两栏内容"版式，则新插入的幻灯片如图5-17(b)所示。

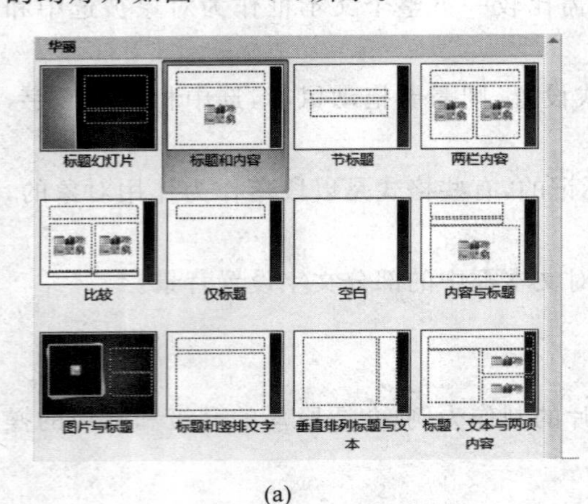

(a)

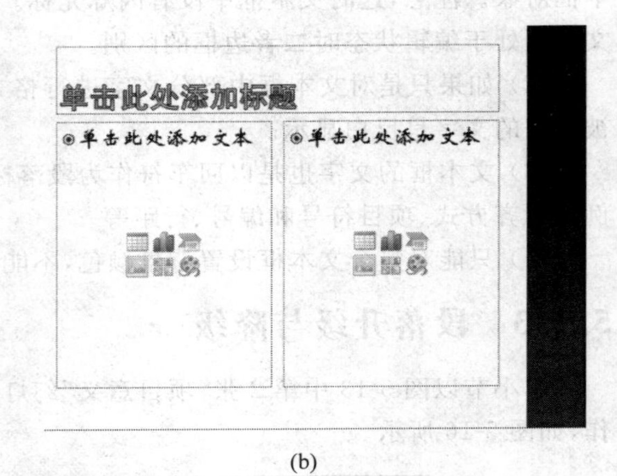

(b)

图5-17 更改幻灯片版式

(2) 在上方标题文本占位符中输入"技术路线"，在左侧文本占位符中输入样文中的文字。

(3) 单击右侧占位符中的"插入剪贴画"按钮，在弹出的对话框中选择要插入的剪贴画，在其上单击，然后单击"确定"按钮，即可将该图片添加到幻灯片中。

(4) 可以对插入的剪贴画添加各种图片效果，切换到"格式"选项卡，单击"图片效果"下拉按钮，为图片添加"阴影"→"外部"→"向下偏移"效果。

> **说明：**
>
> (1) 对插入的图片，除了可以设置"图片效果"外，还可以设置"图片形状""图片边框"等效果。
>
> (2) 本例是对新插入的幻灯片进行版式更改，但这种更改幻灯片版式的方法适用于任何幻灯片。也就是说，如果对已经制作的幻灯片版式不满意，可以随时更改为所需要的版式，幻灯片上原有的内容不会丢失。

5.2.5 插入表格

在幻灯片中插入表格，可以切换到“插入”选项卡中，单击“表格”按钮，在文档中插入或绘制表格。本小节以图 5-13 中第 4 张“项目进程计划”的幻灯片的制作为例，介绍表格的相关操作。

(1) 在“开始”选项卡中单击“新建幻灯片”按钮，在第 3 张幻灯片后插入一张新的幻灯片。

(2) 将幻灯片的版式切换为“标题和内容”，然后单击里面的“插入表格”按钮，弹出“插入表格”对话框，在对话框中输入要插入表格的行数和列数(本例为 3 行 4 列)，然后单击“确定”按钮，则幻灯片中将插入一个 3 行 4 列的表格。

(3) 单击表格中的“内容”框，输入样文中的内容。

(4) 选中表格，对表格的格式进行设置。切换至“格式”选项卡，选择一个合适的表格样式应用到表格中，还可对表格的“边框”“底纹”和“效果”进行设置。这些操作与 Word 中表格的操作类似，请参考单元 3 的相关内容。

5.2.6 插入图表

在幻灯片中插入图表，可以切换到“插入”选项卡中，单击“图表”按钮，在文档中插入图表。本小节以图 5-13 中第 5 张“经费预算”幻灯片为例，介绍图表的相关操作。

(1) 在“插入”选项卡中，单击“图表”按钮，在弹出的“插入图表”对话框中选择一种图表类型，如图 5-18 所示。

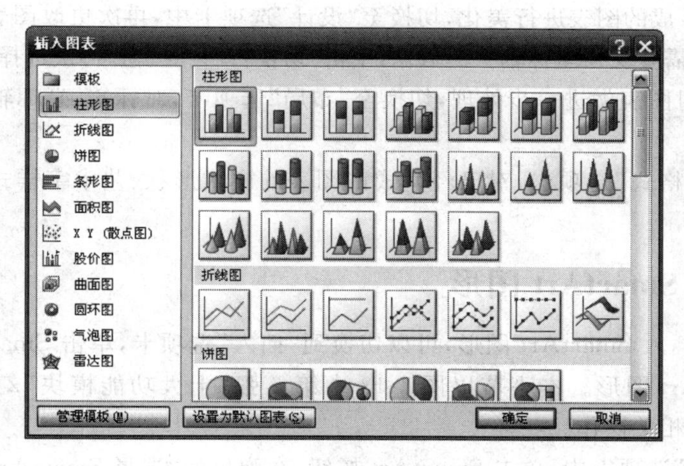

图 5-18 插入图表

(2) 在弹出的 Excel 窗口中输入要生成图表的相关数据，替换默认数据。本例所使用的数据见表 5-1

表 5-1 本例所使用的数据

	第一阶段	第二阶段	第三阶段
硬件建设	10.6	5.5	6.4
软件购置	6.2	3.4	1.5
劳务费用	5.5	6.5	7.5

(3) 数据输入完毕后，关闭 Excel，图表自动生成，如图 5-19 所示。

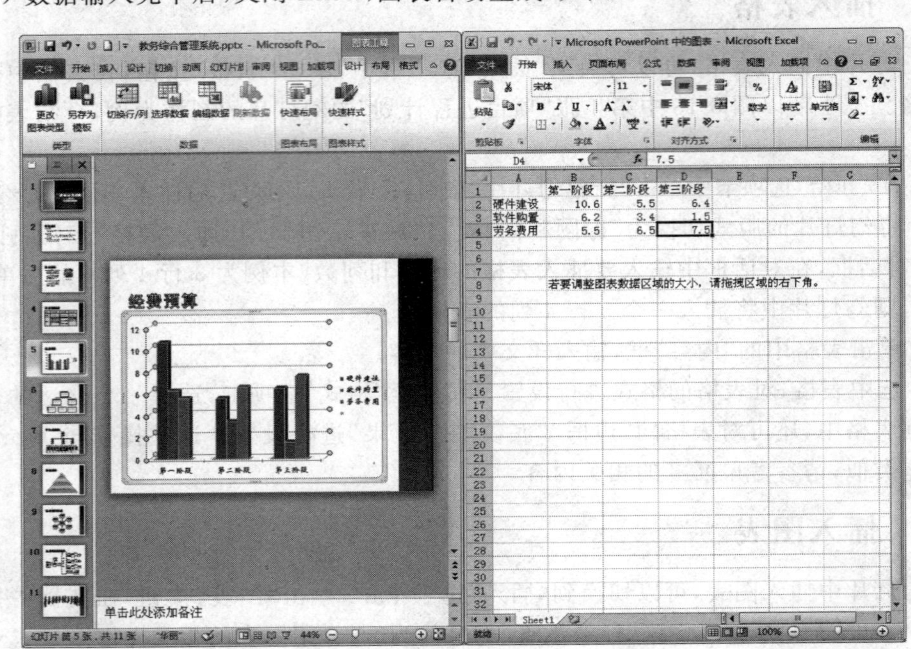

图 5-19　生成图表

(4) 接着对生成的图表进行美化，切换至“设计”选项卡中，再次更改图表类型、图表布局和图表样式，如果需要交换坐标轴上的数据，单击“切换行/列”按钮，再次选择和编辑数据。

(5) 如果要对图表做进一步处理，切换至“布局”选项卡，对标签、坐标轴、背景等做进一步的修饰。

(6) 切换至“格式”选项卡，对已经生成的图表的样式形状、艺术字样式、排列和大小做进一步的修饰。

5.2.7　插入 SmartArt 图形

在幻灯片中插入 SmartArt 图形，可以切换到“插入”选项卡，单击 SmartArt 按钮，在文档中插入 SmartArt 图形。本小节以图 5-13 中第 6 张“十大功能模块”幻灯片为例，介绍 SmartArt 图形的相关操作。

(1) 在“插入”选项卡中，单击 SmartArt 按钮，在弹出的“选择 SmartArt 图形”对话框中选择一种 SmartArt 图形，如图 5-20 所示。

(2) 在左侧列表中选择层次结构，右侧选择层次结构图，单击“确定”按钮，如图 5-21 所示。

(3) 在第一排的文本框中输入“教务综合管理系统”，在第 2 排的文本框中依次输入“教学管理”“教师管理”。

(4) 选中“教师管理”模块，单击“设计”选项卡中的“添加形状”按钮，从下拉选项中选择“在后面添加形状”，在文本框中输入文字“相关模块”。

(5) 再单击“教学管理”模块，单击“添加形状”按钮，从中选择“在下方添加形状”，采用

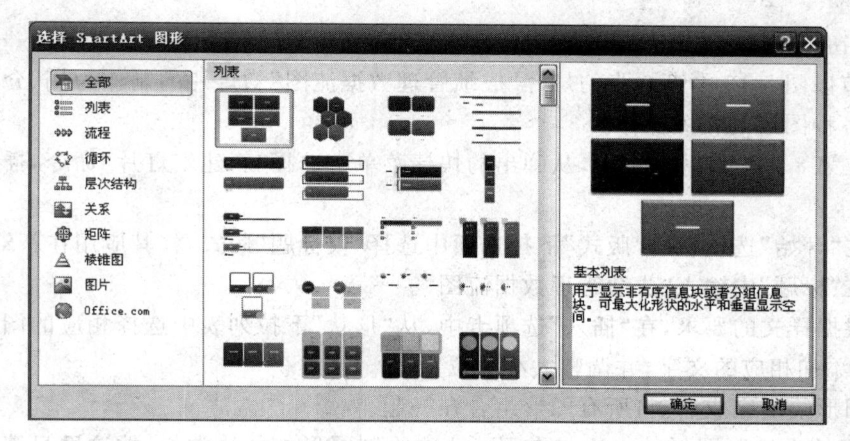

图 5-20　插入 SmartArt 图形

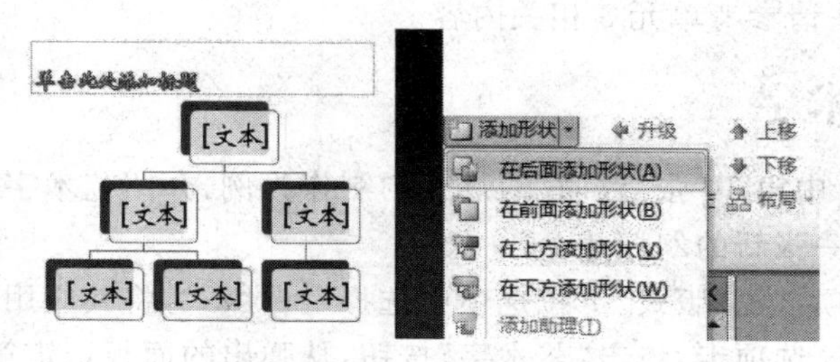

图 5-21　层次结构图及工具栏

同样的方法添加剩下的 3 个"形状"文本框。

（6）采用与上一步类似的操作，为"教师管理"文本框和"相关模块"文本框分别添加 3 个"形状"文本框。

（7）在添加的各个文本框中输入相应的文字。

（8）接着要对插入的层次结构图进行格式设置，使其美观。格式设置主要包括两个方面：一是对文本框中的文字大小和排列方向进行调整，这比较简单，不再赘述；二是更改层次结构图的样式。

（9）选中层次结构图，切换至"设计"选项卡，在"SmartArt 样式"选项中选择一种合适的样式套用到层次结构图上，如图 5-22 所示。

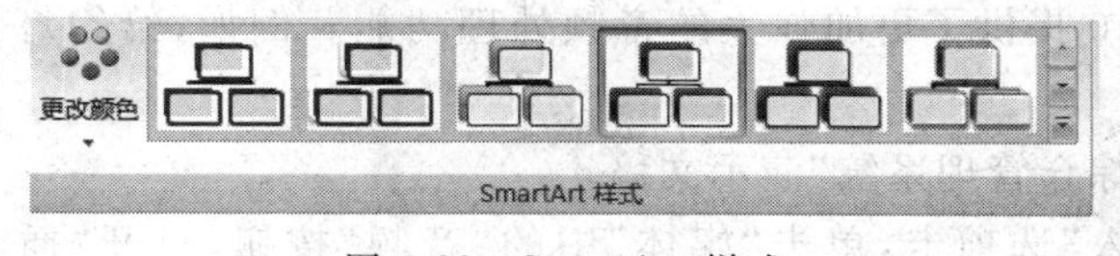

图 5-22　SmartArt 样式

说明： 图 5-13 中第 7 张"系统架构"和第 8 张"相关部门和人员"幻灯片中的图形的制作方法与上面介绍的"SmartArt 图形"类似，分别在"插入 SmartArt 图形"对话框中选择"循环"和"棱锥图"类别即可。

5.2.8　插入形状

形状包括有矩形、圆、各种线条、基本形状、箭头总汇、公式形状、流程图、星与旗帜、标注、动作按钮等。

本小节以图 5-13 中第 9 张幻灯片“成绩管理数据流图”幻灯片的制作为例，介绍在幻灯片中插入各种图形的相关操作。

（1）在第 8 张幻灯片后右击，从弹出的快捷菜单中选择“新建幻灯片”命令，插入一张新幻灯片。

（2）在“开始”选项卡的“版式”下拉选项中选择“仅标题”版式，将其应用在新幻灯片中。

（3）在“标题”中输入“成绩管理数据流图”。

（4）根据样文的要求，在“插入”选项卡中，从“形状”下拉列表中选择相应的图形在幻灯片中绘制，添加相应的文字，并调整大小和位置。

（5）图形绘制完成后，将所有图形组合在一起。

在幻灯片中绘制图形的方法与在 Word 中绘制图形的方法类似，故这里只简单介绍操作流程，具体操作方法请参考单元 3 相关内容。

5.2.9 插入艺术字

本小节以图 5-13 中第 10 张“致谢”幻灯片的制作为例，介绍艺术字的相关操作。

（1）在最后插入一张新的幻灯片。

（2）在“开始”选项卡的“版式”下拉选项中选择空白版式，将其应用在该幻灯片中。

（3）切换至“插入”选项卡，单击“艺术字”按钮，从弹出的面板选定第 1 行第 2 列艺术字样式。

（4）在“请在此键入自己的内容”中输入文字“请各位领导、专家多多指导”，设置字体为“宋体”，大小为 54。

（5）切换至“格式”选项卡，在“艺术字样式”组中选择“文本效果”中的“转换”命令，将艺术字的形状更改为“桥形”。

（6）拖动艺术字的控制点，调整大小，并移动到适当的位置。

（7）在幻灯片中插入文本框，输入文字 Thanks!，设置文字样式并将其移到适当位置。

5.2.10 插入音频对象

在幻灯片中加入声音和影片等，可以使制作出来的幻灯片更精彩，更具有吸引力和感染力。PowerPoint 2010 提供了更加强大的音频处理功能。例如，给幻灯片添加背景音乐的操作步骤如下。

（1）打开“教务综合管理系统”演示文稿。

（2）切换至“插入”选项卡，单击“媒体”中的“音频”按钮，打开“插入音频”对话框，如图 5-23 所示，选择声音文件所在的路径和文件名。

（3）单击“插入”按钮，完成声音插入，这时在幻灯片上会插入一个代表声音的图标。

（4）把声音图标选中，切换至“格式”选项卡，可以对代表声音的图标外观进行设置，如颜色和艺术效果等。

（5）切换至“播放”选项卡，如图 5-24 所示，单击“播放”按钮，可以预览插入的声音效果。还可以单击“剪辑音频”按钮，对插入的音频对象重新设置“开始时间”和“结束时间”。

（6）在音频选项组中单击“音量”按钮，对音频对象的声音大小进行调节。在“开始”下

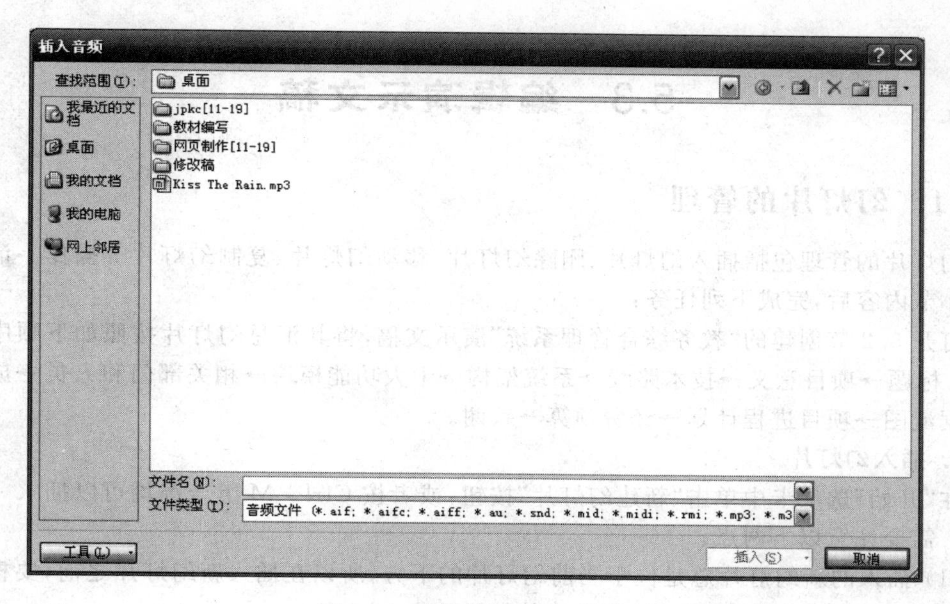

图 5-23　在幻灯片中插入声音

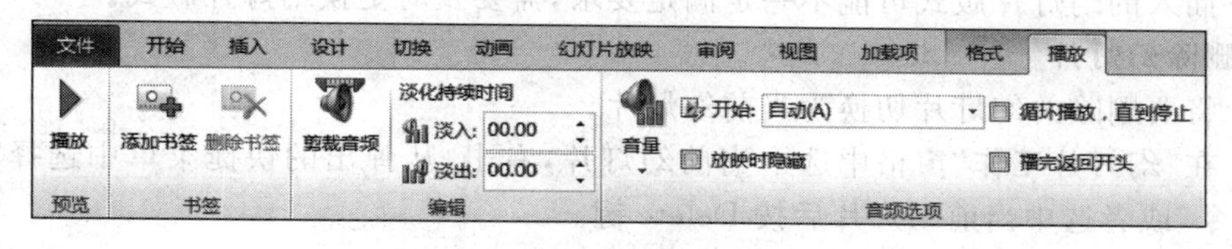

图 5-24　播放选项卡

拉列表中有三个选项，如图 5-25 所示。“自动”是指播放幻灯片时该音频对象自动开始播放；“单击时”是指播放幻灯片时单击该音频对象按钮后再播放音频对象；“跨幻灯片播放”是指在放映幻灯片时，切换当前有音频对象的幻灯片后声音可以延续至后面播放的幻灯片。同时，可以设置“循环播放，直至停止”和“播完返回开头”复选框。

（7）切换至“动画”选项卡，对音频对象添加“播放”动画，单击“动画窗格”，再单击音频对象下拉菜单中的“效果选项”，打开“播放音频”对话框，如图 5-26 所示，进行音频播放效果设置，如开始和停止播放的幻灯片位置。

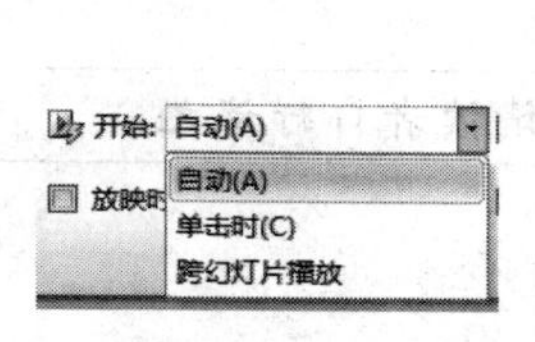

图 5-25　播放设置

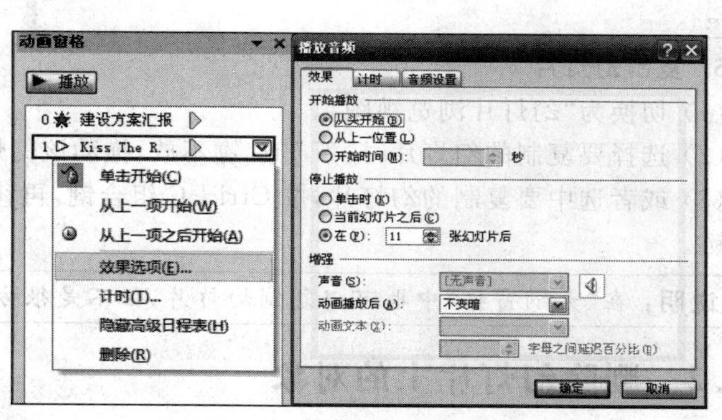

图 5-26　设置音频播放参数

5.3 编辑演示文稿

5.3.1 幻灯片的管理

幻灯片的管理包括插入幻灯片、删除幻灯片、移动幻灯片、复制幻灯片等操作。请在学完本小节内容后,完成下列任务:

打开 5.2 节创建的"教务综合管理系统"演示文稿,将其汇总幻灯片按照如下顺序进行调整:标题→项目意义→技术路线→系统架构→十大功能模块→相关部门和人员→成绩管理数据流图→项目进程计划→经费预算→致谢。

1. 插入幻灯片

在"开始"选项卡中单击"新建幻灯片"按钮,或者按 Ctrl+M 组合键均可以插入一张幻灯片。需要注意以下两点。

(1) 插入的新幻灯片总是位于当前幻灯片的下方,所以在插入新幻灯片之前,要根据插入的位置选择在其上方的幻灯片作为当前幻灯片。

(2) 插入的幻灯片版式可能不一定满足要求,需要及时更换幻灯片版式。

2. 删除幻灯片

(1) 将要删除的幻灯片切换为当前幻灯片。

(2) 在"幻灯片工作"窗格中选中当前幻灯片,右击,从弹出的快捷菜单中选择"删除幻灯片"命令,或者选中当前幻灯片后按 Delete 键。

3. 删除幻灯片

(1) 将右侧的"幻灯片窗格"切换为"幻灯片浏览视图"。

(2) 选择要删除的多张幻灯片,方法与在资源管理器中选择多个文件的方法相同。

(3) 按 Delete 键。

4. 移动幻灯片

(1) 将右侧的"幻灯片窗格"切换为"幻灯片浏览视图"。

(2) 选择要移动的幻灯片,然后拖动该幻灯片到目标位置。

说明:在"大纲窗格"中也可以移动幻灯片,但不是很方便,操作不当可能产生错误的移动。

5. 复制幻灯片

(1) 切换为"幻灯片浏览视图"。

(2) 选择要复制的幻灯片,按下 Ctrl 键不放,拖动该幻灯片到目标位置即可完成复制。

(3) 或者选中要复制的幻灯片,按 Ctrl+C 组合键,再移动光标到目标位置,按 Ctrl+V 组合键。

说明:在"大纲窗格"中也可以复制幻灯片,但不是很方便,请读者自行试之。

5.3.2 删除幻灯片上的对象

幻灯片上的各种占位符,以及用户通过插入操作添加到幻灯片上的文本框、图片等,如果不想要均可以删除。删除方法如下。

(1) 选中不想要的对象。

(2) 按 Delete 键。

5.3.3 忽略母版的背景图案和颜色

演示文稿中的幻灯片一般都使用母版的样式，但对少数内容特别的幻灯片来说，可能并不希望使用母版中的背景图案和颜色。

例如，5.2 节创建的"教务综合管理系统"演示文稿中的"成绩管理数据流图"幻灯片，由于幻灯片内容是绘制的图形，与背景图案叠加在一起显得不是很清晰，因此可以忽略该幻灯片的背景图形。操作方法如下。

(1) 在该幻灯片上右击，从弹出的快捷菜单中选择"设置背景格式"命令，打开"设置背景格式"对话框，如图 5-27 所示。

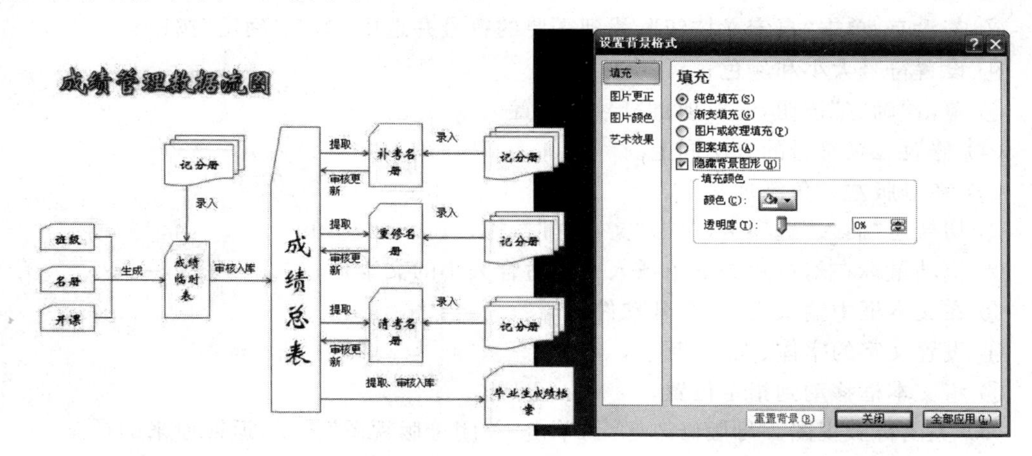

图 5-27 幻灯片隐藏背景图形

(2) 为该幻灯片设置纯色填充、渐变填充或图案及纹理填充。

(3) 选中"隐藏背景图形"选项，单击"关闭"按钮，则该幻灯片的背景图案和颜色将与其他幻灯片不一样。

说明：在"设置背景格式"对话框中有"全部应用"按钮，但最好不要单击该按钮。如果单击该按钮，则所有幻灯片都将不使用母版的背景图案和颜色。

5.3.4 修改幻灯片母版

幻灯片母版中包含可出现在每一张幻灯片上的显示元素，如文本占位符、图片、动作按钮等。幻灯片母版上的对象将出现在每张幻灯片的相同位置上。使用母版可以方便地统一幻灯片的风格。换句话讲，对幻灯片母版所作的修改会影响到所有基于此母版的幻灯片。

例如，打开 5.2 节创建的"教务综合管理系统"演示文稿，对其中的幻灯片母版进行如下修改。

(1) 将母版标题样式改为：华文新魏、46 号字、文字阴影、左对齐；

(2) 将内容文本框中的一级项目符号改为五角星符号，二级项目符号改为同心圆；

（3）在母版左下角添加文字“东升软件公司”；

（4）观察修改后的母版对幻灯片的影响。

具体操作步骤如下。

（1）切换至“视图”选项卡，单击“幻灯片母版”按钮，此时将切换至“幻灯片母版”选项卡中。

（2）修改母版标题样式。

① 单击“母版标题样式”文本框；

② 按要求修改字体、字号、颜色和对齐方式。

（3）修改一级项目符号。

① 将光标定位到内容文本框第一行，右击；

② 从弹出的快捷菜单中选择“项目符号”命令，单击“项目符号和编号”，从弹出的对话框中进行查找；

③ 若没有，单击“自定义按钮”，找到需要的符号并选中，单击“确定”按钮；

④ 设置符号大小和颜色；

⑤ 单击“确定”按钮，完成项目符号的设置。

（4）修改二级符号的方法同上。

（5）在母版左下角添加文字。

① 切换至“插入”选项卡，单击“文本框”按钮；

② 拖动鼠标在幻灯片左下角插入一个适合大小的文本框；

③ 在文本框中输入文字“东升软件公司”；

④ 设置文字的字体、大小、颜色；

⑤ 将文本框移动到指定位置。

（6）关闭母版视图。母版修改好后，单击“关闭母版视图”按钮，返回原来的视图。

5.3.5 幻灯片配色方案

幻灯片配色方案是指为幻灯片中各个对象配置颜色的方案。PowerPoint 2010 为每个演示文稿都配备了几种配色方案，可以选用其中一种配色方案，也可以对现有配色方案通过自定义的方式更改，还可以为幻灯片添加新的配色方案。

（1）打开一个需要应用配色方案的演示文稿，切换至“设计”选项卡，选中某种主题后单击，则可以对该主题进行应用，如图 5-28 所示。如果还想应用其他主题，则可以单击右侧按钮将更多主题展开。

图 5-28 主题面板组

（2）这些主题效果都使用了默认的配色方案。如果想修改默认的配色方案，可以单击“主题”选项中的“颜色”按钮，可以看到与该主题相关的一些配色方案，如图 5-29 所示，选择某种配色方案后单击“应用”按钮。

图 5-29　主题颜色

(3) 如果想自定义配色方案，可以单击“颜色”下面的“新建主题颜色”按钮，在打开的“新建主题颜色”对话框中对主题的一些属性颜色进行自定义修改。修改完成后，在“名称”框中输入自定义配色方案的名称。

5.4　幻灯片动态效果

演示文稿创建好后就可以放映了。为了使放映时更能吸引人们的注意力，需要给幻灯片放映添加一些动态效果。

PowerPoint 中的动态效果分为两种：一种是幻灯片上各个对象显示时的动态效果，称为“幻灯片动画效果”；另一种是从一张幻灯片切换到另外一张幻灯片时的动态效果，称其为“幻灯片切换效果”。

5.4.1　设置幻灯片切换效果

幻灯片的切换效果主要包括切换方式、切换速度、换片方式和伴随的声音效果。

例如，对“教务综合管理系统”演示文稿中的幻灯片设置切换效果，要求如下。

(1) 第 1 张幻灯片切换效果设置为：切换方式(水平百叶窗)、换片方式(单击鼠标时)、伴随声效(风铃)。

(2) 第 2～5 张幻灯片切换效果设置为：切换方式(菱形形状)、换片方式(每隔 2 秒)、伴随声效(无)。

完成本要求的幻灯片切换效果设置的步骤如下。

(1) 打开“教务综合管理系统”演示文稿。

(2) 将第 1 张幻灯片切换为当前幻灯片。

(3) 切换至“切换”选项卡，如图 5-30 所示。

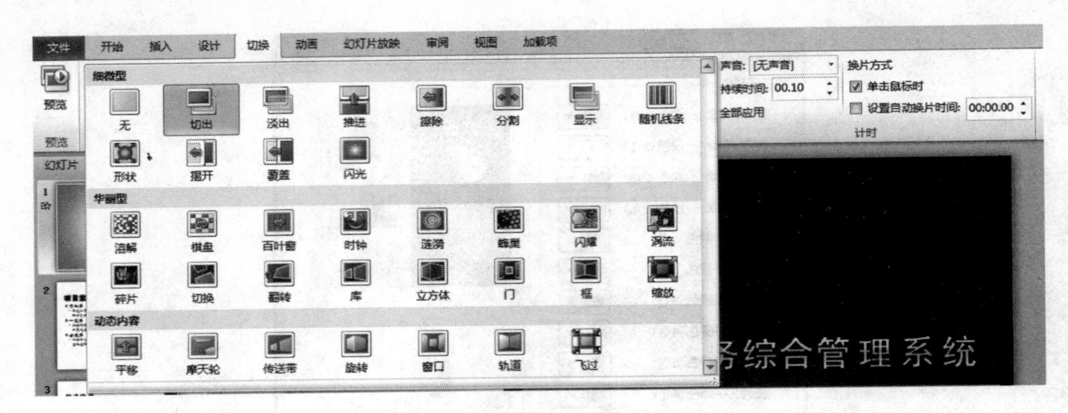

图 5-30 “切换”选项卡

(4) 在“切换到此幻灯片”组中选择“百叶窗”，在右侧的“效果选项”中选择“垂直”。

(5) 在“换片方式”中选择“单击鼠标时”。

(6) 在“声音”下拉选项中选择“风铃”。

至此，完成了对第 1 张幻灯片的切换效果的设置。

接下来完成第 2～5 张幻灯片的切换效果，具体步骤如下。

(1) 切换至“幻灯片浏览”视图下，按下 Ctrl 键，同时选中第 2～5 张幻灯片。

(2) 切换至“切换”选项卡。

(3) 在“切换到此幻灯片”组中选择“形状”，在右侧的“效果选项”中选择“菱形”。

(4) 在“换片方式”中设置“设置自动换片时间”为 2 秒。

(5) 在“声音”下拉选项中选择“无声音”。

注意：在“计时”组中有一个“全部应用”按钮，单击该按钮可以把当前设置的切换效果应用到所有幻灯片上。

5.4.2 设置幻灯片动画效果

对幻灯片上的某个对象设置动画效果，主要包括：动画方式（出现、飞入、劈裂等）、动画的速度（非常慢、中速、非常快等）、动画文本单位（字母、词、整批发送）、动画出现时机（单击鼠标时、前一对象进入后延迟多少秒等）以及伴随的声音效果（打字机声、风铃声、鼓掌声等）。

例如，对“教务综合管理系统”演示文稿中的第 1 张幻灯片设置动画效果，要求如下。

(1) 出现次序：“建设方案汇报”→“教务综合管理系统”→副标题文字。

(2) “建设方案汇报”的动画方式为“出现”，动画文本单位为“字母”，播放幻灯片时即刻出现，动画声音为“打字机”。

(3) “教务综合管理系统”的动画方式为从左侧“飞入”，动画文本单位为“整批发送”，在上一个动画播放完毕后 3 秒出现。

(4) 副标题文字的动画方式为水平“百叶窗”，动画文本单位为“整批发送”，在单击后出现，动画声音为“鼓掌”。

完成本要求的幻灯片动画效果设置步骤如下。

(1) 打开“教务综合管理系统”演示文稿。

(2) 将第1张幻灯片切换为当前幻灯片。

(3) 切换至“动画”选项卡,选中“建设方案汇报”文本框,在“动画”组中选择“出现”,如图5-31(a)所示。

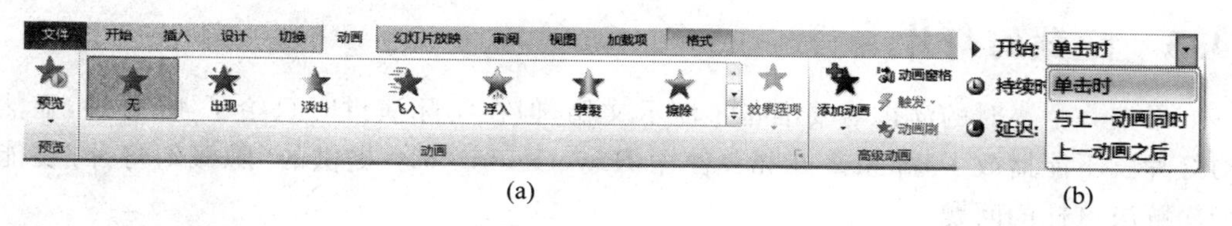

(a) (b)

图5-31 自定义动画窗格

(4) 设置对象的动画出现时机。展开“开始”提示之后的下拉列表,如图5-31(b)所示,从中选择“与上一动画同时”选项。这里“与上一动画同时”的含义是与上一个动画同时出现;“上一动画之后”的含义是在上一个动画之后出现;“单击时”的含义是在用户单击之后出现。

(5) 单击“动画窗格”按钮,打开“动画窗格”对话框,如图5-32(a)所示。在任务窗格中单击“建设方案汇报”动画项后的下拉列表箭头,展开下拉列表。

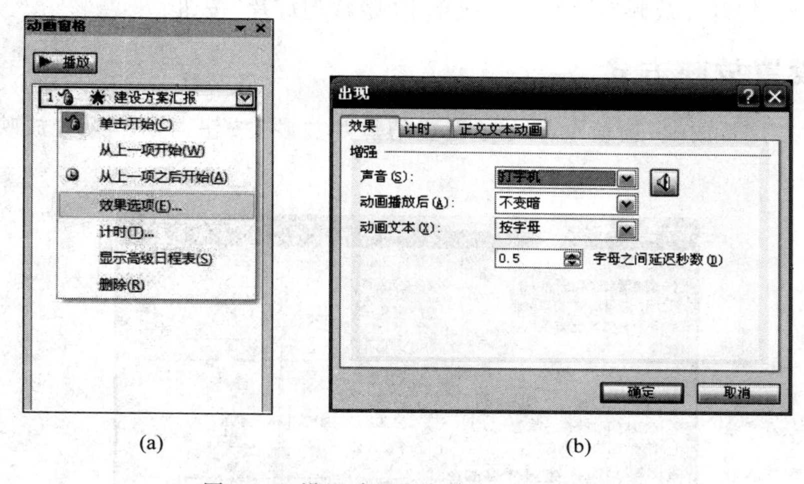

(a) (b)

图5-32 设置动画文本单位和动画声效

(6) 选择“效果选项”菜单项,弹出设置对应动画方式参数的对话框,如图5-32(b)所示。

(7) 设置动画文本单位。从“动画文本”提示之后的下拉列表中选择“按字母”。

(8) 设置动画声效。从“声音”提示之后的下拉列表中选择“打字机”。

(9) 单击“确定”按钮,返回主界面。至此,已完成对幻灯片上“建设方案汇报”文本的动画效果设置。

按照上述同样的步骤,可以分别给“教务综合管理系统”文字和副标题文字设置动画效果,请读者自行完成。在“动画窗格”中,可以调整不同对象的动画顺序,更改动画方式、播放动画查看效果,为对象添加进入、强调、退出的动画效果,设置动画的动作路径,甚至删除动画。

> **提示**：PowerPoint 2010 还提供了动画刷的功能，可以将原对象的动画效果照搬到目标对象上面，而不需要重复设置。针对某一对象设置完动画效果之后，单击原对象，选择动画刷，将鼠标指针移动到目标对象上单击，原对象的动画就被运用到目标动画上了。

5.4.3 隐藏幻灯片

如果按一个小时的演讲需要准备了演示文稿，但在实际演讲时只给了 45 分钟，显然有些幻灯片就不能播放了，那怎么办呢？使用 PowerPoint 2010 提供的“隐藏幻灯片”功能可以轻松解决这样的问题。

隐藏幻灯片就是使指定的幻灯片不参加放映。

(1) 将某个(些)幻灯片设置为隐藏的操作步骤如下。

① 选中要隐藏的幻灯片；

② 切换至“幻灯片放映”选项卡，单击“隐藏幻灯片”按钮即可。

设置为隐藏的幻灯片在“幻灯片浏览窗格”中有个标志，在其编号的上方有一个小方框。

(2) 取消幻灯片隐藏标志的方法如下。

① 选中有隐藏标志的幻灯片；

② 切换至“幻灯片放映”选项卡，再次单击“隐藏幻灯片”按钮。

5.4.4 设置放映方式

切换至“幻灯片放映”选项卡，单击“设置幻灯片放映”按钮，打开“设置放映方式”对话框，如图 5-33 所示。

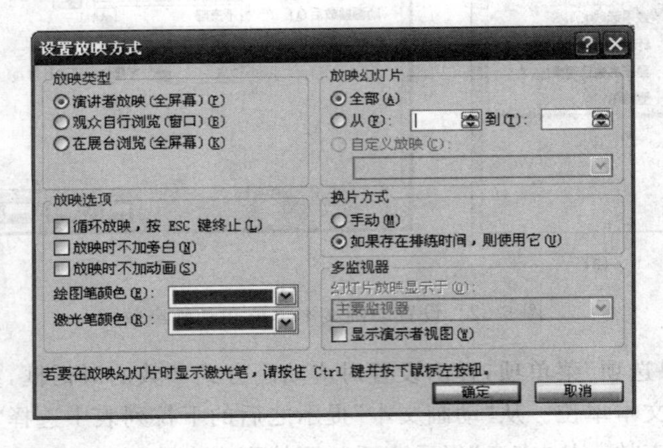

图 5-33 设置放映方式

1. 放映类型

(1) 演讲者放映：这是最常见的放映类型，演讲者可以现场控制演示节奏。在幻灯片开始放映之后，由演讲者通过单击或按 Enter 键(或空格键、方向键)切换幻灯片。幻灯片充满整个屏幕。

(2) 观众自行浏览：幻灯片显示在类似浏览器的播放窗口中，用户可以通过拖动窗口的垂直滚动条向前或向后浏览所有的幻灯片。

(3) 在展台浏览：这种放映方式是将演示文稿设置成循环放映方式，不需要专人控制，放映时大多数控制手段都失效，不能随意改动演示文稿，只有按 Esc 键才能停止放映。

2. 放映幻灯片

这里可以指定放映全部幻灯片，或是指定放映部分幻灯片(从第几张到第几张幻灯片)。

3. 放映选项

(1) 循环放映，按 Esc 键终止：指放映幻灯片到最后一张后，自动从第一张开始放映。

(2) 放映时不加旁白：在"幻灯片放映"选项卡中选择"录制旁白"命令，可将在播放幻灯片时的演讲语音保存到演示文稿中，这样下次放映时就可以与幻灯片同步播放录制的声音。该选项则指即使有旁白也不播放。

(3) 放映时不加动画：指放映时忽略所有设置的动画效果。

(4) 绘图笔颜色：用来指定演讲者在演讲时用于做记号的绘图笔颜色。

(5) 激光笔颜色：想在幻灯片上强调要点时，可将鼠标指针变成激光笔。在"幻灯片放映"视图中，只需按住 Ctrl 键并单击，即可开始标记。激光笔颜色，即为标记时的颜色。

4. 换片方式

若换片方式为手动，则幻灯片的切换由演讲者控制；如果存在排练时间，则使用它，是按事先排练好的节奏自动播放幻灯片。可以在"幻灯片放映"选项卡中选择"排练计时"命令，将排练时间保存在演示文稿中。

5.4.5 录制培训视频

PowerPoint 的主要应用功能之一就是培训，应用的场景为现场讲解。但由于场地或者参加人数的限制，培训受众仍局限于一个小范围，怎么样才能使更多人听到培训内容呢？常规的实现手段包括现场录音、摄像，以及将课件打包后通过邮件分发，但这 3 种方法都有其弊病。如摄像，首先是视频文件要压缩处理，甚至要做后期的剪辑，都不利于传播，但 PowerPoint 2010 却可以轻松实现培训视频录制。具体步骤如下。

(1) 打开当前课件用的 PowerPoint，在"幻灯片放映"选项下勾选"播放旁白""使用计时""显示媒体控件"后，单击"录制幻灯片演示"的右下角的小倒三角按钮，可以看到两个选项，选择"从头开始录制"，如图 5-34(a)所示。

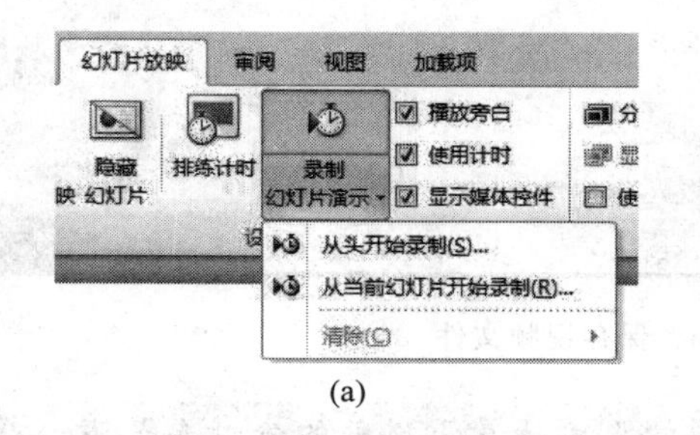

(a)

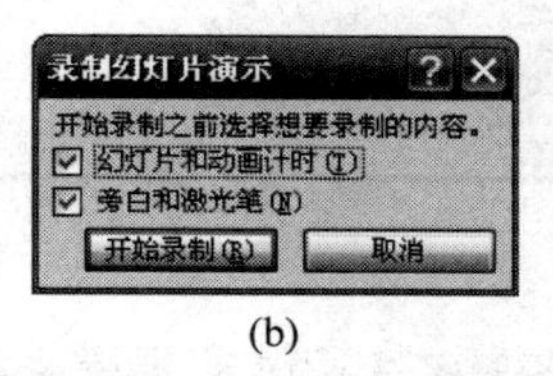

(b)

图 5-34 录制幻灯片

(2) 单击"从头开始录制"后会弹出一个提示框，如图 5-34(b)所示。为了让培训视频更加完美，把提示框内的两项都选中，这样使 PowerPoint 中使用的动画、激光笔等功能可以一并录制下来。单击"开始录制"按钮。

（3）开始录制 PowerPoint。

（4）如果录完视频后觉得效果不理想，可以重新录制，这就需要“清除”相关的计时或旁白了，如图 5-35 所示；如果录制效果很好，可以直接跳过这一步。

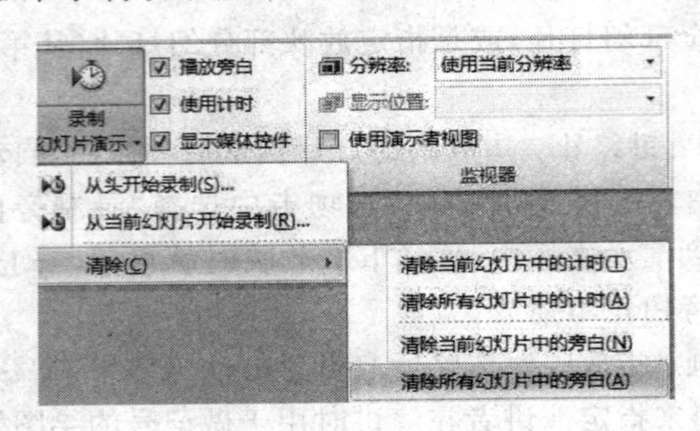

图 5-35　清除计时或旁白

（5）保存为视频文件，这是关键的一步，在“文件”功能下找到“保存并发送”选项，然后选择“创建视频”，如图 5-36 所示。

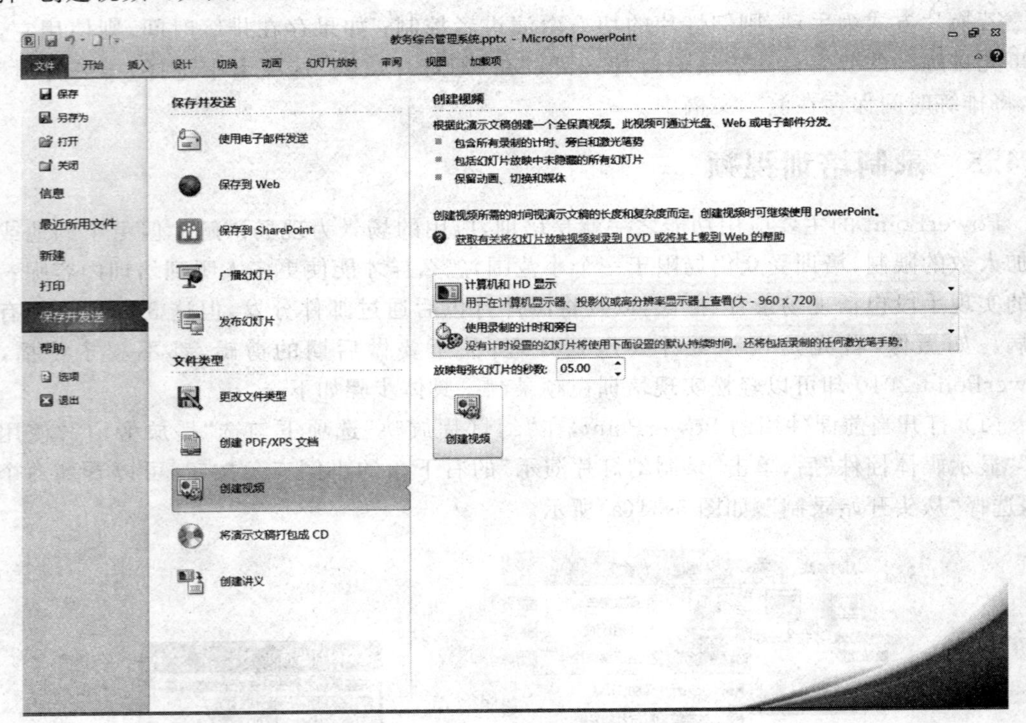

图 5-36　保存视频文件

注意：①选择视频的分辨率。在不同的观看场景下视频的分辨率是不一样的。例如，如果是上传到 Internet 上供下载或刻录 DVD，可以选择“Internet 和 DVD”。②是否使用录制的计时和旁白。当然要选择“使用录制的计时和旁白”，或者要后期配音也可以，但相对麻烦。

（6）保存视频。单击“创建视频”后，选择合适的路径，单击“保存”按钮。

5.4.6 放映幻灯片

放映幻灯片有 4 种操作方式。

(1) 切换至“幻灯片放映”选项卡,单击“从头开始”按钮,则从第 1 张幻灯片开始放映。

(2) 切换至“幻灯片放映”选项卡,单击“从当前幻灯片开始”按钮,则从当前幻灯片开始放映。

(3) 切换至“幻灯片放映”选项卡,单击“广播幻灯片”按钮,这是 PowerPoint 2010 的一个新增功能。该功能将用户的文档信息上传到微软服务器中,并且自动生成在线查看链接。其他用户通过此链接即可以在浏览器中快速查看用户分享的文档。在广播过程中,用户对本地的文档进行操作,将直接同步到广播链接中,非常适合用户进行远程演示。

(4) 切换至“幻灯片放映”选项卡,单击“自定义幻灯片放映”按钮,打开“定义自定义放映”对话框,可以自定义设置放映的幻灯片,如图 5-37 所示。

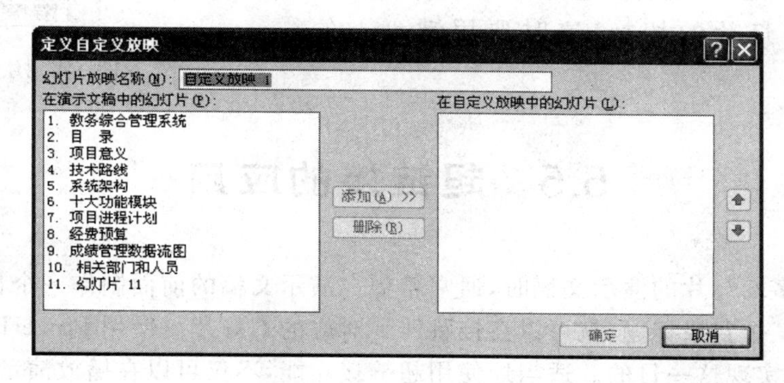

图 5-37 “定义自定义放映”对话框

在幻灯片放映过程中,可以控制播放流程,还可以用绘图笔在幻灯片上作一些记号或指示。

1. 控制播放流程

一般情况下,演示文稿中的幻灯片是按顺序播放的,只需要单击或按 Enter 键来控制播放节奏,或按 Esc 键结束放映。

但有时可能需要进行幻灯片的跳转,对此可以使用“放映快捷菜单”来实现。操作方法如下。

(1) 在幻灯片放映过程中,右击弹出快捷菜单。

(2) 移动鼠标,将鼠标指针指向“定位至幻灯片”菜单项,这时在其旁边会弹出演示文稿中的幻灯片列表。

(3) 通过列表中的幻灯片编号或标题找到要跳转的幻灯片。

(4) 将鼠标指针移动到要跳转的幻灯片上单击。

2. 放映中使用绘图笔

绘图笔类似于标记笔,在放映幻灯片时可用于在幻灯片上圈出重点或即兴进行简单的绘图。需要注意的是,用绘图笔在幻灯片上所作的任何标记只在放映时显示,不会被保存,更不会影响幻灯片的内容。

使用绘图笔的基本步骤如下。

(1) 在屏幕上任意位置右击，弹出快捷菜单。

(2) 移动鼠标，将鼠标指针指向“指针选项”菜单项，这时会在旁边弹出级联菜单。

(3) 选择“墨迹颜色”选项，可以设置绘图笔颜色。

(4) 选择“圆珠笔”(或“荧光笔”等)，如图 5-38 所示。

(5) 鼠标指针由原来的箭头形状变为一支笔形状，移动鼠标指针到画线位置，按住鼠标左键拖动，即可绘制图形。

(6) 若想擦除绘制的图形，则选择“擦除幻灯片上的所有墨迹”选项。

需要注意的是，使用绘图笔时，不能使用鼠标单击方式进行幻灯片的切换，这时要用键盘上的 Enter 键。

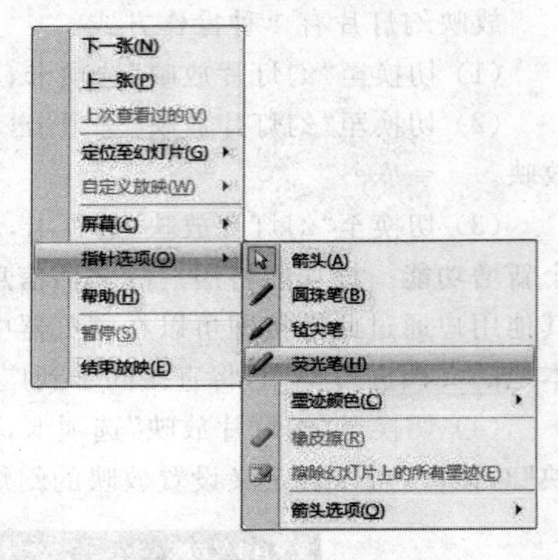

图 5-38　使用绘图笔

5.5　超链接的应用

在制作很多幻灯片的演示文稿时，通常希望在演示文稿的前面制作一个目录幻灯片，放映时只要单击某个目录标题，就可以直接跳转到对应的幻灯片。使用 PowerPoint 提供的超链接功能，可以实现这一目的。适当地使用超链接功能，不仅可以在播放演示文稿时能方便地在各个相关的幻灯片之间进行跳转，还可以方便地调用其他应用程序(如打开网页、播放录像等)。

实例要求：

在“教务综合管理系统”演示文稿的第 1 张幻灯片后插入一张新的幻灯片，在其中输入如图 5-39 所示内容。

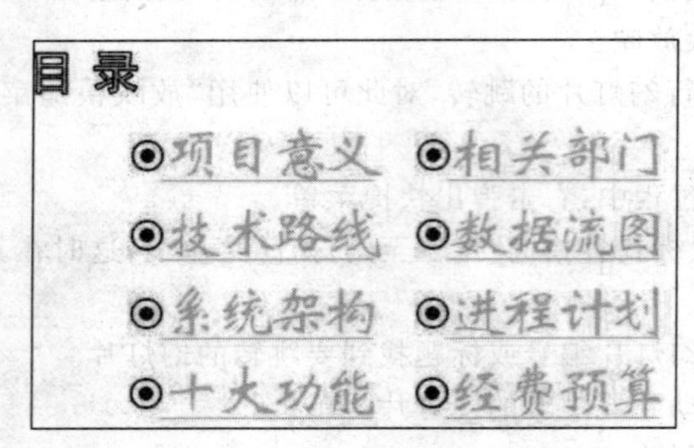

图 5-39　目录幻灯片

(1) 根据该幻灯片上的每个条目链接到相关标题的幻灯片。

(2) 在相关标题下的所有幻灯片的右下角添加一个动作按钮，并将其链接到“目录”幻灯片。

(3) 在最后一张幻灯片上，将“请各位领导、专家多多指导”艺术字链接到某网页。

5.5.1 链接到指定幻灯片

设置超链接到指定幻灯片的操作步骤如下。

(1) 打开“教务综合管理系统”演示文稿。

(2) 在第1张幻灯片后插入一个新的目录幻灯片，并输入如图5-39所示的文字。

(3) 拖动鼠标选中“项目意义”四个字，在其上右击，在弹出的快捷菜单中选择“超链接”选项，打开“插入超链接”对话框。

(4) 单击对话框中左侧的“本文档中的位置”选项，对话框中本演示文稿中的所有幻灯片的编号和标题如图5-40所示。

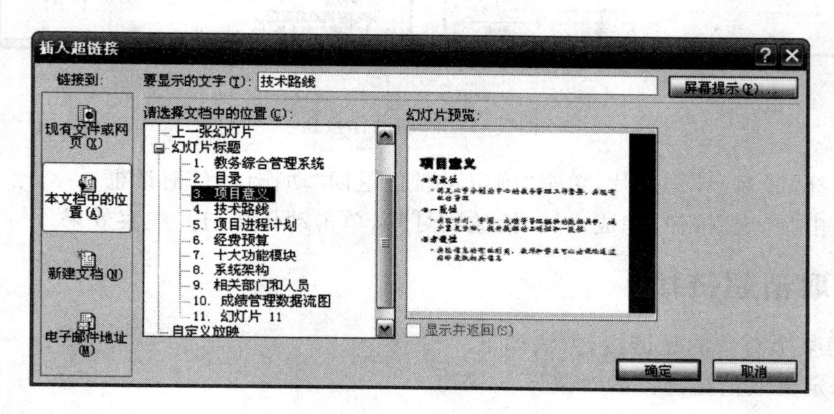

图5-40 链接到指定幻灯片

(5) 在“请选择文档中的位置”列表框中选择标题为“3.项目意义”的幻灯片。

(6) 单击“确定”按钮，完成目录幻灯片中对“项目意义”文字的超链接设置。

(7) 按步骤(3)～(6)完成目录页中其他文字的超链接设置。

(8) 单击屏幕右下角的“幻灯片放映”按钮，放映当前幻灯片。

(9) 移动鼠标指针到“项目意义”文字上，鼠标指针变成一个小手形状，单击即可观察到超链接的效果。

5.5.2 添加动作按钮

在幻灯片上添加动作按钮的操作步骤如下。

(1) 将要添加动作按钮的幻灯片切换为当前幻灯片。

(2) 切换至“插入”选项卡，在“形状”下拉选项中选择“动作按钮”，在其后显示的按钮图中选择需要的按钮图样，单击，这时鼠标指针变成细十字形。

(3) 将鼠标指针移到幻灯片上想插入动作按钮的地方，拖动鼠标，即可绘制出适当大小的按钮图。

(4) 松开鼠标左键，弹出“动作设置”对话框，如图5-41(a)所示。

(5) 在“超链接到”列表框中选择“幻灯片”，则打开“超链接到幻灯片”对话框，如图5-41(b)所示。

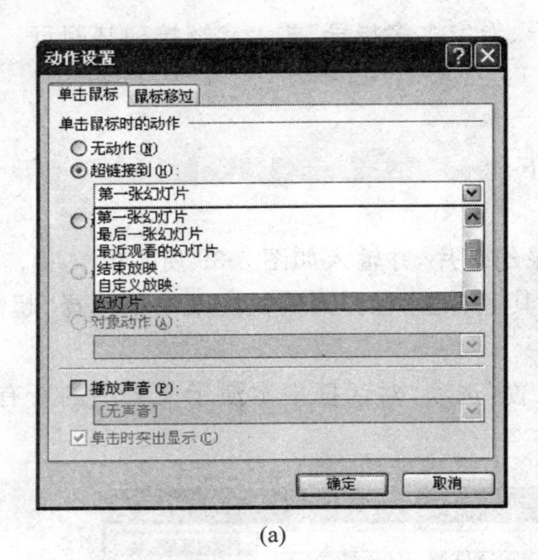

(a)

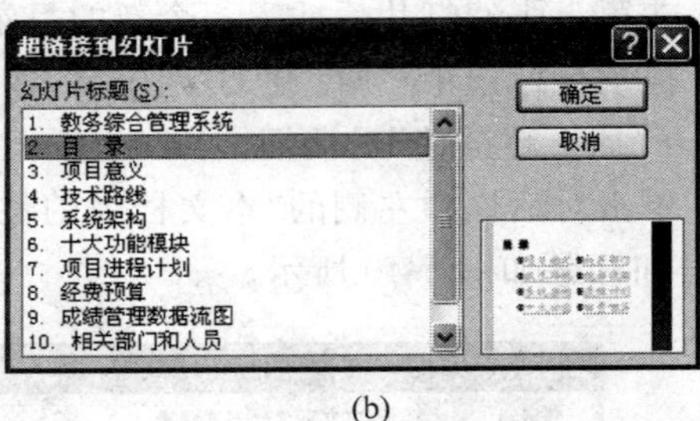

(b)

图 5-41 添加动作按钮

(6) 选择"2. 目录"幻灯片,单击"确定"按钮,返回"动作设置"对话框。

(7) 单击"确定"按钮,完成设置,播放幻灯片,单击动作按钮并观察效果。

5.5.3 取消超链接

要取消某个对象的超链接,方法如下。

(1) 选定要取消超链接的对象。

(2) 右击,打开快捷菜单。

(3) 选择"删除超链接"命令。

5.6 演示文稿打印、打包

实例要求:

(1) 将"教务综合管理系统"演示文稿中的幻灯片按讲义方式打印出来。

(2) 将演示文稿打包,制作演示文稿的播放执行文件。

5.6.1 打印演示文稿

演示文稿可以按不同的方式进行打印,如幻灯片、讲义、备注、大纲。

使用讲义方式,可以在 1 张纸上打印多张幻灯片,比较节约纸张。打印幻灯片讲义的操作步骤如下。

(1) 打开"教务综合管理系统"演示文稿。

(2) 选择"文件"选项卡,选择"打印"命令,如图 5-42 所示。

(3) 在此选项卡中进行打印幻灯片范围、打印版式、颜色、份数设置,如图 5-43 所示。

(4) 设置完毕后,单击"打印"按钮。

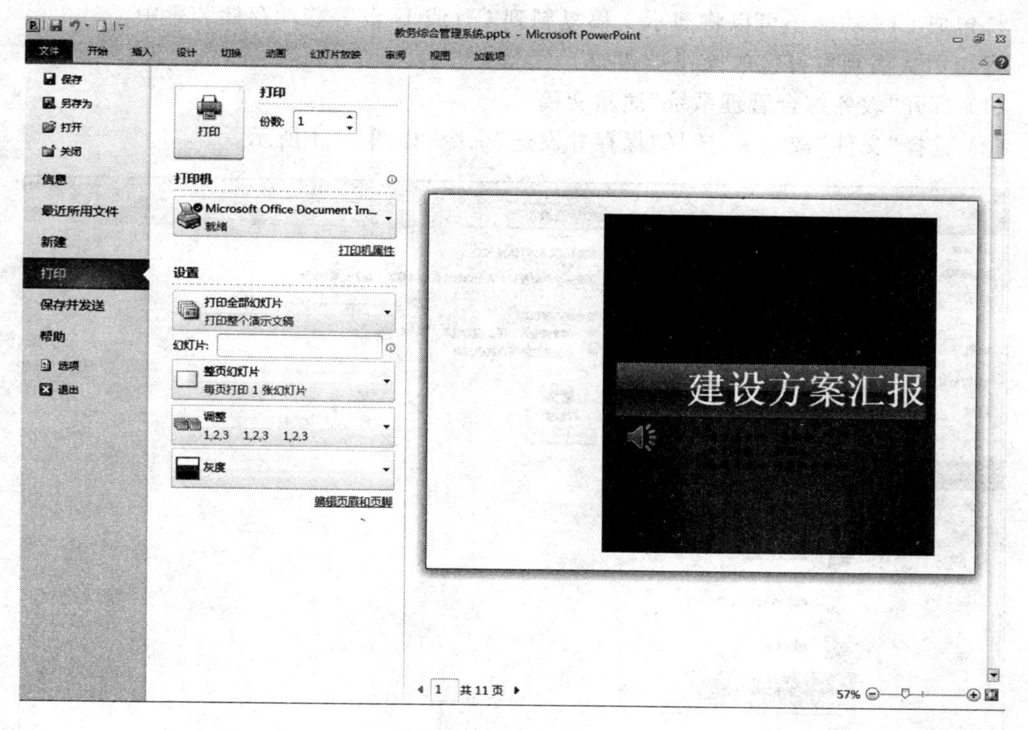

图 5-42　“打印”选项卡

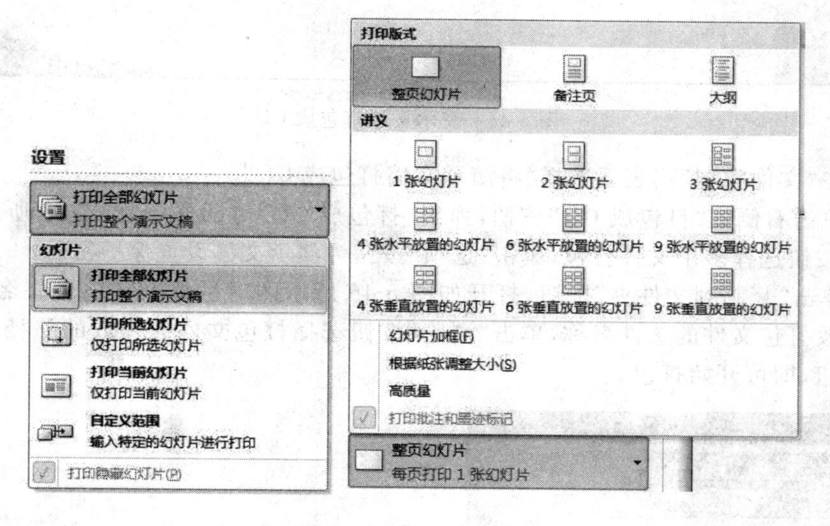

图 5-43　“打印”设置

5.6.2　演示文稿打包

若演示文稿必须在很多地方进行播放展示，那可能会遇到该环境场合没有 PowerPoint 软件而无法播放的问题。在这样的情况下，即可通过“打包成 CD”功能，将演示文稿打包成可以随身携带的 CD 光盘，可在任何一台（即使未安装 PowerPoint 的）计算机上播放。另外，“打包成 CD”功能还可以将演示文稿复制到 CD 或 U 盘等移动存储装置中。

将演示文稿制作打包的操作步骤如下。

（1）打开“教务综合管理系统”演示文稿。

（2）选择“文件”选项卡，选择“保存并发送”命令，如图 5-44 所示。

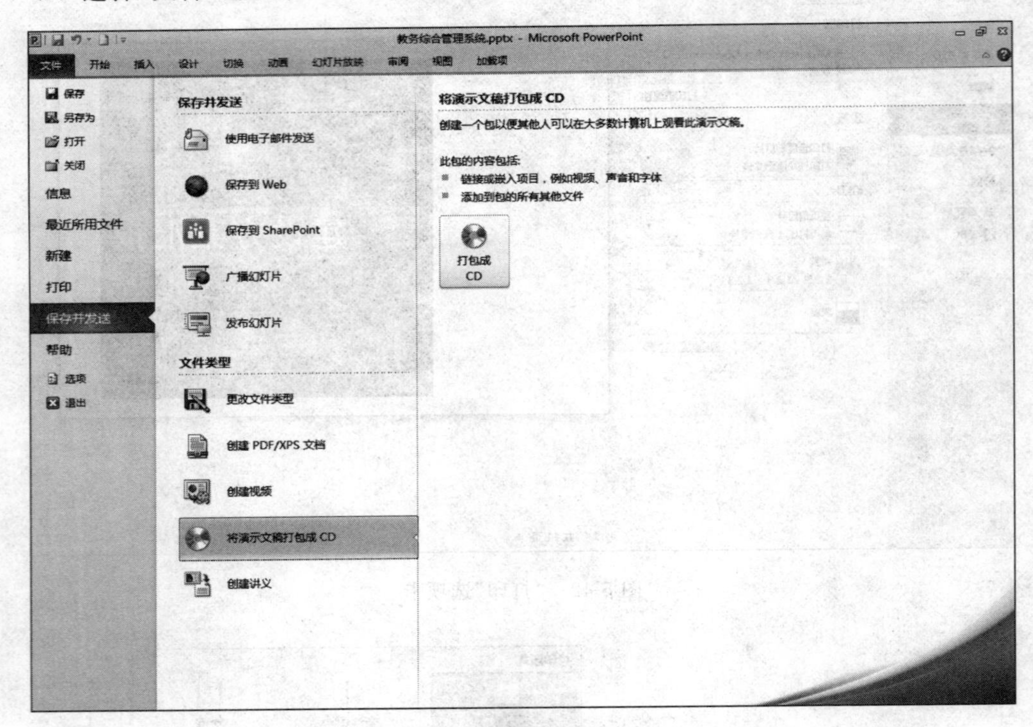

图 5-44　演示文稿打包成 CD

（3）在“文件类型”列表下选择“将演示文稿打包成 CD”。

（4）单击右侧的“打包成 CD”按钮，弹出“打包成 CD”对话框，如图 5-45 所示。可以单击“添加”按钮选择多个文件打包，单击“选项”按钮为演示文稿设置保护密码。

（5）单击“复制到文件夹”按钮，打开如图 5-46 所示的对话框，在“文件夹名称”文本框中输入存放打包文件的文件名称，单击“浏览”按钮选择打包文件夹存放的路径。然后单击“确定”按钮，即可开始打包。

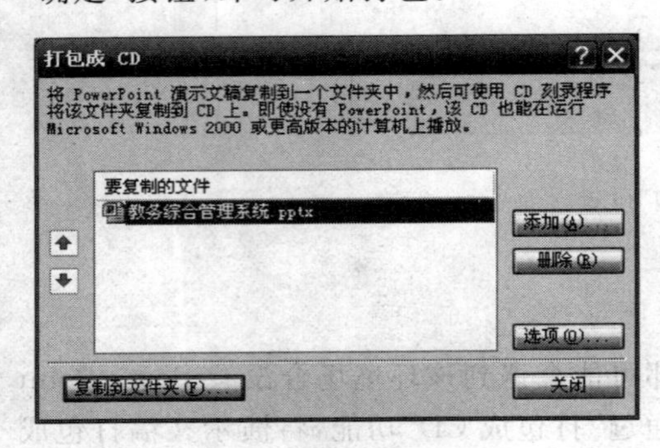

图 5-45　打包成 CD

图 5-46　“复制到文件夹”对话框

(6) 复制完成后,打开相应的文件夹,文件已经被打包,并包含了一个名为 antorun 的自动播放文件,可以完成相应的自动播放功能。

实训 5-1　演示文稿的建立

1. 实训目的

(1) 掌握新建演示文稿的方法;

(2) 掌握对幻灯片上文本内容进行编辑的方法;

(3) 掌握对幻灯片的基本管理。

2. 实训任务

(1) 采用"设计模板"新建一个演示文稿,保存为"心理健康讲座.pptx"。

(2) 在第1张标题幻灯片中输入标题"大学生心理健康教育讲座",输入副标题"王晓培教授"。

(3) 插入5张新幻灯片,使用"标题和内容"版式。

(4) 在第2~5张幻灯片中,分别输入以下标题和文本。

幻灯片2:讲座内容

- ◆ 心理健康的认识
- ◆ 对大学生进行心理健康教育的意义
- ◆ 当代大学生心理问题的现状
- ◆ 影响当代大学生心理素质的因素
- ◆ 对大学生心理问题的教育措施
- ◆ 结束语

幻灯片3:心理健康的认识

- ◆ 心理健康的定义
- ◆ 对内部环境具有安定感
- ◆ 外部环境能以社会上的任何形式去适应
- ◆ 遇到任何障碍和困难,心理都不会失调
- ◆ 以适当的行为予以克服
- ◆ 判断心理正常的原则
- ◆ 心理与环境的统一性
- ◆ 心理与行为的统一性
- ◆ 人格的稳定性

幻灯片4:当代大学生心理问题的现状

- ◆ 意志薄弱,缺乏承受挫折的能力
- ◆ 缺乏适应能力和自立能力
- ◆ 缺乏竞争意识和危机意识
- ◆ 缺乏自信心,依赖性强

幻灯片 5：对大学生进行心理健康教育的意义

- ◆ 提高学生综合素质的有效方式
- ◆ 驱动学生人格发展的根本动力
- ◆ 开发学生潜能的可靠途径

（5）将第 5 张幻灯片移动到第 4 张幻灯片之前。

（6）将第 2 张幻灯片复制到第 5 张之后。

（7）删除最后两张幻灯片。

实训 5-2　演示文稿的修饰

1. 实训目的

（1）掌握更换幻灯片模板的方法。

（2）掌握对幻灯片中文本进行字体、字号等设置的方法。

（3）掌握调整段落级别的方法。

（4）掌握在幻灯片中插入图剪贴画、艺术字的方法。

2. 实训任务

（1）打开“心理健康讲座.pptx”演示文稿。

（2）切换至“设计”选项卡，应用“跋涉”主题样式，如图 5-47 所示。

图 5-47　幻灯片 1

（3）设置第 1 张幻灯片。标题：字体，华文楷体；字号，48。副标题：字体，隶书；字号，32。插入 1 张剪贴画并调整位置大小。

（4）设置第 3 张幻灯片：插入一艺术字和一剪贴画，调整其叠放次序，设置文本的段落级别，如图 5-48 所示。

（5）保存。

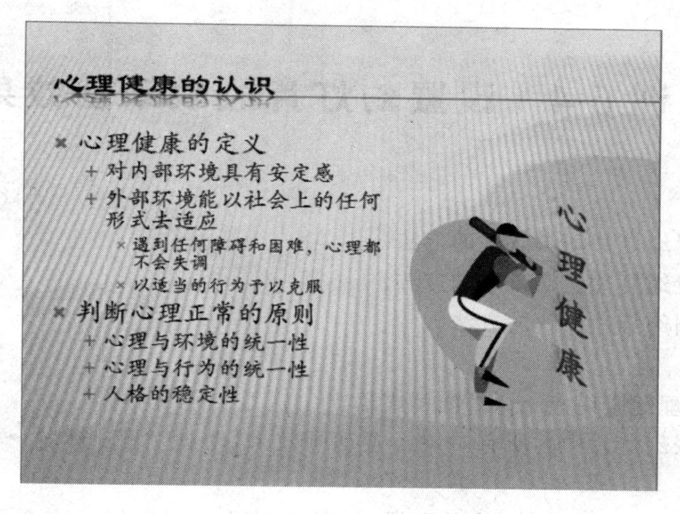

图 5-48　幻灯片 3

实训 5-3　插入 SmartArt 图形

1. 实训目的

(1) 掌握在幻灯片中插入 SmartArt 图形的方法。

(2) 掌握 SmartArt 图形的编辑方法。

2. 实训任务

(1) 打开"心理健康讲座. pptx"演示文稿。

(2) 在最后一张幻灯片中插入一张幻灯片，版式为"仅标题"。

(3) 在新幻灯片上插入一个 SmartArt 图形，如图 5-49 所示。

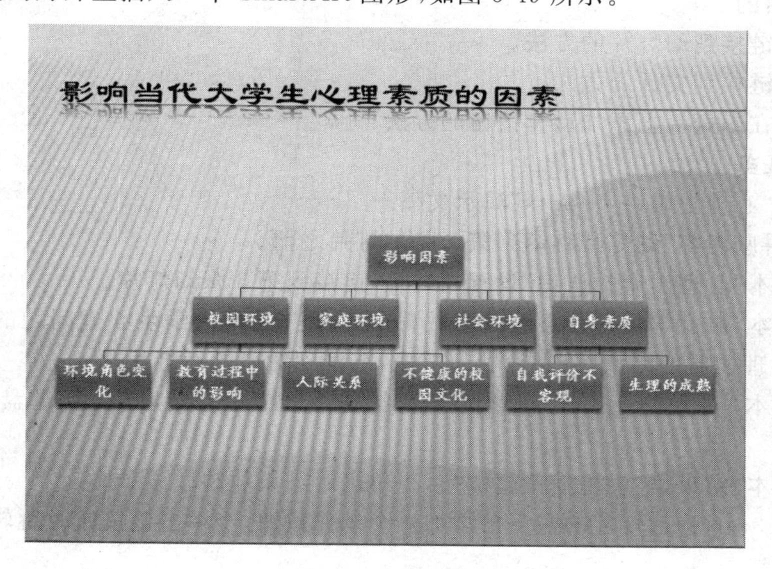

图 5-49　幻灯片 6

实训 5-4　设置幻灯片放映动画效果

1. 实训目的

(1) 掌握设置幻灯片动画效果的方法。

(2) 掌握设置幻灯片切换效果的方法。

(3) 掌握控制幻灯片放映的方法。

2. 实训任务

(1) 打开"心理健康讲座.pptx"演示文稿。

(2) 为第 2 张幻灯片中的所有对象设置动画效果,动画顺序:标题→图片→艺术字→文本。

(3) 标题动画:进入方式为"盒状",慢速,有"鼓声",自动开始。

(4) 图片动画:进入方式为"轮子",慢速,有"风声",单击开始。

(5) 艺术字动画:进入方式为"缩放",中速,无声,单击开始。

(6) 文本动画:进入方式为从右侧"飞入",快速,有"疾驰"声,单击开始,整批发送,按第三级段落组合文本,即实现每单击一次,只有一行文本飞入。

(7) 设置幻灯片的切换效果为"立方体",应用于所有幻灯片。

(8) 设置完毕,观看放映效果。

(9) 保存结果。

实训 5-5　设置超链接

1. 实训目的

(1) 掌握链接到幻灯片的方法。

(2) 掌握链接到文件的方法。

(3) 掌握在幻灯片上添加动作按钮的方法。

2. 实训任务

(1) 打开"心理健康讲座.pptx"演示文稿。

(2) 将"讲座内容"幻灯片移动到第 2 张幻灯片之前。

(3) 为文本"心理健康的认识"设置超链接,链接到第 3 张幻灯片。

(4) 为文本"对大学生进行心理健康教育的意义""当代大学生心理问题的现状""影响当代大学生心理素质的因素"分别设置超链接,链接到对应的幻灯片。

(5) 为文本"对大学生心理问题的教育措施"设置超链接,链接到磁盘的一个图像文件。

(6) 为文本"结束语"设置动作超链接,当单击时结束放映。

(7) 在第 3～6 张幻灯片的左下角添加一个动作按钮,当单击该按钮时跳转到第 2 张幻灯片。

(8) 超链接设置完毕,放映幻灯片。单击超链接,观察效果。

(9) 保存结果。

实训 5-6 母版和模板的使用

1. 实训目的

(1) 掌握修改幻灯片母版的方法。

(2) 掌握在幻灯片中忽略母版背景的方法。

2. 实训任务

(1) 打开“心理健康讲座.pptx”演示文稿。

(2) 修改幻灯片母版,使每张基于标题和内版式的幻灯片下方都加上“湖北水利水电职业技术学院”。

(3) 忽略“影响当代大学生心理素质的因素”幻灯片中的背景。

单元 6 因特网的基础与简单应用

在信息社会中，人们对于获取和交流信息的需求越来越高，计算机虽然已经具有了非常强大的信息处理能力，但由于受时间和地域的限制，独立的计算机要实现数据交换及数据共享比较困难，网络技术的出现使这一问题得到解决。由于计算机网络可以使信息在联网的计算机之间传输，有效地解决了信息的传输和分配问题。

大纲要求：

- 计算机网络的基本概念，它的组成和分类；
- 因特网的基本概念；TCP/IP 协议、IP 地址及域名和接入方式；
- 使用浏览器上网浏览网页，保存网页；
- 使用 Outlook 收发电子邮件，收发附件。

6.1 计算机网络的概念和分类

6.1.1 计算机网络的概念

计算机网络是指分布在不同地理位置上的具有独立功能的多个计算机系统，通过通信设备和通信线路相互连接起来，在网络软件（网络协议）的管理下实现数据传输和资源共享的系统。

一个计算机网络是由通信子网和资源子网两部分组成的。通信子网负责计算机间的数据通信，也就是数据传输；资源子网是通过通信子网连接在一起的计算机系统，向网络用户提供可共享的硬件、软件和信息资源。

6.1.2 计算机网络的功能

计算机网络的主要功能是信息交换、资源共享、提高可靠性、分担负荷和实现分布式处理。其中，最重要的是快速通信和资源共享。

(1) 快速通信（数据传输）。快速通信是计算机网络最基本的功能之一。计算机网络为分布在不同地点的计算机用户提供了快速传送信息的途径，网上不同的计算机之间可以传送数据、交换信息。

(2) 资源共享。资源共享是计算机网络的重要功能。计算机资源包括硬件、软件和数据等。所谓资源共享，是指通过计算机网络，可供网络中其他计算机用户使用的资源。这样可以减少信息冗余，节约投资，提高设备利用率。

(3) 提高可靠性。计算机网络中的各台计算机可以通过网络相互设置为后备机，一旦某台计算机出现故障时，网络中的后备机即可代替其继续执行，保证任务正常完成，避免系统瘫痪,从而提高了计算机的可靠性。

(4) 分担负荷。当网上某台计算机的任务过重时,可将部分任务转交到其他较空闲的计算机上去处理,从而均衡计算机的负担,减少用户的等待时间。

(5) 实现分布式处理。将一个复杂的大任务分解成若干个子任务,由网络上的计算机分别承担了其中的一个任务,共同运作完成,以提高整个系统的效率,这就是分布式处理模式。计算机网络使分布式处理成为可能。

6.1.3 数据通信常识

计算机通信有两种,一种是数字通信,另一种是模拟通信。数字通信是指数字数据通过数字信道传送;模拟通信是指将数字数据通过模拟信道传送。

1. 信道

信道是传输信息的必经之路。在计算机网络中,信道有物理信道和逻辑信道之分。根据传输介质的不同,物理信道可分为有线信道(如电话线、双绞线、同轴电缆、光缆等)、无线信道和卫星信道。如果根据信道中传输的信号类型来分,物理信道又可划分为模拟信道和数字信道。

2. 数字信号和模拟信号

信号分为数字信号和模拟信号两类。数字信号通常用一个脉冲表示一位二进制数。计算机内部处理的信号都是数字信号。模拟信号是一种连续变化的信号,可以用连续的电波表示,声音就是一种典型的模拟信号。

3. 调制与解调

普通电话是针对语音而设计的模拟信道。如果要在模拟信道上传输数字信号,就必须在信道两端分别安装调制解调器(Modem)。在发送端,需要将数字脉冲信号转换成能在模拟信道上传输的模拟信号,此过程称为调制。在接收端,再将模拟信号转换还原成数字脉冲信号,这个逆过程称为解调。把这两种功能结合在一起的设备称为调制解调器。

4. 带宽与数据传输速率

在模拟信道中,以带宽来表示信道传输信息的能力,其值是传送信号的高频率与低频率之差,以 Hz、kHz、MHz 或 GHz 为单位。如电话信道的带宽为 300～3 400Hz。

在数字信道中,用数据传输速率(比特率)表示信道传输能力,即每秒传输的二进制位数,单位为 bps、Kbps、Mbps。例如,调制解调器的传输速率为 56Kbps。

在网络技术中,"带宽"与"速率"几乎是同义词,带宽与数据传输速率是通信系统的主要技术指标之一。

5. 误码率

误码率是指在信息传输过程中的出错率,是通信系统的可靠性指标。

6.1.4 计算机网络的分类

计算机网络的分类标准很多。按照计算机网络覆盖的地理范围,可分为局域网、城域网和广域网。按照网络的拓扑结构,可分为总线型、星型和环型等。按照介质访问协议,可分为以太网、令牌环网、令牌总线网等。还有按照服务方式以及数据传输率等的划分方法。

1. 按网络覆盖的地理范围分类

(1) 局域网。局域网(Local Area Network,LAN)是一种在小区域内使用的网络,其传输距离一般在几千米之内,最大距离不超过 10km。局域网具有传输速率高(100/1 000Mbps)、误码率低、成本低、容易组网、易管网、使用灵活方便等特点。

(2) 广域网。广域网(Wide Area Network,WAN)也称远程网络,覆盖地理范围比局域网要大得多,可从几十千米到几千千米。广域网的传输速率较低,一般为 96Kbps~45Mbps。

(3) 城域网。城域网(Metropolitan Area Network,MAN)是一种介于局域网和广域网之间的高速网络,覆盖地理范围介于局域网和广域网之间,一般为几千米到几十千米。

在计算机网络的体系结构和国际标准中,虽然有针对城域网的内容,作为分类需要提出来,但城域网没有突出的特点。后面介绍计算机网络时,将只讨论局域网和广域网。局域网、城域网和广域网的比较见表 6-1。

表 6-1 局域网、城域网和广域网对比表

类型	覆盖范围	传输速率	误码率	传输介质	所有者
LAN	<10km	很高	低	双绞线、同轴电缆、光纤	专用
WAN	几百千米	高	高	光纤	公/专用
MAN	很广	低	高	公共传输网	公用

2. 按网络拓扑结构分类

网络的拓扑结构是指构成网络的节点(如工作站)和连接各节点的链路(如传输线路)组成的图形的共同特征。

1) 星型结构

星型结构由中心节点和从节点组成,中心节点可直接与从节点通信,而从节点间必须通过中心节点才能通信。中心节点通常由一种称为集线器或交换机的设备充当,因此网络中的计算机是通过集线器或交换机来相互通信的,如图 6-1 所示。

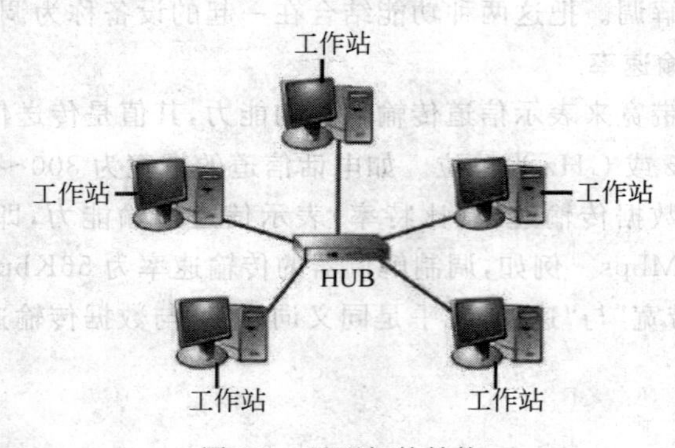

图 6-1 星型拓扑结构

星型结构的优点是结构简单,控制处理也较为简便,增加节点容易;缺点是一旦主控机出现故障,会引起整个系统的瘫痪,可靠性较差。

2) 环型结构

环型结构是由各节点首尾相连形成一个闭合环型线路。环型网络中的信息传送是单向的,即沿一个方向从一个节点传到另一个节点;每个节点需安装中继器,以接收、放大、发送信号，如图 6-2 所示。

环型结构的优点是结构简单、成本低；缺点是环中任何一个节点的故障都会引起网络瘫痪，可靠性低。

3）总线型结构

总线型结构是一种比较普遍的计算机网络结构，它采用一条称为公共总线的传输介质，将各个节点直接与总线连接，信息沿总线介质逐个节点广播传送，如图 6-3 所示。

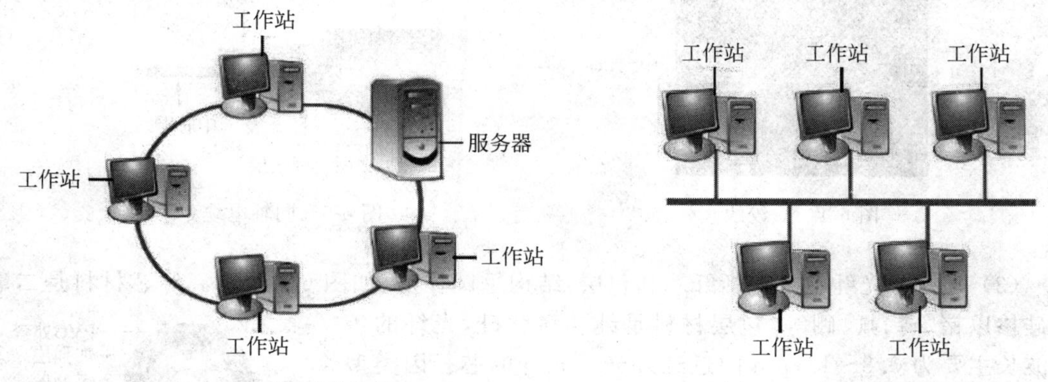

图 6-2　环型拓扑结构　　　图 6-3　总线型拓扑结构

这种结构的优点是将节点连入或从网络中卸下都非常方便，即使系统中某个节点出现故障，也不会影响其他节点之间的通信，系统可靠性较高，结构简单，成本低。

6.1.5　局域网

局域网是一种覆盖一座或几座大楼、一个校园或者一个厂区等地理区域的小范围计算机网络，其特点是覆盖范围较小，建网、维护和扩展等较容易，系统灵活性高等，适用于中、小单位的计算机联网。

局域网一般由传输介质和硬件设备（包括网络接口卡、网络互联设备等）、软件系统所组成。

1. 传输介质

（1）局域网双绞线。双绞线是综合布线工程中最常用的一种传输介质，如图 6-4 所示。双绞线是由一对相互绝缘的铜导线按一定密度绞合而成，可以降低信号干扰的程度，每一根导线在传输中辐射的电波会被另一根线上发出的电波抵消。与其他传输介质相比，双绞线在传输距离、信道宽度和数据传输速率等方面均受到一定限制，但价格较为低廉。目前，双绞线可分为非屏蔽双绞线（UTP）和屏蔽双绞线（STP）两种。屏蔽双绞线电缆的外层由铝铂包裹，以减小辐射，但并不能完全消除辐射，屏蔽双绞线价格相对较高，安装时要比非屏蔽双绞线电缆困难，且屏蔽双绞线的性能对于普通的企业局域网来说影响不大，所以在企业局域网组建中所采用的通常是非屏蔽双绞线。

（2）同轴电缆。同轴电缆是指有两个同心导体，而导体和屏蔽层又共用同一轴心的电缆，如图 6-5 所示。同轴电缆根据其直径大小可以分为粗同轴电缆与细同轴电缆。粗同轴电缆适用于比较大型的局部网络，它的标准距离长，可靠性高，但是粗缆网络必须安装收发器电缆，安装难度大，所以总体造价高。相反，细同轴电缆安装则比较简单，造价低，但由于安装过程要切断电缆，两头须装上基本网络连接头(BNC)，然后接在T型连接器两端，容易产生不良的隐患。无论是粗缆还是细缆均为总线型拓扑结构，当某一触点发生故障时，故障会串联影响到整根缆上的所有机器，而故障的诊断和修复都很麻烦，因此，同轴电缆逐步被非屏蔽双绞线或光纤取代。

图 6-4　双绞线

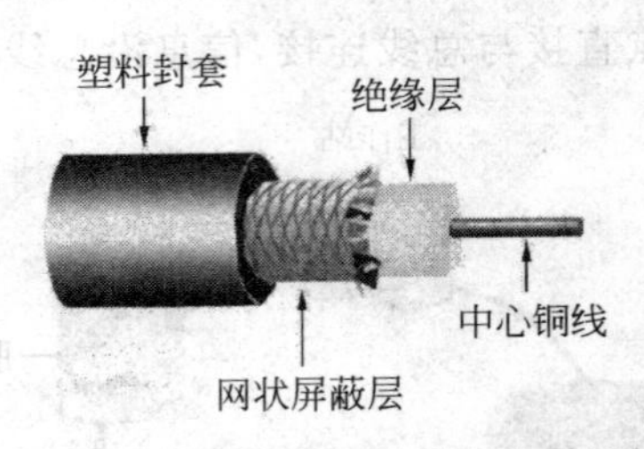

图 6-5　同轴电缆

(3) 光纤。光纤主要包括纤芯和包层，结构呈圆柱形，如图 6-6 所示。纤芯材料是二氧化硅掺以锗、磷、氟、硼等，包层材料是纯二氧化硅，光纤的传输波长主要为 0.8～1.7μm 的近红外光。光纤的芯径因类型而异，通常为数微米到 100μm，外径大多数约为 125μm，外面有塑料覆层。光纤无中继的传输距离可达 50～100km，数据传输速度可达 2Gbps。光纤传输距离远，抗干扰能力强，但价格较贵且施工稍难，是现代信息传输介质的重要方式之一。

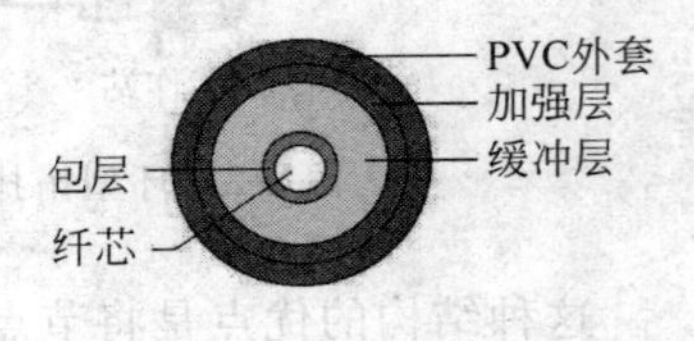

图 6-6　光纤

2. 硬件设备

(1) 网络接口卡。网络接口卡(简称网卡)是构成网络所必需的基本设备，计算机通过网卡连接网络。在网络中，网卡一方面接收网络传过来的数据包，解包后，将数据通过主板上的总线传输给本地计算机；另一方面，它将本地计算机上的数据打包后送入网络。

(2) 集线器(HUB)。集线器(HUB)是作为网络中枢连接各个节点，以形成星型结构的一种网络设备。集线器的主要功能是对接收到的信号进行再生整形放大，以扩大网络的传输距离。集线器是一个多端口的转发器，计算机通过双绞线与集线器的端口相连，各个端口相互独立，某个端口产生故障并不影响其他线路的工作。

(3) 交换机(Switch)。交换机又称交换式集线器，在外形和功能上与集线器类似，但更智能化。交换机记录计算机 MAC 地址与端口之间的对应关系，在传输数据时，只需识别数据包中的 MAC 地址，根据端口转发算法决定送往哪个端口，而不影响其他端口的数据通信，突破了集线器同时只能有一对端口工作的限制。

3. 软件系统

硬件设备离不开软件系统的支持，其中最主要的软件系统是网络操作系统。目前在局域网上流行的操作系统有 Window NT、NetWare、UNIX 和 Linux 等。

6.1.6　网络互联设备

由于网络的普遍应用，为了在更大范围内实现相互通信和资源共享，通过连接设备和传输介质将局域网之间、局域网与广域网、城域网之间、局域网与大型主机之间连接起来，这就是网络互联。网络互联设备主要有中继器、网桥、路由器、网关等。

(1) 中继器(Repeater)。中继器是网络物理层上的连接设备,适用于完全相同的两类网络的互联,主要功能是通过对数据信号的重新发送或者转发来扩大网络传输的距离。

(2) 网桥(Bridge)。网桥将两个相似的网络连接起来,并对网络数据的流通进行管理。它工作于数据链路层,不但能扩展网络的距离或范围,而且可提高网络的性能、可靠性和安全性。网桥的功能在延长网络跨度上类似于中继器,然而它能提供智能化连接服务,即根据帧的终点地址处于哪一网段来进行转发和滤除。

(3) 路由器(Router)。路由器是连接因特网中各局域网、广域网的设备,它会根据信道的情况自动选择和设定路由,以最佳路径,按前后顺序发送信号。路由器工作在网络层,它可以在多个网络上交换路由数据和数据包。比起网桥,路由器不但能过滤和分隔网络信息流、连接网络分支,还能访问数据包中更多的信息,并且用来提高数据包的传输效率。

(4) 网关(Gateway)。网关又称网间连接器、协议转换器。网关在传输层上,是最复杂的网络互联设备,仅用于两个高层协议不同的网络互联。网关既可以用于广域网互联,也可以用于局域网互联。

6.2 因特网基础

6.2.1 因特网概述

因特网始于1968年美国国防部高级研究计划局(ARPA)提出并赞助的ARPAnet网络计划。我国于1994年正式接入因特网。到1996年年初,我国已形成了中国科技网(CSTNET)、中国教育和科研计算机网(CERNET)、中国公用计算机互联网(CHINANET)和中国金桥网(CHINAGBN)四大具有国际出口的网络体系。

1. 因特网的概念

因特网(Internet)是通过路由器将世界不同地区、规模大小不一、类型不同的网络相互连接起来的网络,是一个全球性的计算机互联网络。

2. 因特网提供的服务

(1) 电子邮件(E-mail)。通过因特网和电子邮件地址,通信双方可以快速、方便和经济地收发电子邮件,而且电子信箱不受用户所的地理位置限制,只要能连接上因特网,就能使用电子信箱。

(2) 文件传输(FTP)。文件传输(File Transfer Protocol,FTP)为因特网用户提供了在网上传输各种类型文件的功能,是因特网的基本服务之一。

(3) 远程登录(Telnet)。远程登录是一个因特网用户使用其账号和口令实现与另一台主机的连接,作为它的一个远程终端来享用该主机的资源及服务。

(4) 万维网(WWW)交互式信息浏览。WWW是因特网的多媒体信息浏览、查询工具,是因特网上发展最快和使用最广的服务。它使用超文本的链接技术。

6.2.2 TCP/IP 协议

因特网是通过路由器将不同类型的物理网互联在一起的虚拟网络。它采用TCP/IP协议控制各网络之间的数据传输,采用分组交换技术传输数据。

TCP/IP 是用于计算机通信的一组协议,而 TCP 和 IP 是这众多协议中最重要的两个核心协议。

1. IP 地址

为了将信息准确地传送到网络指定结点,像每一部电话具有一个唯一的电话号码一样,各节点的主机(包括路由器)都必须具有一个唯一的可识别的地址,称为 IP 地址。根据 TCP/IP 协议规定,IP 地址由 32 位二进制数组成,且在因特网里是唯一的。例如 01100100.00000100.00000101.00000110。

为了便于记忆,将每个 IP 地址分为 4 段(一个字节一段),IP 地址通常用"点分十进制"表示成(a.b.c.d)的形式,其中,a、b、c、d 都是 0～255 之间的十进制整数。例如,上述 IP 地址可以表示为(100.4.5.6)。

最初设计互联网络时,为了便于寻址以及层次化构造网络,每个 IP 地址包括两个标识码(ID),即网络 ID 和主机 ID。同一个物理网络上的所有主机都使用同一个网络 ID,网络上的一个主机(包括网络上工作站、服务器和路由器等)有一个主机 ID 与其对应。Internet 委员会定义了 5 种 IP 地址类型以适合不同容量的网络,即 A 类～E 类。

(1) A 类 IP 地址:A 类 IP 地址由 1 字节的网络地址和 3 字节的主机地址组成,网络地址的最高位必须是 0(二进制数),即第一个字节的数字范围是 1～126。由于 A 类网络地址数量较少,主要用于主机数达 1 600 多万台的大型网络。

(2) B 类 IP 地址:B 类 IP 地址由 2 字节的网络地址和 2 字节主机地址组成,网络地址的最高位必须是 10(二进制数),即第一个字节的数字范围是 128～191。B 类网络地址适用于中等规模的网络,每个网络所能容纳的计算机数为 6 万多台。

(3) C 类 IP 地址:C 类 IP 地址由 3 字节的网络地址和 1 字节主机地址组成,网络地址的最高位必须是 110(二进制数),即第一个字节的数字范围是 192～223。C 类网络地址数量较多,适用于小规模的局域网络,每个网络最多只能包含 254 台计算机。

(4) D 类 IP 地址:D 类 IP 地址的第一个字节以 1110(二进制数)开始,即第一个字节的数字范围是 224～239,是多点广播地址。

(5) E 类 IP 地址:E 类 IP 地址的第一个字节是以 11110(二进制数)开头,一般保留和用于实验。

由于互联网的蓬勃发展,IP 地址的需求量越来越大,32 位的 IPv4 远远不能满足日益膨胀的地址需求。为了扩大地址空间,IETF(Internet Engineering Task Force,互联网工程专门工作组)通过 IPv6 重新定义地址空间。IPv6 采用 128 位地址长度。在 IPv6 的设计过程中除了一劳永逸地解决了地址短缺问题以外,还考虑了在 IPv4 中解决不好的其他问题。

2. 域名

域名(Domain Name)的实质是用一组具有助记功能的英文简写名来代替 IP 地址。为了避免重名,主机的域名采用层次结构,各层次的子域名之间用圆点"."隔开,从右至左分别为第一级域名(也称为最高级域名),第二级域名,直至主机名(最低级域名)。其结构如下:主机名.….第二级域名.第一级域名。

关于域名应该注意以下几点。

(1) 只能以字母字符开头,以字母符或数字字符结尾,其他位置可用字符、数字、连字符或下划线。

(2) 域名字母不区分大、小写。

(3) 各子域名之间以圆点分开。

(4) 域名中最左边的子域名通常代表机器所在的单位名，中间各子域名代表相应层次的区域，第一级子域名代表具有固定含义的代码。常见域名见表6-2。

表6-2　常见域名

域名代码	含　义	域名代码	含　义
COM	商业组织	NET	主要网络支持中心
EDU	教育机构	ORG	其他组织
GOV	政府机关	INT	国际组织
MIL	军事部门	<countrycode>	国家代码(地理域名)

(5) 整个域名的长度不得超过255个字符。

域名和IP地址都是表示主机制地址，实际上是一个事物的不同表示方法。用户可以使用主机的IP地址，也可以使用它的域名。从域名到IP地址到域名的转换由域名服务器(Domain Name Server，DNS)完成。

国际上，第一级域名采用通用的标准代码，它分组织机构和地理模式两类。由于因特网诞生在美国，所以其第一级域名采用组织机构域名，美国以外的其他国家都用主机所在地区的名称(由两个字母组成)为第一级域名。例如，CN表示中国，JP表示日本，KR表示韩国，UK表示英国。

6.2.3　因特网的接入方式

1. 因特网接入方式

因特网接入方式通常有专线连接、局域网连接、无线连接和电话拨号连接4种。

2. 连接因特网的步骤

采用ADSL接入因特网，需要有带网卡的计算机、直拨电话线，并向电信部门申请ADSL服务。

调制解调器是PC通过电话线接入因特网的必备设备。

为了接入因特网，用户还需要根据所注册的ISP的要求创建一个与ISP的拨号连接。

> **提示：** ISDN是综合业务数字网的缩写，ADSL是非对称数字用户线的缩写，ISP是指因特网服务提供商。

6.3　因特网的简单应用

6.3.1　浏览器及其使用

1. 浏览的相关概念

1) 万维网

万维网(WWW)中最主要的概念就是超文本，它遵循超文本传输协议HTTP。

WWW 网站中包括许多网页（又称 Web 页），每一个 Web 页都由一个唯一的地址（URL）来表示。

2）超文本和超链接

超文本中不但可以含有文本信息，还可以包含图形、声音、图像和视频等多媒体信息，最主要的是超文本中还包含着指向其他网页的链接，这种链接称为超链接。可以说，超文本是实现浏览的基础。

3）统一资源定位器

WWW 用统一资源定位器（Uniform Resource Locator，URL）来描述 Web 页的地址和访问它时所用的协议。

URL 的格式为

协议：//IP 地址或域名/路径/文件名

① 协议是服务方式或获取数据的方法。简单地说，就是“游戏规则”，如 HTTP、FTP 等。

② IP 地址或域名是指存放该资源的主机的 IP 地址或域名。

③ 路径和文件名是用路径的形式表示 Web 页在主机中的具体位置（如文件、文件名等）。

4）浏览器

浏览器能够把用超文本标记语言描述的信息转换成便于理解的形式。

浏览器有很多种，如目前常用的 Microsoft 公司的 Internet Explorer（简称 IE）。用户必须在计算机上安装一种浏览器才能浏览 Web 页。

2. 浏览网页

1）IE 的启动和关闭

有 3 种方法可以启动 IE 9.0，最常用的是单击“快速启动工具栏（Quick Launch）”中的 IE 图标的启动。

有 3 种方法可以关闭 IE 9.0，最常用的是单击窗口关闭按钮。

2）IE 9.0 的窗口

启动 IE 9.0 后，就打开了 IE 窗口，如图 6-7 所示，其窗口组成部分与其他 Windows 应用程序的窗口类似。

3. 页面浏览

1）输入 Web 地址

将插入点移到地址列表框内，输入 Web 地址。输入完成后，按 Enter 键或单击地址栏右端的“转到”按钮可转到相应的网站或页面。

2）浏览页面

进入页面后即可浏览。第一页称为该站点的主页。需要注意的是，网页上有许多链接，它们或表现为不同的颜色，或加有下划线，或是带有颜色的图形，最明显的标志是当鼠标光标移到其上时，鼠标指针会变成一只小手形，此时单击就可以从一个页面跳转到另一个页面。

4. Web 页的保存和阅读

1）保存 Web 页

首先打开要保存的 Web 页面。然后选择“文件”菜单中的“另存为”命令，打开“保存网

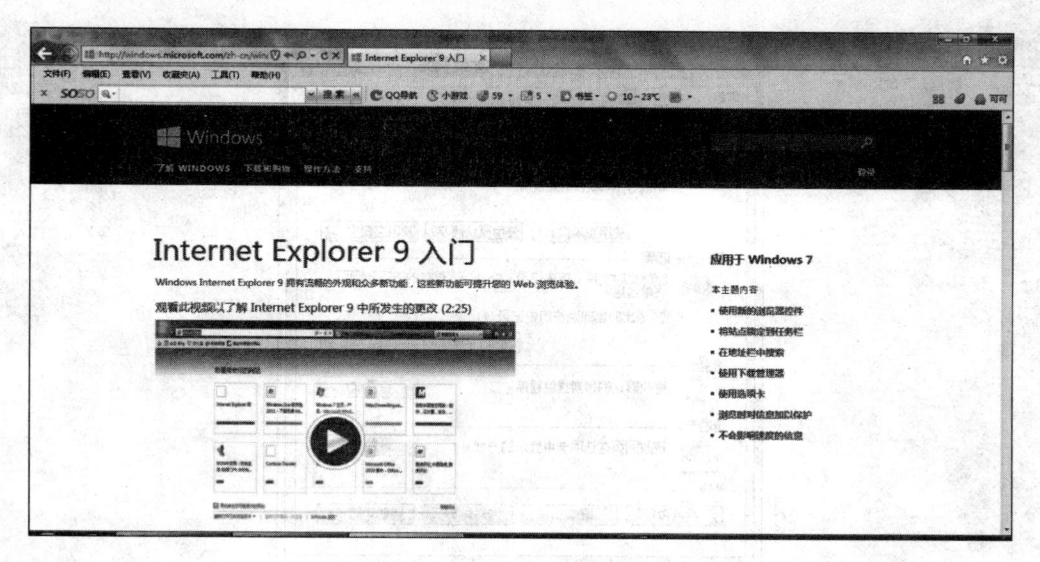

图 6-7　Internet Explorer 浏览器窗口

页”对话框，如图 6-8 所示。选择要保存文件的盘符和文件夹。在“文件名”文本框中输入文件名。在“保存类型”下拉列表框中，根据需要从“网页，全部”“Web 页，仅 HTML”和“文本文件”三类中选择一类。最后单击“保存”按钮保存。

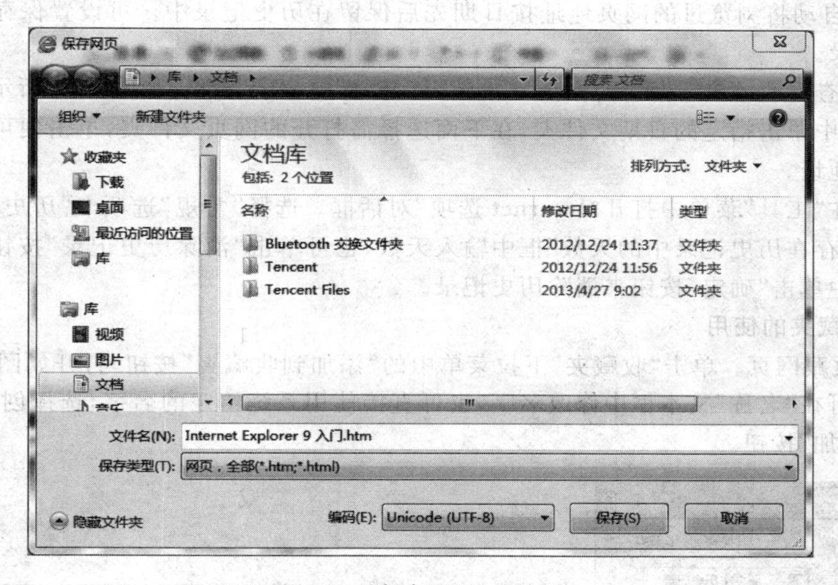

图 6-8　“保存网页”对话框

2）打开已保存的 Web 页

选择“文件”下拉菜单中的“打开”命令，在“打开”对话框中直接输入 Web 页的盘符和文件夹名，或在“浏览”中指定要打开的 Web 页。最后单击“确定”按钮。

5. 更改主页

这里的“主页”是指每次启动 IE 后最先显示的某一网站的主页。可以在菜单栏的“工具”→“Internet 选项”对话框中进行设置，如图 6-9 所示。

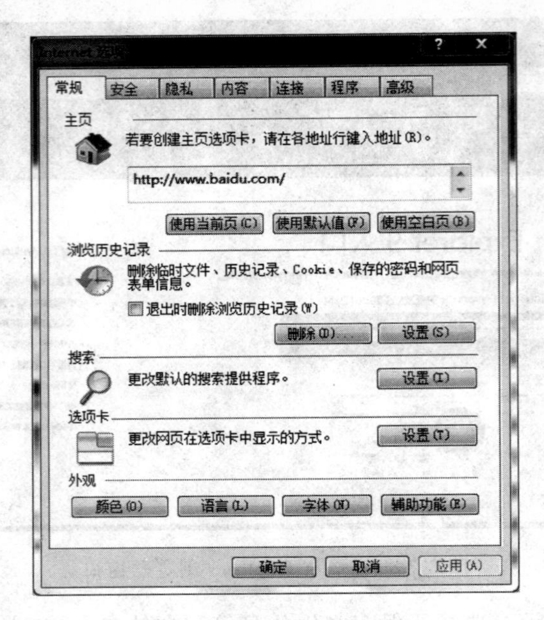

图 6-9 “Internet 选项”对话框

6. “历史”按钮的使用

IE 会自动将浏览过的网页地址按日期先后保留在历史记录中。可设置保存天数或消除历史记录。

单击“查看收藏夹、源和历史记录”按钮，打开“历史记录”窗格，如图 6-10 所示，在“历史记录”窗格中单击指定的日期文件夹，在下面选择需打开的网页文件夹，单击便可打开访问过的网页地址。

可以在“工具”菜单中打开“Internet 选项”对话框。选择“常规”选项卡“历史记录”组中的“网页保存在历史记录中的天数”框中输入天数，也可单击“消除历史记录”按钮并在弹出的对话框中单击“确定”按钮来消除历史记录。

7. 收藏夹的使用

(1) 收藏网页。单击“收藏夹”下拉菜单中的“添加到收藏夹”按钮，打开如图 6-11 所示对话框。可在“名称”文本框中修改名字，也可直接使用系统给定的名字，选择创建位置，然后单击“添加”按钮。

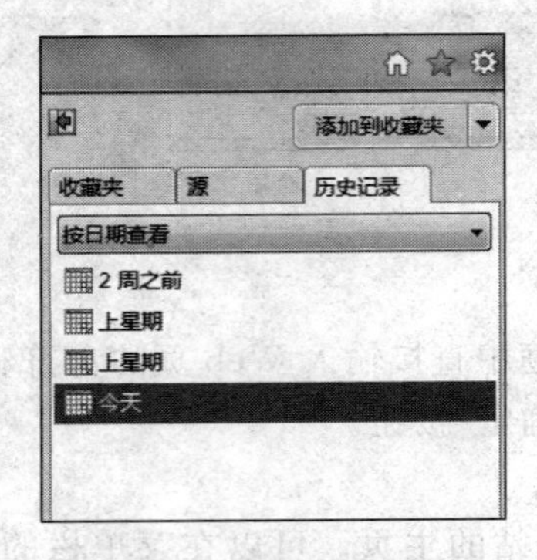

图 6-10 “历史记录”窗格

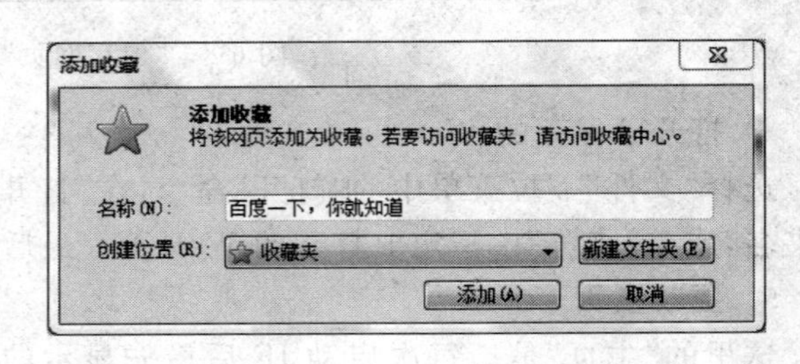

图 6-11 添加收藏

（2）使用收藏夹中的地址。单击“查看收藏夹、源和历史记录”按钮，打开“收藏夹”窗口，在其中单击所需 Web 页名称。

（3）整理收藏夹。利用整理收藏夹的功能可以整理收藏夹中的网页地址，以方便查找和使用。可以单击“收藏夹”下拉菜单中的“整理收藏夹”按钮，打开“整理收藏夹”对话框，然后进行新建文件夹、重命名、删除和移动文件夹等操作。

6.3.2　电子邮件

电子邮件(E-mail)是因特网上使用最广泛的一种服务。

1. 电子邮件的格式

使用因特网上的电子邮件系统的用户首先要有一个电子信箱，每个电子信箱应有一个唯一可识别的电子邮件地址。任何人可将电子邮件投递到电子信箱中，而只有信箱的主人才有权打开信箱，阅读和处理信箱中的邮件。电子邮件地址的格式是：＜用户标识＞@＜主机域名＞。它由收件人用户标识(如姓名或缩写)、字符@和电子信箱所在计算机的域名3部分组成。地址中间不能有空格或逗号。例如，abc123@.com 就是一个合法的电子邮件地址。

邮件首先被送到收件人的邮件服务器，存放在属于收信人的 E-mail 信箱里。在因特网上收发电子邮件不受地域或时间的限制，双方的计算机并不需要同时打开。

电子邮件包括信头和信体两个基本部分。信头相当于信封，信体相当于信件内容。

（1）信头。信头通常包括如下几项。

① 收件人：收件人的 E-mail 地址。多个收件人地址之间用逗号(，)隔开。

② 抄送：表示同时可接收此信的其他人的 E-mail 地址。

③ 主题：类似于一本书的章节标题。它概括地描述了信件的内容，可以是一句话或一个词。

（2）信体。信体是希望收件人看到的正文内容，还可以包含有附件。

2. Outlook 2010 的使用

1）添加电子邮件账户的设置

在使用 Outlook 收发电子邮件前，必须对 Outlook 进行电子邮件账户设置，如图 6-12 所示。

设置电子邮件账户的步骤如下。

（1）选择“文件”选项卡，在“账户信息”下单击“添加账户”按钮，如图 6-13 所示。

（2）进入“添加新账户”向导，在“选择服务”对话框中选择“电子邮件账户”，如图 6-14 所示，单击“下一步”按钮。

（3）在“自动账户设置”对话框中，按提示输入姓名、电子邮件地址和密码，如图 6-15 所示，然后单击“下一步”按钮。

（4）成功添加账户后，可以通过单击“添加其他账户”来添加更多账户，如图 6-16 所示；若要退出“添加新账户”对话框，单击“完成”按钮。

2）撰写与发送邮件

账号设置完成后，就可以收发电子邮件了。具体操作如下。

（1）单击“启动 Outlook”按钮，启动 Outlook。

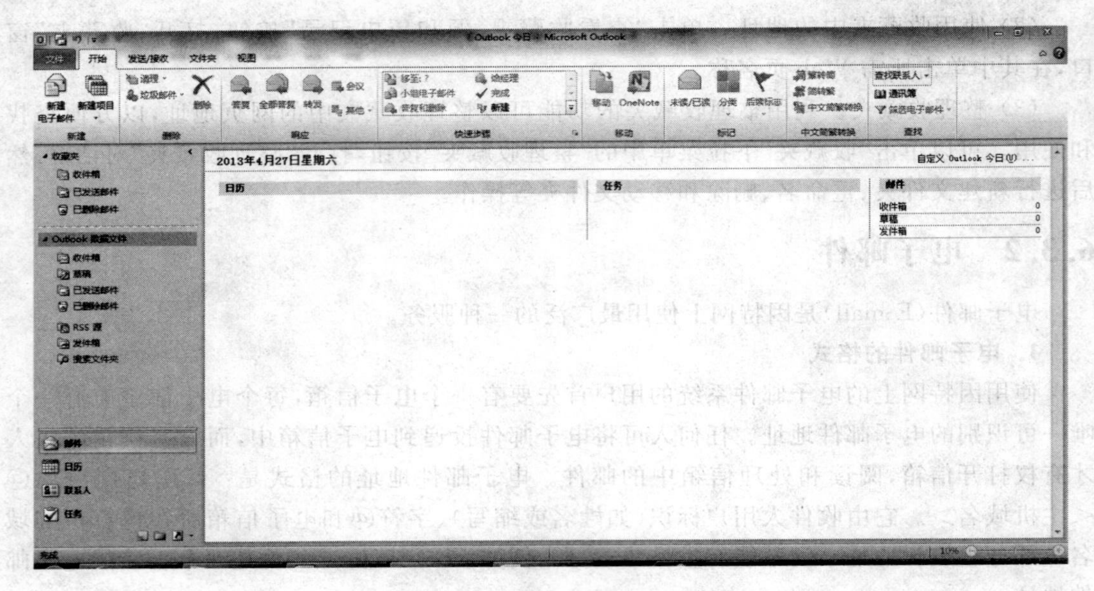

图 6-12　Microsoft Outlook 2010 界面

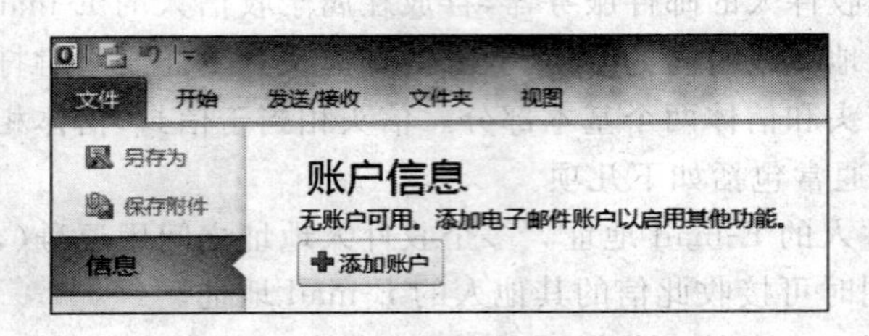

图 6-13　添加账户

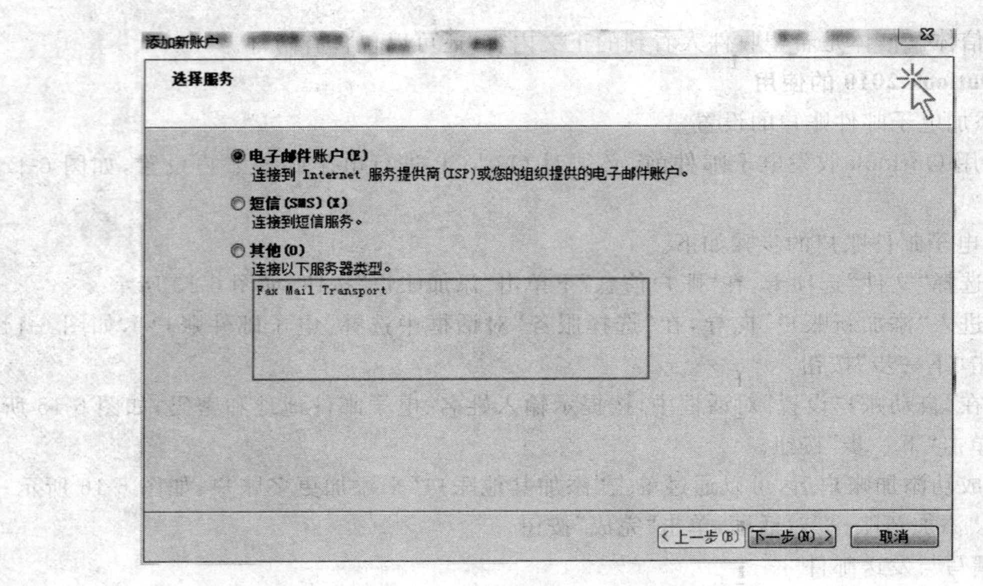

图 6-14　添加新账户的“选择服务”

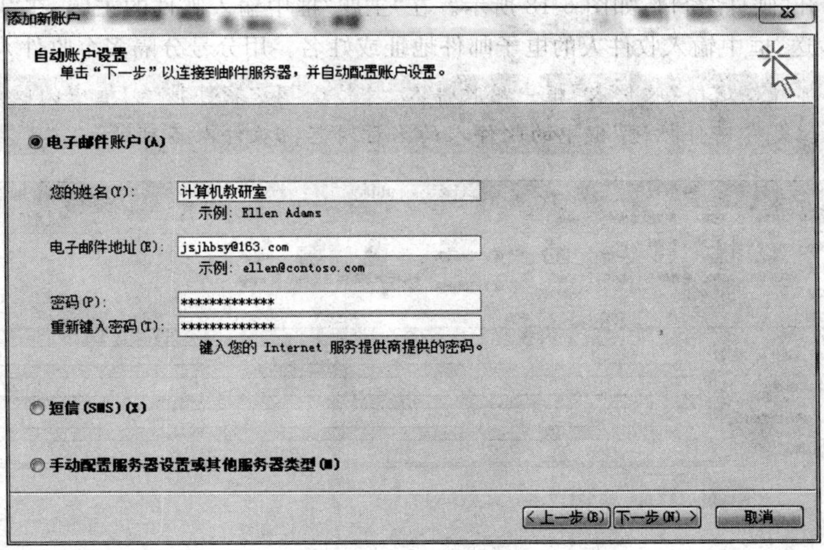

添加新账户

自动账户设置
单击“下一步”以连接到邮件服务器，并自动配置账户设置。

◉ 电子邮件账户(A)

您的姓名(Y)：计算机教研室
示例：Ellen Adams

电子邮件地址(E)：jsjhbsy@163.com
示例：ellen@contoso.com

密码(P)：**************
重新键入密码(T)：**************
键入您的 Internet 服务提供商提供的密码。

○ 短信(SMS)(X)

○ 手动配置服务器设置或其他服务器类型(M)

< 上一步(B)　下一步(N) >　取消

图 6-15　添加新账户的“自动账户设置”

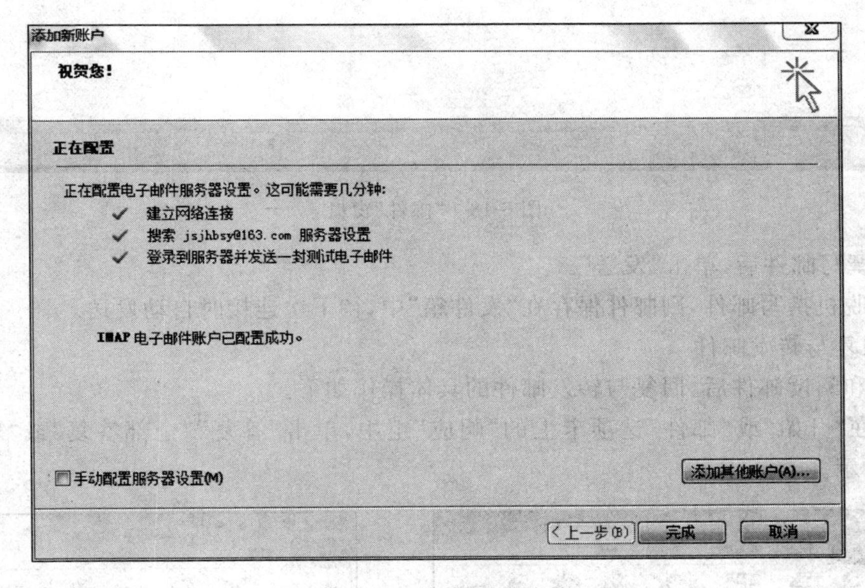

图 6-16　添加新账户成功

（2）选择“开始”选项卡，在“新建”分组中单击“新建电子邮件”，如图 6-17 所示。

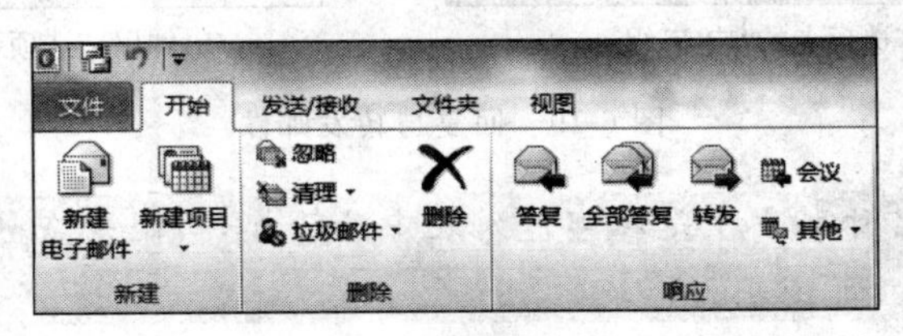

图 6-17　新建电子邮件

（3）打开“邮件”窗口，如图 6-18 所示。在“主题”框中输入邮件的主题，在“收件人”“抄送”“密件抄送”框中输入收件人的电子邮件地址或姓名。用分号分隔多个收件人。

注意：邮件发送给“收件人”框中的收件人。“抄送”和“密件抄送”框中的收件人也会收到该邮件；但是，“密件抄送”框中的收件人的名称对其他收件人不可见。

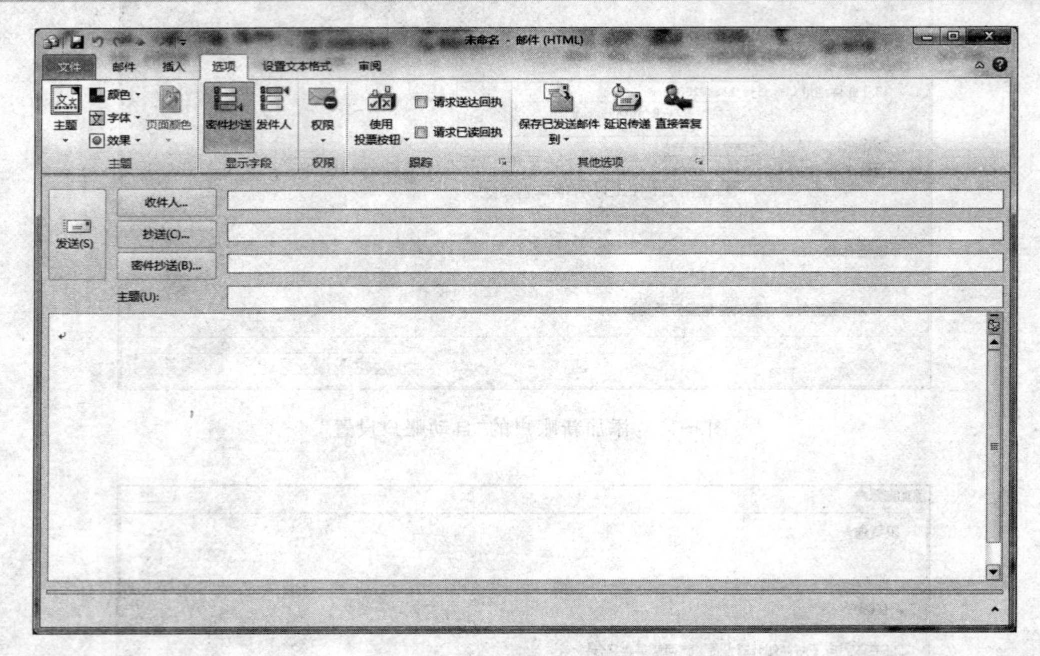

图 6-18 “邮件”窗口

（4）撰写邮件后，单击“发送”。

如果脱机撰写邮件，则邮件保存在“发件箱”中，待下次连接时自动发送。

3）回复与转发邮件

接收和阅读邮件后，回复与转发邮件的具体操作如下。

（1）在“开始”或“邮件”选项卡上的“响应”组中，单击“答复”“全部答复”或“转发”，如图 6-19 所示。

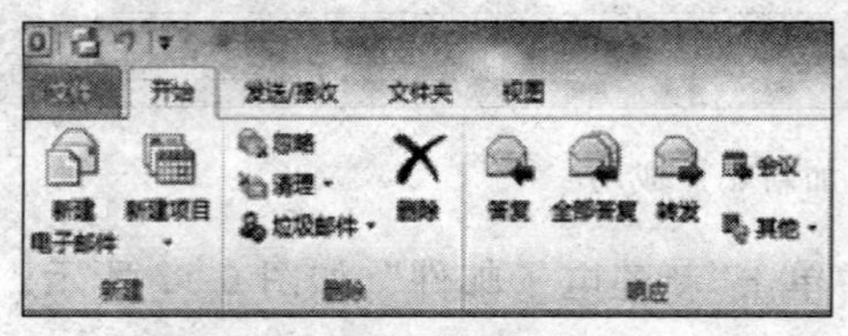

(a)“开始”选项卡的“响应”组

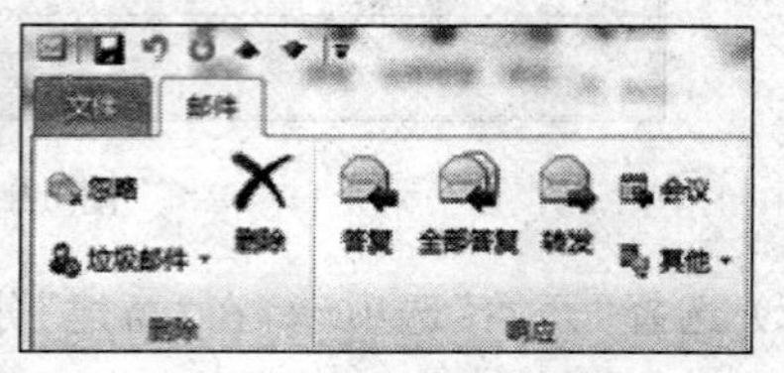

(b)“邮件”选项卡的“响应”组

图 6-19 回复与转发邮件

注意：选项卡的名称取决于是在邮件列表中选择邮件，还是在邮件自己的窗口中打开邮件。

（2）若要从“收件人”和“抄送”行中删除某个姓名，则需单击该姓名，然后按 Delete 键。若要添加某个收件人，则在“收件人”“抄送”或“密件抄送”框中单击，然后输入该收件人。

(3) 撰写邮件，单击“发送”。

4) 将附件添加到电子邮件

如果要通过电子邮件发送计算机的其他文件，如 Word 文档、数码照片等，当撰写完电子邮件信体后，可按下列操作插入指定的计算机文件。

(1) 在打开的邮件中，在“邮件”选项卡上的“添加”组中，单击“附加文件”。

(2) 通过浏览找到并单击要附加的文件，然后单击“插入”。

5) 打开和保存附件

如果邮件含有附件，则在邮件列表中该邮件的左端会显示一个回形针图标。从阅读窗格或打开的邮件中打开附件。打开并查看附件之后，可以选择将其保存在磁盘上。如果邮件有多个附件，可以将多个附件作为一组保存，也可以逐个保存。具体操作步骤如下。

(1) 在“阅读窗格”或打开的邮件中单击附件。

(2) 在“附件”选项卡上的“动作”组中，单击“另存为”。也可以右击附件，然后单击“另存为”，如图 6-20 所示。

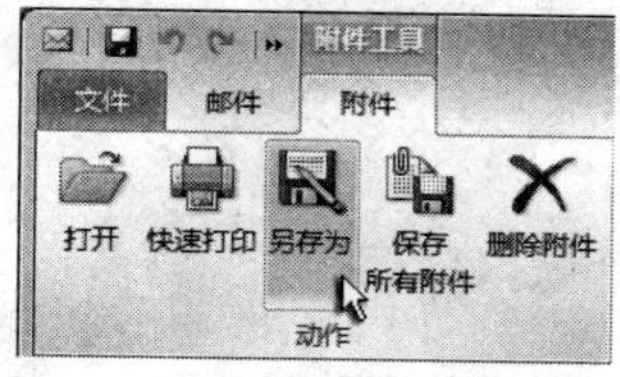

图 6-20　保存附件

习　　题

(1) 计算机网络是由负责处理并向全国提供可用资源的资源子网和负责信息传输的________子网组成。

A. 服务　　B. 联络　　C. 通信　　D. Internet

(2) 计算机网络最突出的优点是________。

A. 提高可靠性　　B. 提高计算机的存储容量

C. 运算速度快　　D. 实现资源共享和快速通信

(3) 在传输数字信号时，为了便于传输、减少干扰和易于放大，在发送端需要将发送的数字信号变换成模拟信号，这种变换过程称为________。

A. 调制　　B. 解调　　C. 压缩　　D. A/D 转换

(4) Internet 中不同网络和不同计算机相互通信的基础是________。

A. ATM　　B. TCP/IP　　C. Novell　　D. X.25

(5) 下面 IP 地址中，正确的是________。

A. 192.138.0.1　　B. 368.300.123.12

C. 192.132.168.123　　D. 192.132.168.P

(6) 通常一台计算机要接入因特网，应该安装的设备是________。

A. 网络操作系统　　B. 调制解调器或网卡

C. 网络查询工具　　D. 浏览器

(7) 对于众多个人用户来说，接入因特网最经济、简单、采用最多的方式是________。

A. 专线连接　　B. 局域网连接　　C. 无线连接　　D. 电话拨号

(8) 因特网上的服务都是基于某一种协议，Web 服务基于________。

A. SNMP　　B. SMTP

C. HTTP　　D. TELNET 协议

（9）统一资源定位器 URL 的格式是________。

A. 协议：//IP 地址或域名/路径/文件名　　B. 协议：//路径/文件名

C. TCP/IP 协议　　D. HTTP 协议

（10）Internet 采用的数据传输方式是________。

A. 报文交换　　B. 存储—转发交换

C. 分组交换　　D. 线路交换

参考文献

[1] 吴群,张寒明.计算机应用基础情境教程[M].长春:东北师范大学出版社,2009.
[2] 冯国良,韩佳文.新编计算机应用基础案例教程[M].天津:天津教育出版社,2011.
[3] 李秀,等.计算机文化基础[M].5版.北京:清华大学出版社,2005.
[4] June Jamrich Parsons,Dan Oja.计算机文化[M].吕云翔,傅尔也,译.13版.北京:机械工业出版社,2001.
[5] 衣治安,吴雅娟.大学计算机基础[M].北京:中国铁道出版社,2010.
[6] 赵英良,仇国巍,夏秦,等.大学计算机基础[M].5版.北京:清华大学出版社,2017.
[7] 莫绍强,陈善国.计算机应用基础教程[M].北京:中国铁道出版社,2012.
[8] 高万萍.计算机应用基础教程(Windows 7+Office 2010)[M].北京:清华大学出版社,2013.
[9] 秦昌平.计算机应用基础实训教材[M].北京:中国电力出版社,2007.
[10] 全国计算机等级考试命题研究中心.上机真题详解[M].北京:电子工业出版社,2009.
[11] 康卓.大学计算机基础[M].武汉:武汉大学出版社,2008.
[12] 全国计算机等级考试命题研究组.全国计算机等级考试[M].天津:南开大学出版社,2009.
[13] 李俊娥.计算机网络基础[M].武汉:武汉大学出版社,2006.